Christian Steininger, Roman Hummel
Wissenschaftstheorie der Kommunikationswissenschaft

Christian Steininger, Roman Hummel

Wissenschaftstheorie der Kommunikationswissenschaft

ISBN 978-3-486-70895-0
e-ISBN (PDF) 978-3-486-71910-9
e-ISBN (EPUB) 978-3-11-039835-9

Library of Congress Cataloging-in-Publication Data
A CIP catalog record for this book has been applied for at the Library of Congress.

Bibliografische Information der Deutschen Nationalbibliothek
Die Deutsche Nationalbibliothek verzeichnet diese Publikation in der Deutschen
Nationalbibliografie; detaillierte bibliografische Daten sind im Internet
über http://dnb.dnb.de abrufbar.

© 2015 Walter de Gruyter GmbH, Berlin/Boston
Einbandabbildung: UmbertoPantalone/Thinkstock
Druck und Bindung: CPI books GmbH, Leck
♾ Gedruckt auf säurefreiem Papier

Printed in Germany

www.degruyter.com

Vorwort

Wozu Wissenschaftstheorie? Wozu Theorie(n) der Theorien? Reichen nicht schon die Theorien, die einem während des Studiums begegnen und den Weg zur Praxis verbauen? Das wird schon alles stimmen, was da drin steht, in den Theorien, oder? Das wurde ja schließlich gedruckt. Und außerdem sind die ja empirisch, die Theorien. Da kann man nicht einfach schreiben was man will. Schließlich muss ich das lernen. Die haben sich ja Gedanken gemacht, also bleibt zu hoffen. (sinnhafte Wiedergabe eines studentischen Dialogfragments nach einer Seminarsitzung zum Thema Wissenschaftstheorie)

Der vorliegende Band gibt Studierenden der Kommunikationswissenschaft Antworten auf diese und etwas weniger flapsig formulierte Fragen. Auf der Basis einer Einführung in die Wissenschaftstheorie und deren historischer Entwicklung wird der Versuch unternommen, eine Theoriegeschichte der Kommunikationswissenschaft vorzulegen. Wissenschaftstheoretische Analyseinstrumentarien werden dabei exemplarisch auf Mediensoziologie und Medienökonomik angewandt. Dabei werden Begriffe, fachspezifische Termini und Strömungen der Kommunikationswissenschaft verständlich.

Wir danken dem Verlag für seine nicht enden wollende Geduld, Petra Berger für die Gestaltung und didaktische Aufbereitung des Bandes sowie die Erstellung des Glossars, Regina Schnellmann und Janine Conrad für das umsichtige Lektorat und uns dafür, dass wir das Publikationsprojekt zu einem Ende gebracht haben.

Christian Steininger und Roman Hummel

Wien, Mai 2015

Inhaltsverzeichnis

1	**Einleitung** —— 1	
1.1	Selbstverständnis der Kommunikationswissenschaft —— 4	
1.2	Fachentwicklung —— 10	
1.3	Theorieentwicklung —— 17	
1.4	Wissenschaftswissenschaftliche und -theoretische Näherungen —— 21	
1.4.1	Wissenschaftssoziologie (Wissenschaftswissenschaft) —— 21	
1.4.2	Wissenschaftstheorie —— 24	
1.5	Aufbau des Lehrbuchs —— 29	
2	**Wissenschaft und Wissenschaftstheorie** —— 31	
2.1	Wissenschaftstheorie —— 32	
2.1.1	Wissenschaftstheorie und Philosophie —— 35	
2.1.2	Wissenschaftstheorie und Geschichte —— 38	
2.1.3	Wissenschaftstheorie und Wissenschaftswissenschaften —— 40	
2.2	Genese der Wissenschaft(stheorie) —— 41	
2.2.1	Erkenntnis —— 42	
2.2.2	Kognition —— 42	
2.2.3	Sprache und Medium —— 43	
2.2.4	Identität —— 43	
2.2.5	Wissen —— 44	
2.2.6	Wissenschaft —— 47	
2.2.7	Theorien —— 53	
2.2.8	Methoden —— 59	
3	**Wissenschaftstheoretische Entwicklungstendenzen** —— 63	
3.1	Theorie des Wissens —— 63	
3.2	Rationalismus —— 65	
3.3	Positivismus —— 66	
3.4	Empirismus —— 67	
3.5	Logischer Empirismus (Logischer Positivismus) —— 68	
3.6	Kritischer Rationalismus —— 69	
3.7	Pragmatismus —— 72	
3.8	Wissenschaftsdynamische Sichtweisen —— 73	
3.8.1	Thomas S. Kuhn —— 73	
3.8.2	Imre Lakatos —— 77	
3.8.3	Paul Feyerabend —— 79	
3.9	Kritische Theorie —— 80	
3.10	Konstruktivistischer Strukturalismus —— 82	

4 Theorieentwicklung in der Kommunikationswissenschaft —— 85
4.1 Ausgangspunkte der Theorieentwicklung —— 85
4.2 Erkenntnistheoretische Voraussetzungen der Theorieentwicklung —— 87
4.3 Kommunikationswissenschaftliche Theorien —— 92
4.4 Systematisierung kommunikationswissenschaftlicher Theorien —— 96

5 Anwendung der wissenschaftstheoretischen Analyseinstrumentarien auf zwei Teildisziplinen der Kommunikationswissenschaft —— 99
5.1 Kommunikationssoziologie —— 100
5.1.1 Kommunikationssoziologie als Teildisziplin der Publizistik- und Kommunikationswissenschaft —— 100
5.1.2 Geschichte der Soziologie —— 100
5.1.2.1 Soziale Bedingtheit soziologischer Erkenntnis —— 101
5.1.2.2 Analyse und/oder wertende Herangehensweise —— 103
5.1.3 Theoretische Zugänge —— 105
5.1.3.1 Pragmatismus —— 105
5.1.3.2 Rückkehr des Normativen —— 109
5.1.3.3 Systemtheorie als „Supertheorie" —— 117
5.1.4 Was bleibt: Vielfalt der Ansätze —— 119
5.2 Medienökonomik —— 121
5.2.1 Medienökonomik als Teildisziplin der Publizistik- und Kommunikationswissenschaft —— 121
5.2.2 Theoretische Zugänge —— 122
5.2.3 Aktuelles Paradigma —— 124
5.2.4 Geschichte der Wirtschaftstheorie: Richtungen und Ansätze der Ökonomik —— 127
5.2.5 Wissenschaftstheorie und Ökonomik —— 136
5.2.5.1 Paradigmen des Merkantilismus, der Klassik und der Neoklassik —— 136
5.2.5.2 Ideale Zustände, Maßstäbe und Ordnungen der Ökonomik —— 137
5.2.6 Ergebnisse der wissenschaftstheoretischen und -historischen Analyse —— 138

6 Kommunikationswissenschaftliche Begriffe —— 145
6.1 Freiheit —— 146
6.2 Öffentlichkeit —— 150
6.3 Markt —— 153

7 Fazit —— 159
7.1 Wissenschaftstheorie als Lehre von der Erkenntnis —— 159
7.2 Wissenschaftstheorie als Voraussetzung wissenschaftlicher Theoriebildung —— 161

7.3	Wissenschaftstheorie als Erklärung der Unterschiede zwischen Natur-, Sozial- und Geisteswissenschaften —— 163	
7.4	Wissenschaftstheorie als Erklärungsrahmen der Kommunikationswissenschaft —— 165	

Glossar —— 169

Abbildungsverzeichnis —— 173

Literaturverzeichnis —— 175

Personenregister —— 191

Sachwortregister —— 195

1 Einleitung

Die Reflexion des eigenen Tuns ist wohl in allen gesellschaftlichen Kontexten nicht die verkehrteste Sache, in einer empirischen Wissenschaft darauf zu verzichten wäre ebenso töricht wie der Verzicht auf die Anwendung methodischer Regeln. Dies gilt insbesondere für die Kommunikationswissenschaft als „junge Wissenschaft". Denn: „Junge Wissenschaften tendieren in der Regel stärker als eingeführte Fachrichtungen zu kontroversen Standortklärungen, zu Fragen nach der Identität, nach Vorgaben und Stoßrichtungen ihrer Disziplin." (vom Bruch/Roegele 1986: 14) Wer diese Fragen beantworten will, sollte sich mit Wissenschaftstheorie befassen. Es gibt aber für die Kommunikationswissenschaft noch einen weiteren Grund hiefür: „im Grunde sind die heutigen Sozialwissenschaften nichts anderes als eine Folgeerscheinung der wissenschaftstheoretischen Debatten um das Selbstverständnis des Wissenschaftssystems in der Gesellschaft." (Meidl 2009: 9)

Die Neigung zu kontroversen Standortklärungen sehen vom Bruch und Roegele (1986) immer dann stärker gegeben, „wenn als überholt abgestoßene, aber doch nachwirkende ältere Traditionen und Vorgaben des Faches im eigenen Land sich mit der Adaption ausländischer Wissenschaftsmodelle reiben, von denen eine Modernisierung des Faches im Sinne einer ‚Verwissenschaftlichung' erwartet wird." (vom Bruch/Roegele 1986: 14) Das sei wohl auch bei der Kommunikationswissenschaft nicht anders, die deutsche Wissenschaftsgeschichte biete dafür auch in anderen Fächern zahlreiche Beispiele, so vom Bruch und Roegele.

Wer sich mit dem eigenen wissenschaftlichen Tun befasst, erkennt, dass Wissenschaft sich durch Annahmen auszeichnet. Sie „ist keine Schöpfung aus dem Nichts, sondern bedient sich immer einer Reihe von Annahmen, auf die gestützt argumentiert werden kann." (Bohrmann 2005: 151) Diese Annahmen sind zumeist unausgesprochene als selbstverständlich geltende Voraussetzungen, man könnte auch von Prämissen sprechen. Bohrmann hat einige mit der Kommunikationswissenschaft verbundene Annahmen benannt. Zweier wollen wir uns in der weiteren Argumentation bedienen.

1. „Die erste Voraussetzung überhaupt ist, dass Wissenschaft als systematische Reflexion überhaupt sein soll. Viele Menschen leben ganz gut ohne diesen Wunsch, aber der Wissenschaftler entzieht sich den Boden, wenn er diesen Grundentschluss nicht trifft.
2. Ich gehe weiter davon aus, dass Publizistikwissenschaft eine Sozialwissenschaft ist, d.h. im Zentrum ihrer Wissenschaftsentwicklung stehen die Medien und der durch deren Heranwachsen zu einer sozialen Institution ausgelöste publizistische Prozess." (ebenda)

Mit der zweiten Annahme sind weitere verbunden. Begreift man die Sozialwissenschaften als Wirklichkeits-/Gegenwartswissenschaften, dann werden mit dieser

Annahme auch methodische Fragen berührt. Sozialwissenschaften bedienen sich geeigneter Methoden, um Prozesse wie den obigen fassen zu können. Hier bieten sich unterschiedliche Arten an, die gebräuchlich und von einer Mehrheit der Fachvertreter akzeptiert werden (Inhaltsanalyse, Beobachtung, Befragung, Experiment). Die Festlegung der Sozialwissenschaft Kommunikationswissenschaft als Gegenwartswissenschaft würde damit hermeneutisches Arbeiten nur im Kontext der Ergebnisinterpretation empirischer Arbeiten, also ihrer Verbalisierung, sinnvoll erscheinen lassen.

Je weiter eine Disziplin sich aber von der unmittelbaren Gegenwart entfernt, umso stärker muss sie sich hermeneutischer Methoden bedienen, „denn die Vergangenheit lässt sich nur im indirekten Sinne beobachten, befragen oder ex post in Experimenten untersuchen." (ebenda: 152) Sozialwissenschaften sind mit sozialen Institutionen befasst, die eine historische Dimension haben, die in ihrem Gewordensein beschreibbar sind. „Vielfach ist das Verstehen dessen, was in der Gegenwart geschieht, ohne Kenntnis der jeweiligen Vergangenheit oder Vergangenheiten gar nicht möglich." (ebenda) Wir merken also, dass Prämissen offengelegt werden müssen. Auch, dass allein die Diskussion dieser beiden Voraussetzungen zu wichtigen Fragen führt, die es zu beantworten gilt. Um diese beantworten zu können, bedarf es der Wissenschaftstheorie. Und wir merken, dass das, was hier über das Verstehen der Gegenwart ausgeführt wird, auch für das Verstehen der Gegenwart unserer Disziplin gilt. Wie soll man die Dynamik der Wissensproduktion fassen, ohne den Blick auf beibehaltene und verworfene Ideen zu richten. Denn erst die Wissenschaftsgeschichte zeigt, dass es bei Theorieentwicklung in hohem Maße um Durchsetzungsvermögen im Kontext von Machtstrukturen und um die Kompatibilität neuer Ideen mit existierenden Vorstellungen (Felt 2001: 15) geht.

Daran schließt an, was Felt eigentlich für die Wissenschaftsforschung, so wie wir diese verstehen, eine Wissenschaftswissenschaft nahe der Wissenschaftssoziologie, ausführt. Wissenschaftstheorie dient der Kommunikationswissenschaft zur Reflexion auf ihre Innenstrukturen, ihre Funktionsmechanismen, ihre Rolle in der Gesellschaft (Felt 2004: 150). Gerade die gesellschaftliche Einbettung der Kommunikationswissenschaft kann mit ihrer Hilfe besser verstanden werden. Das führt dazu, dass die Kommunikationswissenschaft damit auch an Handlungsräumen gewinnt. Dass Wissenschaft die Gesellschaft gestalten soll, mag schön klingen, ist aber nicht so einfach, weil es voraussetzt, dass Wissenschaft und Gesellschaft nicht nur analytisch getrennt werden können. „Die Grenze zwischen Wissenschaft und Gesellschaft ist natürlich keine klare. Mit der Ausweitung der Wissenschaften in ganz verschiedene gesellschaftliche Bereiche sind diese gesellschaftlichen Bereiche auch in die Wissenschaft ‚hineingesickert'." (ebenda)

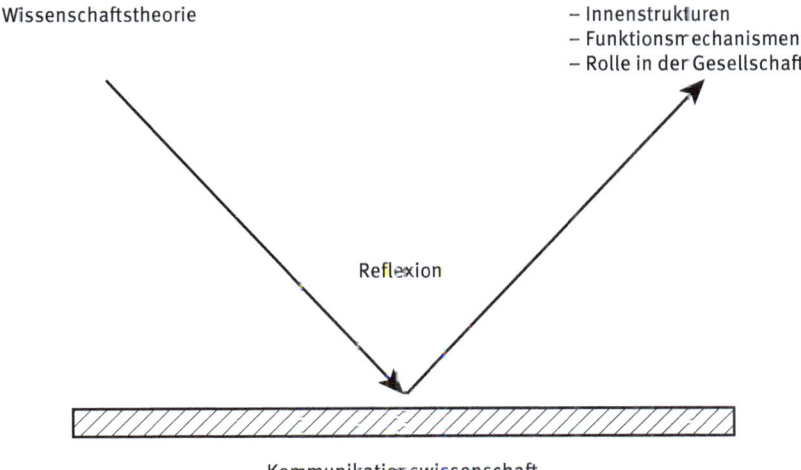

Abb. 1.1: Kommunikationswissenschaft und Reflexion (eigene Darstellung in Anlehnung an Felt 2004: 150)

Wissenschaftstheorie ist aber mehr als Erkenntnistheorie. Sie muss die Befunde verschiedener Wissenschaftswissenschaften, wie der Wissenschaftssoziologie oder -geschichte, mit ins Kalkül ziehen. Wissensproduktion ist abhängig von ihren gesellschaftlichen und kulturellen Umfeldern, der Einbettung in politische und ökonomische Felder. Es sind viele Mosaiksteine, die man zusammensetzen muss, um ein Bild von den konkreten Rahmenbedingungen der Wissenschaftsproduktion erlangen zu können. Nach Felt (2001: 13) wirft die Berücksichtigung der genannten (Um-)Felder eine wesentliche Frage auf: „Kann wissenschaftliche Erkenntnis nach dieser Kontextualisierung durch die Wissenschaftsforschung überhaupt noch als universell, als unabhängig von zeitlichen, lokalen, kulturellen Bedingungen gedacht werden?"

Wissenschaftstheorie ist auch deshalb bedeutsam, weil mit ihr gesellschaftliche Erwartungen verbunden sind. Wissenschaft wurde als Mittel der Neukonzeption von Gesellschaft verstanden, als objektive und konfliktlösende Kraft. Felt (2002: 52) spricht in diesem Zusammenhang von einer seit dem 17. Jahrhundert herumgeisternden Fiktion. „Wissenschaft, die als wertfrei, objektiv, universell und einer internen Logik folgend gedacht war, wurde als ideales Grundprinzip für das gute Funktionieren einer demokratischen Gesellschaft angesehen." (ebenda)[1] Mit ihrer fortschreitenden Institutionalisierung war Wissenschaft andererseits aber auch darum bemüht, die Öffentlichkeit mit Verweis auf wissenschaftliche Autonomie von Diskursen auszuschließen. Felt bedient sich in der Beschreibung der Interaktionen zwischen Wissen-

---

[1] Hinsichtlich dieser Zuschreibungen spielten im Laufe des 20. Jahrhunderts die Medien eine immer bedeutendere Rolle, konstatiert Felt (2002: 53), die sich auch mit der Frage von Wissenschaftspopularisierung und der diesbezüglichen Rolle des Wissenschaftsjournalismus befasst.

schaft, Politik und Öffentlichkeit auch deshalb des Begriffs Grenzverschiebung. „Mit jedem Prozeß des Ausschließens und Zulassens von Akteuren beziehungsweise mit jeder Neuverteilung der jeweiligen Kompetenzen und Rollen kommt es auch zu einer Neuformierung der Beziehungen." (ebenda: 66 f.) Auch obige diskursvermeidende Abschottung der Wissenschaft führt letztlich zu Grenzüberschreitungen: Wissen entsteht dann außerhalb des etablierten Wissenschaftssystems. Populäres Wissen ist dann nicht mehr vereinfachtes wissenschaftliches Wissen, sondern vom Wissenschaftsbetrieb autonomes, das mit wissenschaftlichem Wissen in Konkurrenz steht.

1.1 Selbstverständnis der Kommunikationswissenschaft

> Nun fehlt es in der Kommunikationsforschung zwar nicht an Grundsatz- und Theoriediskussionen; doch ist der Kreis derjenigen, die sich daran mit ernstzunehmenden Beiträgen beteiligen, sehr klein. (Maletzke 1980: 9)

Auf die historisch-hermeneutischen, geisteswissenschaftlichen Zeiten der Publizistikwissenschaft in Deutschland verweisend, kommt Maletzke 1980 zu dem Schluss, dass die unter dem Namen Kommunikationswissenschaft bzw. -forschung firmierende Wissenschaft „weithin als empirische Sozialwissenschaft" (Maletzke 1980: 9) gelte. Diesem Befund, insbesondere dem „weithin", wurde und wird auch heute widersprochen. Aber auch jenem, dass die meisten Kommunikationsforscher nicht motiviert seien, sich mit den Voraussetzungen, Annahmen, Bedingungen, der Relativität und Perspektivität empirischer Arbeit auseinanderzusetzen. Organisierte Selbstreflexion geschieht, wie im Rahmen dieses Kapitels zu zeigen sein wird.

Wenn aber Maletzke vom „Blick" des Wissenschaftlers spricht, der fehlt, um sich mit der eigenen Arbeit auseinanderzusetzen, dann wollen wir ihm recht geben, insbesondere wenn wir diesen Blick als einen wissenschaftstheoretischen verstehen. Maletzke (ebenda) führt als Gründe für dessen Fehlen zeitliche Zwänge ins Feld, die Notwendigkeit sich als Wissenschaftler mit dringenden und meist „sehr konkreten Fragen und Aufgaben" zu beschäftigen, die dieser Auseinandersetzung entgegen stehen. Das war und ist nicht nur für die Kommunikationswissenschaft, sondern auch für deren Studierende folgenreich: Im Studium wird häufig das Hinterfragen des eigenen Faches vernachlässigt. „Fast überall verhält man sich so, als bewege man sich auf festem Grund, während dieser Boden, betrachtet man ihn genauer, sich auf weite Strecken als glatt, wenn nicht gar als brüchig erweist." (ebenda)

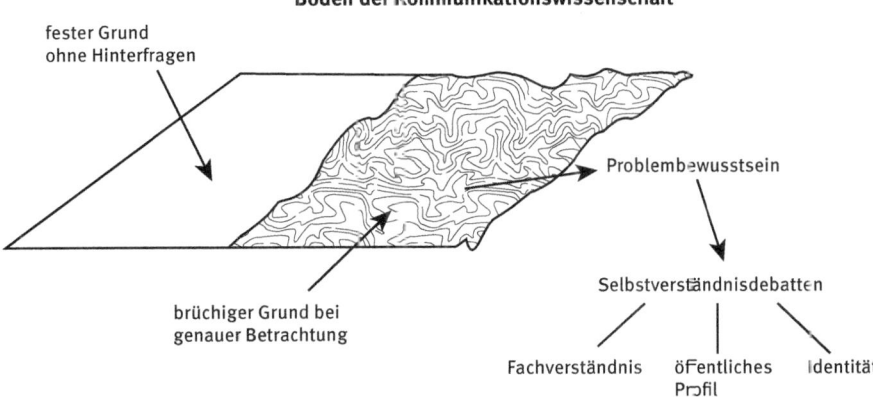

Abb. 1.2: Boden der Kommunikationswissenschaft (eigene Darstellung in Anlehnung an Maletzke 1980: 9)

Hinsichtlich der Beschaffenheit des Bodens hat sich unter Kommunikationswissenschaftlern durchaus (Problem-)Bewusstsein entwickelt. Nicht zuletzt aufgrund ausgedehnter Selbstverständnisdebatten. „Seit einigen Jahren beschäftigt sich die deutschsprachige Publizistik- und Kommunikationswissenschaft verstärkt mit sich selbst, ihrem Fachverständnis, ihrem öffentlichen Profil und ihrer Identität zwischen Sozial-, Geistes- und Kulturwissenschaften", befunden etwa Schweiger, Rademacher und Grabmüller (2009: 534). Diese Selbstverständnisdebatten werden nicht nur geführt, sie werden kontrovers geführt.

> Der Umstand, dass sich das Fach durch seinen Forschungsgegenstand – öffentliche Kommunikation und Massenmedien – definiert und dabei als Integrationswissenschaft [...] auf Theorien und Befunde aus den verschiedensten Disziplinen zurückgreift (z. B. Soziologie, Psychologie, Politik-, Wirtschafts-, Rechts- und Geschichtswissenschaft sowie Philologien), hat zu einer besonders intensiven und kontroversen Selbstverständnisdebatte geführt. (ebenda)

Brosius und Haas (2009: 169) sehen diese Debatte(n) in der Deutschen Gesellschaft für Publizistik- und Kommunikationswissenschaft (DGPuK) institutionell verankert. Ähnliches, wenn auch nicht in diesem Ausmaß, lässt sich in Österreich und der Schweiz für die jeweiligen nationalen Fachgesellschaften festhalten. Brosius und Haas (ebenda) konstatieren hinsichtlich der Debatten ein Ringen um die Bestimmung der Konturen und des Standardisierungsgrades des Fachs. Man kann die Selbstverständnisdebatte auch am Ringen um Fachdefinitionen festmachen, die um die Begrifflichkeiten Sozialwissenschaft, Interdisziplinarität, Integrationswissenschaft und Unüberschaubarkeit der Disziplinen oszillieren.

Die DGPuK begreift die Kommunikationswissenschaft als Sozialwissenschaft mit interdisziplinären Bezügen (DGPuK 2001). Von einer „programmatisch festgeschriebenen Offenheit" der Kommunikationswissenschaft ist bei Vorderer, Klimt und Hartmann (2006: 301) denn auch die Rede. Diese Offenheit sei einzigartig unter den Sozialwissenschaften. „Die Kommunikationswissenschaft stellt also derzeit die einzige Sozialwissenschaft dar, die sich der Interdisziplinarität als Teil ihres Selbstverständnisses verschrieben hat." (Vorderer/Klimt/Hartmann 2006: 301) Die Selbstverständnisse von Soziologie, Politikwissenschaft und Psychologie sind nicht so ausgewiesen.

Behält man aber das Ringen um Konturen und Standardisierung im Hinterkopf, wie von Brosius und Haas (2009) ausgeführt, dann werden divergierende Positionen deutlich. Exemplarisch: Vorderer, Klimt und Hartmann (2006: 301) begreifen die Kommunikationswissenschaft als interdisziplinär angelegtes Integrationsfach. Obgleich sich dieses in der Vergangenheit Theorien und Methoden benachbarter Fächer bedient hat und „zu einem eigenen Kanon gebündelt hat" sei dies für die innere Struktur des Fachs problematisch. „Die inhaltlich-subdisziplinäre Binnenvarianz des Faches Kommunikationswissenschaft ist also enorm [...] und entsprechend divergent sind ihre Themen, Gegenstände, Methoden, Methodologien, organisierten Strukturen und die akademische Provenienz ihrer Schlüsselakteure" (ebenda: 302). Das lässt obige Autoren zu dem Schluss kommen, dass einer Fachdefinition ohne Verweis auf „interdisziplinäre" Bezüge der Vorzug zu geben sei, zugleich müsse man mit der „Binnenvarianz-Thematik" „selbstbewusst und konstruktiv-integrativ" umgehen (ebenda: 312). Aber auch eine Integrationswissenschaft kann für sich den Anspruch stellen, in diesem Metier eine Führungsrolle einzunehmen. Als Gegenposition kann man Hepp (2005: 6) benennen, der in dem Anspruch der Kommunikationswissenschaft, die zentrale Integrationswissenschaft zu sein, nichts als „Proklamationsethik" sieht. Hepp fordert eine „fortlaufende, eigenständige, aber transdisziplinär geöffnete Theoretisierung" (ebenda).

Flankiert werden diese Debatten durch Kritik am Fach, die durchaus harsch ausfällt und von innen kommt. So sei „die Kommunikationswissenschaft [...] vermutlich die einzige Wissenschaft, die sich nicht so recht mit dem beschäftigt, was ihr Name eigentlich ankündigt", meint Krotz (2004: 4). „Heißt das Fach nur so, oder ‚tut' es auch Kommunikationswissenschaft?", fragt Rühl (2006: 363f). Und Donsbach et al. (2005) sehen das Dilemma der Kommunikationswissenschaft in ihrer nach innen wie nach außen wenig konturierten Struktur. Es fehle „an einem eindeutigen Erkenntnisgegenstand, allgemein akzeptierten Theorien und einem Standard an methodischen Herangehensweisen." (Donsbach et al. 2005: 47)

Die oben geschilderten Probleme der Kommunikationswissenschaft führt Saxer (1995: 39) auf eine institutionelle Eigenart der „Disziplin mit den vielen Namen"[2] zurück: Vergesslichkeit. Auch deshalb ist die Fachgeschichte für eine „von ihrem Gegenstand schwer institutionalisierbare Disziplin" (Saxer 2005: 99) wie die Kommu-

---

[2] Das ist kein unbedeutender Befund aus wissenschaftstheoretischer Perspektive, denn „[j]ede Wissenschaftstheorie hat es zunächst mit dem Namen des betreffenden Faches zu tun." (Schmidt 1966: 407)

nikationswissenschaft so bedeutsam, „weil eine solche stärker als andere von strukturbedingter Vergesslichkeit, struktureller Amnesie bedroht ist." Wer wissen will, ob die Wissenschaftsentwicklung auch anders hätte verlaufen können (ebenda: 99 f.), muss Wissenschaftsgeschichte betreiben. Den Verweis auf Traditionsvergessenheit im Fach findet man bei Pöttker (2001: 9). Die Ebene des Selbstverständnisses taugt demnach nur bedingt, um sich der allgemeinen Verfasstheit der Kommunikationswissenschaft nähern zu können. Am ehesten bekommt man ein Gefühl für diese, wenn man die Kommunikationswissenschaft nicht nur im Sinne einer Gegenwartsdiagnose, sondern auch im Lichte ihrer Fachgeschichte zu begreifen sucht.

Saxer (1995: 39) sieht das Fach und seine Entwicklung darüber hinaus in den Kontext einer „exorbitanten Expansion von Medienkommunikation allenthalben" eingebettet. Auch zehn Jahre später spricht Saxer (2005: 72) in diesem Zusammenhang von „[d]er stürmischen Expansion ihrer nationalen Mediensysteme und der Gesamtentwicklung Deutschlands, Österreichs und der Schweiz in Richtung von Mediengesellschaften". Saxer erkannte früh den damit verbundenen gesellschaftlichen Problemlösungsbedarf, der dazu führt, dass das Fach „fortwährend Wachstum" beschließt, den Fokus „disziplinärer Aufmerksamkeit" erweitert, ohne sich der damit verbundenen Implikationen bewusst zu sein. Wir finden bei Saxer (1995: 40) den wichtigen Hinweis, dass die Entwicklung des Faches immer auch in Abhängigkeit des Zustandes des Wirtschafts-, Politik- und Kultursystems einer Gesellschaft verstehbar wird. Das sei nicht nur im deutschsprachigen Raum so, gelte auch international. Letztlich sind nach Saxer die partikularen Fachausrichtungen (er versteht darunter: Medienwissenschaft, Journalistik) diesen Einflüssen ebenso geschuldet, wie die Kommunikationswissenschaft selbst, der Saxer einen Verallgemeinerungsanspruch zuschreibt, „der konzeptuell letztlich das Insgesamt der Kultur- und Sozialwissenschaften einbegreift und strukturell nicht einmal rudimentär von der Disziplin abgedeckt werden kann." (ebenda: 41)

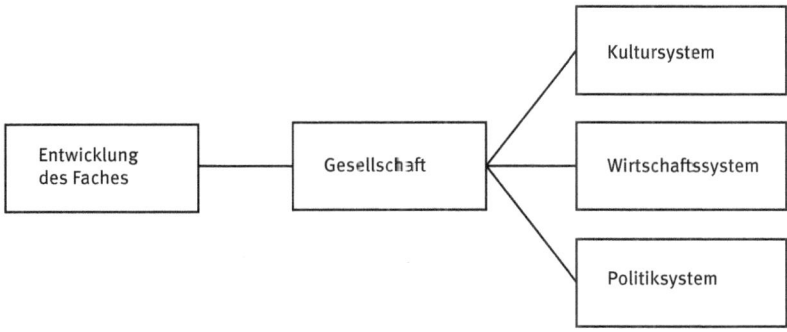

Abb. 1.3: Kommunikationswissenschaft und ihre Abhängigkeiten (eigene Darstellung in Anlehnung an Saxer 1995: 40)

Fachgeschichte fasst Saxer vor diesem Hintergrund als „additive [...] Aneignung undisziplinierter Gegenstände." (ebenda: 44) Immer mehr „herrenloses Gut" wurde dem Materialobjekt der Zeitungswissenschaft zugeschlagen: Zeitung, Radio, Fernsehen, Film, Buch, Tonträger, Briefmarke, Neue Medien, Telefon udgl. mehr. Disziplinbildung wurde so erschwert. Saxer kommt deshalb zu einer, wie er es nennt, „recht simplen wissenschaftswissenschaftlichen These: Die Addition von Gegenständen als Materialobjekt kommt der Disziplinbildung nicht zugute; diese setzt vielmehr deren Umwandlung in Formalobjekte voraus, das heißt ihre Subsummation unter spezifische, erklärungsträchtige, eben disziplinäre Perspektiven." (ebenda: 44)

Auch andere Autoren monieren, dass die inhaltliche Vielfalt der Wissenschaft zu einer Unüberschaubarkeit der Bezeichnungen für das Fach führt: Kommunikationswissenschaft, Publizistikwissenschaft, Medienwissenschaft usw. (Karsay 2011). Um dieses Dilemma zu überwinden und um analytische Distinktion herzustellen, haben Autoren wie Bonfadelli, Jarren und Siegert (2005: 7) Unterscheidungen nach Material- und Formalobjekt, Analyseebene und methodischem Zugriff vorgenommen. Demzufolge beziehe sich die Publizistikwissenschaft auf Einzelmedien und analysiert die Mikroebene. Die Kommunikationswissenschaft sei am Kommunikationsakt im Allgemeinen interessiert und betrachte eher die Ebene der Organisation. Die folgende Abbildung soll diesen Systematisierungsversuch verdeutlichen.

Materialobjekte	einzelne Medien	Kommunikationsakte	Institution „Journalismus"		
	Presse, Rundfunk, Internet etc.	interpersonale vs. Massenkommunikation			
Formalobjekte	alle Kommunikationsprozesse	für die Öffentlichkeit bestimmte Aussagen	durch Medien hergestellte Öffentlichkeit		
Analyseebenen	Akteure (mikro)	Organisationen (meso)	Gesellschaft (makro)		
Methodische Zugriffe	quantifizierende sozialwissenschaftliche Methoden		qualitative phänomenologisch-hermeneutische Verfahren		
Fachbezeichnungen	Publizistikwissenschaft	(Massen-)Kommunikationswissenschaft	Medienwissenschaft	Journalistik	Medienpsychologie, Mediensoziologie etc.

Abb. 1.4: Facetten der Wissenschaft (Bonfadelli/Jarren/Siegert 2005: 7)

Karmasin beschreibt das Fach als zwischen Publizistikwissenschaft und Medienwissenschaft oszillierend. Unter dem Dach der Kommunikationswissenschaft würden die „Publizistikwissenschaften" versuchen, die historischen Wurzeln des Faches (jene der Zeitungswissenschaft/Journalistik) zu bewahren und mit Hilfe des Begriffs „öffentliche Kommunikation" in die durch Medienwandel geprägte Zukunft zu transzendieren. Die „Medienwissenschaften" hätten ihre Wurzeln vielmehr in den Cultural Studies bzw. diverser Philologien und wären um die Integration von Elementen der Film- und Fernsehwissenschaft, Germanistik, Kultursoziologie, Alltagskultur und Mediensoziologie bemüht (Karmasin 2008: 230). Zwar würden sich Objektbereiche überschneiden, es gäbe aber wesentliche Unterschiede, vor allem in methodischer Hinsicht:

> Der Mainstream der ‚Publizistik- und Kommunikationswissenschaft' bzw. der ‚Kommunikationswissenschaft' versteht sich als interdisziplinäre, aber im wesentlichen empirisch orientierte Sozialwissenschaft. Dies hat – wie in anderen Fächern auch – wissenschaftssoziologische, forschungspragmatische und erkenntnistheoretische Gründe. Der relative Erfolg der solcherart betriebenen Disziplin im (inneruniversitären) Kampf um knappe Ressourcen gründet wohl auch auf ihrem Versuch, die geisteswissenschaftlichen Wurzeln des Faches zu kappen und dem Methodenideal einer ‚sozialen Naturwissenschaft' [...] zu folgen, wie dies auch schon zum Erfolgsmodell der Soziologie, der Psychologie und der Ökonomie wurde. (ebenda: 231)

Wenn Schweiger, Rademacher und Grabmüller (2009: 534) eine vermehrte Beschäftigung der deutschsprachigen Publizistik- und Kommunikationswissenschaft mit sich selbst, „ihrem Fachverständnis, ihrem öffentlichen Profil und ihrer Identität zwischen Sozial-, Geistes- und Kulturwissenschaften", festhalten, so ist dies ohne Zweifel korrekt. Wir werden in weiterer Folge noch zeigen, dass dies auf mehreren Ebenen und nicht nur auf der „essayistischer Diskurse" (ebenda) geschieht.

Programmatische Bestrebungen	DGPuK 2008, 2001
Studien/Befragungen	
Absolventen	Neuberger 2005
Dozenten und Professoren	Fröhlich/Holtz-Bacha 1993, Meyen 2004, 2007
DGPuK-Mitglieder	Peiser et al. 2003
Wissenschaftlicher Nachwuchs	Wirth et al. 2005, Prommer et al. 2006, Wirth et al. 2008
Publikationswesen	Brosius 1994, Lauf 2001, Donsbach et al. 2005
Historische Studien	
Überblickwerke	Meyen/Löblich 2006
Veröffentlichungen zu den Auf- und Umbruchphasen des Fachs	Averbeck 1999, Löblich 2010
Veröffentlichungen zu einzelnen Schulen und Theoriekonzepten	Wendelin 2011, Scheu 2012, Weischenberg 2012
Veröffentlichungen zu zentralen Persönlichkeiten	Starkulla/Wagner 1981, Benedikt 1986, Kutsch 2000, Sösemann 2001, Koenen/Meyen 2002, Klein 2006, Wiedemann 2012
Veröffentlichungen zum Selbstverständnis der Professoren	Huber 2010
Veröffentlichungen zu einzelnen Fachinstituten	Kutsch 1985, Meyen/Löblich 2004, Schade 2005, Wilke 2005
Biografische Portraits	Kutsch/Pöttker 1997, Meyen/Löblich 2007

Abb. 1.5: Beschäftigung der deutschsprachigen Publizistik- und Kommunikationswissenschaft mit sich selbst (Schweiger/Rademacher/Grabmüller 2009: 534; Meyen o. J.: o. S.)

1.2 Fachentwicklung

> Wenn nicht Knies, Schäffle und Löbl: Wer oder was ist denn ein Klassiker der Kommunikationswissenschaft? (Meyen/Löblich 2006: 9)

Dass „[d]ie Geschichte der Kommunikationswissenschaft im deutschsprachigen Raum [...] vergleichsweise gut dokumentiert und erforscht" (Meyen o. J.: o. S.) ist, darf aus wissenschaftstheoretischer Perspektive als ein bedeutsamer Befund gelten, erachten doch vor allem wissenschaftsdynamische Perspektiven die Wissenschaftstheorie nur im Zusammenspiel mit der Wissenschaftsgeschichte als sinnvoll (Oeser 1981: 502). Hier hat sich in den letzten 30 Jahren viel getan, noch 1986 konstatierten vom Bruch und Roegele (1986: Vorwort), dass sich „die Bemühungen um die neuere Geschichte des Faches Zeitungswissenschaft/Publizistik/Kommunikationswissenschaft im Stadium des Sammelns und Entdeckens, der Institutsgeschichten, Biographien und Werkanalysen" befänden.

Zu einer Ahnengalerie des Fachs hat dies aber nicht geführt. Meyen und Löblich (2006) fragen nach einer solchen und stoßen, ohne dass sie eine solche vorfinden, auf die nationalökonomischen Wurzeln der Kommunikationswissenschaft.[3] Während in sozialwissenschaftlichen Nachbardisziplinen oftmals mehrere Ahnengalerien konkurrieren, fehlte eine solche bislang für die Kommunikationswissenschaft. Woran das liegen mag, ist unklar. Ist das Fach zu klein, zu jung, zu getrieben von seinem Aktualitätsbezug, traditionsvergessen oder einfach durch „blinde Bewunderung für alles Amerikanische" (Pöttker 2001: 9 zitiert nach Meyen/Löblich 2006: 9) selektiv in seiner Selbstwahrnehmung? Zu Recht verweisen Meyen und Löblich (2006: 9) auf die Kommunikationswissenschaft in den Vereinigten Staaten, wo das Fach so reif und groß scheint, dass der Blick in die Vergangenheit immer mit dem Begriff des Meilensteins verbunden wird. „Der Begriff des Meilenstein sei dabei als Anspielung auf die antiken Straßen zu sehen, wo die Reisenden informiert worden wären, wie weit sie gekommen seien und wie weit sie noch zu gehen hätten, um ihr Ziel zu erreichen." (ebenda) Theorien entwickeln sich hier immer weiter, Fragen der Methoden und Techniken haben sich hier stets vervollkommnet (Lowery/De Fleur 1995: VII f.).

Selbst wenn man dieses Verständnis von Theorieentwicklung nicht teilt, verweisen die Annahmen zu Meilensteinen darauf, dass die Kommunikationswissenschaft

---

[3] Folgend wird nicht näher auf den eingangs erwähnten Emil Löbl eingegangen. Er wird von Meyen und Löblich (2006: 129) als Beispiel für einen Praktiker (Journalisten) angeführt, der ohne Schäffle zu zitieren auf seine Vorstellungen von öffentlicher Meinung rekurrierte. „Ohne eine Theorie der öffentlichen Kommunikation zu formulieren und ohne auf irgend eine Form von Wirkungsforschung zurückgreifen zu können, machte er weitreichende Angaben über die Folgen des Zeitungslesens – für den Einzelnen, für andere Medienangebote, für die Gesellschaft." (Meyen/Löblich 2006: 131)

als Wirklichkeitswissenschaft drei Zeitdimensionen kennt: Vergangenheit, Gegenwart und Zukunft (Bohrmann 2005: 152 f.). Darüber hinaus verweisen sie auch auf ein bestimmtes Zeitmodell, das Modell des Pfeils. „Der Pfeil, der in der jüdisch-christisch-muslimischen Tradition steht, symbolisiert einen Anfang und deutet auf ein Ziel; der Kreis symbolisiert seit der antiken Welt die Wiederkehr des Gleichen." (ebenda: 153) Lowery und De Fleur rekurrieren offensichtlich auf das Pfeil-Modell. Wir wollen diesem Modell ebenfalls den Vorzug geben. Bohrmann begründet dies nachvollziehbar und, wie wir in weiterer Folge noch sehen werden, wissenschaftstheoretisch fundiert:

> Für die Publizistikwissenschaft bevorzuge ich das Pfeil-Modell, allerdings mit der wesentlichen Modifikation, dass die Zukunft als offen vorgestellt wird. Hier trennen sich für mich Wissenschaft und Teleologie, weil nach meinem Verständnis in einer pluralistischen Gesellschaft keine abschließende Verständigung über ein objektives Ziel möglich ist. (Bohrmann 2005: 153)

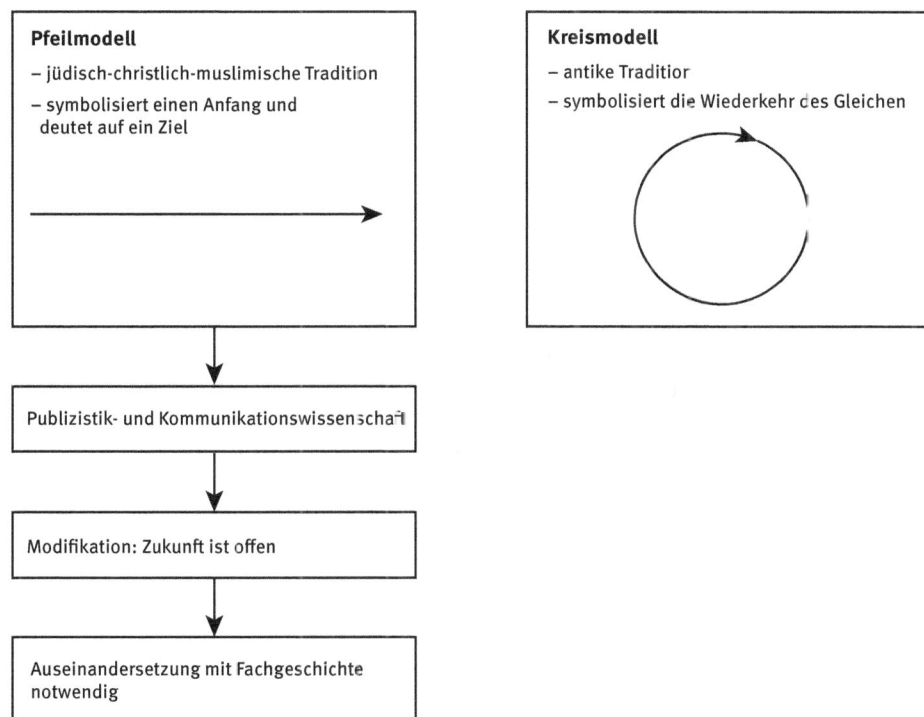

Abb. 1.6: Kommunikationswissenschaft und Zeitmodelle (eigene Darstellung in Anlehnung an Bohrmann 2005: 153)

Mit dieser Annahme ist untrennbar die Einladung zur Befassung mit Fachgeschichte verbunden. Wer die Kommunikationswissenschaft „verstehen" will, muss sich mit ihrer Geschichte auseinandersetzen. Und zwar nicht nur mit ihrer Dogmengeschichte (ihren theoretischen Voraussetzungen, Methoden und Ergebnissen), sondern auch unter der Prämisse, dass das Fach Kommunikationswissenschaft „nicht primär" eine Antwort auf theoretische Fragen ist, als vielmehr auf, wie Bohrmann es formuliert, praktische Bedürfnisse. „Das zeigt die Geschichte unseres Faches deutlich. Fachgeschichte untersucht die Konstituierungsprozesse in allen ihren Komponenten nach Ursachen und Auswirkungen." (ebenda: 178)

Absichten und Erwartungen werden von vielen Seiten an ein Fach herangetragen. Will man verstehen in welcher Tradition Konzepte und deren Realisierungen stehen, dann bedarf es historischer Arbeit. „Fachgeschichte ist weder das ‚Weltgericht', noch hat sie die Aufgabe Rezepte zu verordnen. Vielmehr soll sie das Reflexionsniveau hoch ansetzen, um die Grundlagen der fachlichen Tätigkeit angemessen in historischer Perspektive zu erörtern." (ebenda: 179) Lassen wir an dieser Stelle der Fachgeschichte erstmals etwas Raum. Der Geschichtlichkeit von Begriffen werden wir uns in Kapitel 6 widmen.

In Deutschland waren es Nationalökonomen, Historiker, Juristen und Literaturwissenschaftler die schon im 19. Jahrhundert über Medien (insb. die Presse) und ihre Wirkungen nachgedacht haben.[4] Diese hätten „aber keinen Versuch unternommen, diese Beschäftigung auszubauen und eine eigenständige Disziplin zu schaffen." (Meyen/Löblich 2006: 12) Nach Schade war die Ökonomisierung ein großes Thema in der Fachgeschichte, „denn sie bildete vor hundert Jahren neben anderen als kritisch einzuschätzenden Entwicklungen den Anlass, den Journalismus und die Medien vermehrt zum Gegenstand der Wissenschaft zu machen." (Schade 2005: 12) Begonnen hatte dieses Interesse an ökonomischen Fragestellungen freilich früher. Es sind vom Bruch und Roegele (1986: 14), die als Beispiel für Modernisierungen von Fächern genau jenes wählen, das auch die Wurzeln des Faches Kommunikationswissenschaft betrifft:

> Hingewiesen sei nur auf die besonders herausragende Übernahme der durch Adam SMITH repräsentierten englischen ‚klassischen' Schule politischer Ökonomie in Deutschland um 1800 als Grundlage zur Überwindung der älteren nationalstaatlichen Traditionen und zur Begründung einer neuen wissenschaftlichen Disziplin ‚Nationalökonomie'. (vom Bruch/Roegele 1986: 14)

Hardt verdanken wir die Einsicht in den Umstand, dass die Geschichte der wissenschaftlichen Befassung mit Massenkommunikation in Deutschland eine längere Tradition hat, als jene in den Vereinigten Staaten: „The history of mass communication scholarship is considerably older in Germany – where it is known as Zeitungs- or

---

4 Im Frankreich des 19. Jahrhunderts war es die Soziologie, welche die Impulse für das Fach gab, während in den USA die wirtschaftliche Verwendbarkeit der Forschungsresultate die Kommunikationswissenschaft vorantrieb.

Publizistikwissenschaft, and more recently as Kommunikationswissenschaft – than in the United States." (Hardt 2001: 9) Vor diesem Hintergrund ist die starke US-amerikanische Vorbildwirkung, die Meyen und Löblich (2006: 11) für die 1960er in Deutschland zu Recht festmachen, eigentlich verwunderlich. Vor dem Hintergrund, dass die Publizistikwissenschaft durch ihre Rolle in der NS-Zeit kompromittiert war, wird dies schon eher verständlich.

Ohne Kapitel 5.2 vorgreifen zu wollen, folgen wir den Ausführungen Hardts zu einigen Proponenten der deutschen Nationalökonomie. Zwar fände sich bei Albert Schäffle (1831–1903) keine umfassende Kommunikationstheorie, seinen Werken sei jedoch gemein, dass sie die fundamentale Bedeutung der Kommunikation als gesellschaftsintegrierende Kraft betont (Hardt 2001: 46). Dabei rücken die Produktion von Symbolen und diese ermöglichende Institutionen (Medien als symbolic goods) in den Mittelpunkt seines Interesses. „Schäffle connects these two basic elements – the production of symbols and the means of external communication through appropriate institutions – with the presence of technical, economic, and other protective measures. They surround the process of social communication, not unlike muscles and bones that protect nerves throughout a body." (ebenda: 47) Dass die Symbolkommunikation eng an das ökonomische System und seine institutionellen Praxen gekoppelt ist, ist eine bedeutsame Einsicht Schäffles.

> For instance, theatrical productions, books, or newspapers may be utilized as sources of information or entertainment only after payment of an admission fee or a set price. Indeed, many symbolic goods are offered in the marketplace, often in competitive situations, as commercial properties or objects of commercial speculation, by institutions that specialize in the reproduction of symbolic goods and their distribution in society. (ebenda: 55)

Es erstaunt, dass Schäffle damals dem heute die Wirtschaftstheorie dominierenden Homo Oeconomicus[5] den Homo Symbolicus entgegensetzt. Damit einher ging eine Vorstellung von Gesellschaft, deren Entwicklung wesentlich durch Kommunikation geprägt ist. So rückt auch Kommunikation in den Fokus der Ökonomik. Es sind nicht zufällig breit gebildete Generalisten (wie es Nationalökonomen waren) innerhalb der Gruppe der Ökonomen, die heute das Fehlen einer Kommunikationstheorie der Ökonomik monieren. „[T]he notion of communication emerges as an early and central concern among economic theorists and begins to play a serious role in their assess-

---

[5] Der Homo Oeconomicus fungiert als Akteur im ökonomischen Verhaltensmodell. Die wichtigsten Annahmen dieses Modells sind: (a) Handlungseinheit ist das Individuum, (b) Menschen handeln nicht zufällig, (c) Eigeninteresse bzw. Eigennutz sind die Triebkraft menschlichen Handelns, (d) Einschränkungen bestimmen den möglichen Handlungsraum, (e) Einschränkungen werden maßgeblich auch durch Institutionen vermittelt, (f) Menschen entscheiden rational oder „begrenzt rational" (Kiefer/Steininger 2014: 59).

ments of societal expansion." (ebenda: 65) Medien werden nicht nur als Transmitter von Ideen begriffen, sondern auch in Abhängigkeit von politischen und ökonomischen Kräften, welche journalistische Praxen determinieren (ebenda: 66).

Wenn dann auch noch Pressereformen von Schäffle gefordert wurden, die Trennung von redaktionellen und werblichen Inhalten verlangt, er journalistische Ausbildung professionalisiert sehen wollte[6], dann blickt man ob der aktuellen normativen Verfasstheit der Kommunikationswissenschaft (insbesondere ihrer Teildisziplin Medienökonomik) beschämt zu Boden. Knies setzt die von Schäffle beschriebene Bedeutung der Kommunikation für die Gesellschaft stärker in den Kontext der Entwicklungen der Moderne. „His conclusions frequently anticipate late-twentieth-century social scientific findings and qualitative assessments of news or commercial information, including the place of advertising in the context of social and political communication." (ebenda: 82) Auf Basis der beiden genannten Autoren gelingt Karl Bücher (1847–1930) dann auch eine fundierte Auseinandersetzung mit dem Pressewesen. Oder wie Hardt (2001: 105) es formuliert: „Bücher provides by far the most extensive discussion of the press in modern times."

Doch damit nicht genug. Auch Ferdinand Tönnies (1855–1936) greift die Ausführungen der eben genannten Autoren auf und verhandelt sie vor dem Hintergrund öffentlicher und privater Interessen. Hier sieht Hardt im Gegensatz zu den zuvor genannten Nationalökonomen „a systematic approach to communication in society that privileges the notion of public opinion" (ebenda: 124). Die dargelegten Verständnisse von Gesellschaft, Presse, öffentlicher Meinung sowie der Rolle von Kommunikation sieht Hardt (2001: 145) sehr nahe an den Positionen der sich damals entwickelnden US-amerikanischen Soziologie.

Als dann 1916 das Institut für Zeitungskunde an der Universität Leipzig errichtet wurde, war die Bezeichnung des Instituts nach vom Bruch und Roegele (1986: 1) programmatisch. Trotz all der genannten Vorarbeiten, die in gewisser Weise schon interdisziplinär angelegt waren, hatte man offensichtlich kein Interesse an einer eigenständigen Wissenschaft von der Zeitung. Das Institut sollte Aus- und berufsqualifizierende Vorbildung für Journalisten ermöglichen. Die wissenschaftliche (d.h. wirtschaftswissenschaftliche, statistische, historische und juristische) Beschäftigung mit der Presse sollte Nationalökonomen, Historikern und Juristen vorbehalten bleiben. „Eine Disziplin ‚Zeitungswissenschaft' schien nicht nur entbehrlich, sondern auch mit dem Wissenschaftsverständnis der angesprochenen Disziplinen unvereinbar, die wohl für eine differenzierte Spezialisierung innerhalb alteingeführ-

---

6 Dies wird später von Bücher aufgegriffen. Dieser begleitete das erste Jahr des Ersten Weltkriegs durch eine Analyse der deutschen und ausländischen Presse und sah eben diese als für den Ausbruch des Krieges verantwortlich. Er empfahl deshalb „als entscheidenden Hebel „die wissenschaftliche, sittliche und soziale Hebung des Journalistenstandes", dessen akademische Vorbildung, die Beseitigung der Anonymität in der Presse sowie die Abkoppelung des Annoncenwesens von der Meinungspresse." (vom Bruch/Roegele 1986: 8)

ter Fächer, nicht aber für eine autonome Ausgrenzung neuer Fachgebiete eintraten, denen keine methodologische und wissenschaftstheoretische, sondern allenfalls eine gegenstandssystematische Einheitlichkeit zugebilligt werden konnte." (vom Bruch/ Roegele 1986: 1) So unentbehrlich die Fragen der Nationalökonomie für die Kommunikationswissenschaft heute sein mögen, so entbehrlich war die Disziplin „Zeitungswissenschaft" im institutionellen Gefüge der deutschen Universitäten Anfang des 20. Jahrhunderts.

> Aus der Warte der anderen, der traditionellen Hochschulfächer gesehen, war die Zeitungskunde, soweit man sie überhaupt als Fach akzeptierte, damals bestenfalls historische Hilfs- oder Nebendisziplin und ihre hauptsächlichen Ergebnisse entsprachen zunächst auch im wesentlichen diesem Bild. (Schmidt 1966: 408)

Wenn von einer sozialwissenschaftlichen Wende der Kommunikationswissenschaft in den 1960er-Jahren die Rede ist, muss es eine solche auch schon früher (freilich unter „perspektivischer Bindung" an die jeweils vertretenen Disziplinen) gegeben haben, denn schon „kurz vor der Jahrhundertwende" setzten „empirisch-sozialwissenschaftliche Studien zum deutschen Pressewesen ein." (vom Bruch/Roegele 1986: 11) Die Interessenslagen und äußeren Einflüsse auf das „Entstehungsmilieu des Faches" sehen vom Bruch und Roegele (1986: 13 f.) durch drei Tendenzen beherrscht: (a) dem Streben nach einer Professionalisierung der Journalistenausbildung im Rahmen der (akademischen) Zeitungskunde, (b) die Verwissenschaftlichung des Faches in Richtung einer zur Zeitungs- und Publizistikwissenschaft erweiterten Zeitungskunde sowie (c) die staatsbürgerlich-politische Instrumentalisierung des Faches vor dem Hintergrund des 1. Weltkriegs, der Niederlage, der sich daran anschließenden revolutionären Phasen, des als Demütigung erlebten Versailler Vertrages. All dies führte „zu einem kaum entwirrbaren Gemenge von Motiven und Zielsetzungen. In der disziplingeschichtlichen Analyse wird dieses Knäuel zu entflechten sein, doch die vielschichtigen Verstrickungen aller dieser Stränge waren für das Entstehungsmilieu der deutschen Zeitungswissenschaft maßgebend und haben ihr unverwechselbares Antlitz in der Frühphase geformt." (ebenda: 14) Die Zeitungswissenschaft hätte keinen theoretischen Unterbau, ihre Existenzberechtigung war umstritten und die Institutionalisierung wurde vornehmlich von außen betrieben, befunden denn auch Meyen und Löblich (2006: 12).

Abb. 1.7: Entstehungslinien der Zeitungswissenschaft (eigene Darstellung in Anlehnung an vom Bruch/Roegele 1986: 13 f.)

Für die ersten beiden Jahrzehnte nach dem Zweiten Weltkrieg konstatieren Meyen und Löblich (2006: 10) eine Krise der Zeitungs- bzw. Publizistikwissenschaft. „Die sozialwissenschaftlichen Ansätze, die am Ende der Weimarer Republik von zumeist jüngeren Forschern entwickelt worden waren, sind durch Emigration und durch die Annäherung der akademischen Disziplin Zeitungswissenschaft an die Propagandalehren der Nationalsozialisten verloren gegangen. [...] Die Nähe zur Politik in der Zeit des Dritten Reiches hätte das Fach fast zugrunde gerichtet." (Meyen/Löblich 2006: 10) Neben Gerhard Maletzke stehen für Meyen und Löblich (2006: 11) die Namen Fritz Eberhard (Berlin), Henk Prakke (Münster), Otto B. Roegele (München), Franz Ronneberger (Nürnberg) und Elisabeth Noelle-Neumann (Mainz) für „die sozialwissenschaftliche Wende des Faches, für den Wandel von der hermeneutisch-philologisch arbeitenden Zeitungs- bzw. Publizistikwissenschaft zur empirisch-quantitativ orientierten Kommunikationswissenschaft nach US-Vorbild." (ebenda: 11) Dass Pöttker diesen Wandel in den Kontext von „Traditionsvergessenheit" stellt täuscht nach Meyen und Löblich (2006: 12) etwas.

> Warum sollten sich die Professorinnen und Professoren an etwas erinnern, was sie in ihrer Ausbildung gar nicht kennen gelernt haben? Von einem einheitlichen Zugang zum Hochschullehrerberuf im Fach kann bis heute keine Rede sein. [...] Selbst wenn es den Wunsch gegeben hätte, sich auf Traditionen aus dem deutschen Sprachraum zu besinnen, wäre dieser Wunsch nicht so leicht zu erfüllen gewesen. (ebenda)

Es galt und gab nach 1945 offensichtlich auf vielen Ebenen mehr zu vergessen als zu erinnern, u.a auch die sozialwissenschaftlichen und nationalökonomischen Wurzeln des Fachs, das seine Krise nach 1945 sich selbst und nicht seinen Nachbarfächern verdankte. Denn Soziologie, Politikwissenschaft, Psychologie, Literaturwissenschaft und Geschichtswissenschaft hatten nach 1945 wenig Interesse an den Objekten der

Publizistikwissenschaft. „Sie hätten die Massenmedien mit Aussicht auf Erfolg bis in die sechziger Jahre zu Teilgebieten ihrer Disziplinen machen können, wären sie nicht dem eigenen Elitedenken anheim gefallen, das Zeitung, Hörfunk, Fernsehen als Massenveranstaltungen eben doch nicht für wissenschaftsfähig erachtete." (Bohrmann 2006: 40) Das änderte sich nach Bohrmann (2006: 40) erst nach 1968, als sich Soziologie und Psychologie als empirische Einzelwissenschaften verstanden, Bewegung in die bis dahin „politische Geschichtsschreibung" kam und der Literaturbegriff in den Philologien erweitert wurde. „Das geht paradoxerweise so weit, dass sich heute Literaturwissenschaftler als Medienwissenschaftler bezeichnen und für die eigentlichen Experten der Massenkommunikation halten." (ebenda)

Wenn vom Bruch und Roegele (1986: 14 f.) die Entwicklung der „jungen empirischen Sozialwissenschaften" vor dem Hintergrund des Konflikts zwischen „deutschen Kontinuitäten und nordamerikanischem Einfluss" sehen, dann ist das wohl eine Perspektive, die sich nur bedingt für eine Analyse der Kommunikationswissenschaft anbietet. Der von ihnen diagnostizierte „vollständige paradigmatische Durchbruch empirisch-sozialwissenschaftlicher Fragestellungen und Methoden angelsächsischer Provenienz" Mitte der 1960er-Jahre lässt sich allein so nicht erklären. Denn: „Eine in sich geschlossene Entwicklung des Faches hat es nicht gegeben" (vom Bruch/Roegele 1986: 20), damit gab es auch keine Kontinuität.

1.3 Theorieentwicklung

Mit Saxer (1995: 42) lässt sich der Großteil der in der Kommunikationswissenschaft praktizierten Theorienbildung noch immer als „chaotisch" charakterisieren. Saxer hat dies insbesondere am Selbstverständnis des Fachs als Integrationswissenschaft festgemacht. Diese würde „disziplinfremde Konzepte bzw. Theoriestücke" einfach übernehmen und damit disziplineigene Problemstellungen bearbeiten, „ohne daß dies unter Befolgung konsentierter wissenschaftstheoretischer Normen geschähe." (ebenda) Die Folge: Eine Vielfalt von Ansätzen, die in eine chaotische Konkurrenz münde (ebenda: 43f).

Krotz, Hepp und Winter (2008: 9), die Kommunikationswissenschaft als „Querschnittswissenschaft der Informations- und/oder Mediengesellschaft" verstanden wissen wollen, bedienen sich im Rahmen ihrer Suche nach den Grundlagen des Fachs der Begriffe „Basistheorien" und „grundlegende Theorien". Erstere sind Theorien, verstanden als wissenschaftliche Fundamente (im Plural) eines Fachs. Es sind dies: „z. B. Symbolischer Interaktionismus, (radikaler) Konstruktivismus, Handlungstheorie, Semiotik, materialistische Theorie und Systemtheorie". Grundlegende Theorien werden von den Autoren hingegen als weniger ausgrenzend und offener beschrieben als Basistheorien, präferiert und wie folgt definiert: *„Als grundlegend gelten dementsprechend solche Theorien, die auf verschiedene Phänomenbereiche angewandt werden bzw. diese verbindend einen konzeptuellen Zugang zu Gegenständen der Kommuni-*

kations- und Medienwissenschaft begründet haben." (Krotz/Hepp/Winter 2008: 10) Zu den oben genannten Theorien gesellen sich hier auch noch Kultur- und Gendertheorien. Alle zusammen werden als „Set von Theorien" (ebenda: 10 f.) verstanden. Deutlich wird hier, dass der Saxerschen „chaotischen Konkurrenz" offensichtlich die Konkurrenz abhandenkommt. Befundet Saxer (1995: 43 f.) noch eine Konkurrenz neuer Ansätze um die „Geltung als Paradigmen" (im Plural), die „auch gut etablierte Wissensbestände pauschal zu destruieren" versuchen, so ist diese Befürchtung mittlerweile offensichtlich unbegründet.

Theorie	Anzahl der Nennungen
Rezeptions- und Nutzungstheorie	123
Journalismustheorie	120
Öffentlichkeitstheorien	93
Ökonomische Theorien	78
Handlungstheorien	77
Wirkungstheorien	67
Psychologische Medientheorien	66
Organisationstheorien	60
Kommunikationstheorien und -modelle	58
PR-Theorien	56
Sonstige Theorien	51
Theorieentwicklung	43
Systemtheorie	42
Kulturtheorie	38
Medientheorien	35
Strukturationstheorie	29
Integrative Sozialtheorien	27
Kritische Medien- und Kommunikationstheorien	27
Konstruktivismus	26
Normative Theorien	26
Netzwerktheorien	25
Historische Theorien	24
Feministische Theorien	15
Funktionalistische Theorien	14
Werbetheorien	9
Zeichentheorien	6
Sprachtheorien	5
Marxistische Theorie	1

Onlinebefragung, Grundgesamtheit 836 Personen (Mitglieder der DGPuK), dargestellte Ergebnisse beziehen sich auf die Angaben von 188 Befragten

Abb. 1.8: Theorien kommunikationswissenschaftlicher Forschung (Altmeppen/Weigel/Gebhard 2011: 385)

Altmeppen, Weigel und Gebhard (2011: 384) stellen fest, dass in Deutschland der Wissenschaftsrat 2007 eine „Stärkung" der Theorienbildung fordert. Theorien zu importieren reiche nicht mehr aus, um den gesellschaftlichen Veränderungen, technologischen Umwälzungen und dem Wandel der Medienkultur theoretisch, methodisch und begrifflich Herr zu werden. Die Forschungsdesigns der Anwendungsforschung, so wurde vom deutschen Wissenschaftsrat eingemahnt, sollten auch „nachjustiert" werden, damit „für die Auftraggeber interessante Ergebnisse" ermöglicht werden.

Die Autoren sehen diese Forderungen 2011 bereits erfüllt und verweisen auf die Ergebnisse ihrer Onlinebefragung aus dem Jahr 2010 zu den Forschungsleistungen des Faches (vgl. Abbildung 1.8). „Sieben der zehn am häufigsten angewandten Theorien lassen sich originär kommunikationswissenschaftlichen Themenfeldern zuordnen: Rezeptions- und Nutzungstheorie, Journalismustheorie, Öffentlichkeitstheorien, Wirkungstheorien, psychologische Medientheorien und -modelle sowie PR-Theorien." (ebenda: 384–386)

Altmeppen, Weigel und Gebhard (2011: 384) weisen darauf hin, dass es sich „streng genommen" in der Mehrzahl um Theoriefelder (Rezeptions-, Journalismus-, Öffentlichkeits-, Wirkungs- und PR-Theorien) und nicht Theorien handelt. Als singuläre Theorien wären lediglich die System- und die Strukturationstheorie anzusehen. Auch die Themen kommunikationswissenschaftlicher Forschung wurden erhoben. Hier befunden die Autoren: „Die Themen sind sehr disparat, und offensichtlich hat die Kommunikationswissenschaft neue Themenfelder erschlossen, die sich ganz vorn in der Liste platzieren." (ebenda: 383)

Die fünf häufigsten Themen bei Projekten ohne finanzielle Förderung			Die fünf häufigsten Themen bei Projekten mit finanzieller Förderung		
	absolut	in %		absolut	in %
Organisationskommunikation	35	6,3	Digitalisierung/Konvergenz/IuK-Technologien	32	5,2
Digitalisierung/Konvergenz/IuK-Technologien	23	4,1	Organisationskommunikation	25	4,1
Web 2.0, Communities, Social Software	21	3,8	Medienorganisationen, Medienunternehmen	25	4,1
Medienwandel, -entwicklung	20	3,6	Fernsehen	24	3,9
Öffentlichkeit	17	3,0	Öffentlichkeit	22	3,6
von insgesamt	*559*	*100*	*von ingesamt*	*610*	*100*

Onlinebefragung, Grundgesamtheit 836 Personen (Mitglieder der DGPuK), dargestellte Ergebnisse beziehen sich auf die Angaben von 188 Befragten

Abb. 1.9: Die fünf häufigsten Themen kommunikationswissenschaftlicher Forschung (Altmeppen/Weigel/Gebhard 2011: 383)

Zu diesen neuen Themen gehören die Digitalisierung einschließlich neuer kommunikativer Plattformen wie Web 2.0 und Social Software, die Mediatisierung sowie Medienwandel und -entwicklung. Klassische Felder wie Organisationskommunikation, Öffentlichkeit, Fernsehen, Journalismus, Politikberichterstattung und Agenda-Setting gehören weiterhin zu den führenden Themen im Fach.

Was für kommunikationswissenschaftliche Studien gilt, scheint nicht für studentische Abschlussarbeiten zu gelten. Eine Studie von Schweiger, Rademacher und Grabmüller (2009) widmet sich diesen und kommt im Rahmen einer Inhaltsanalyse aller zwischen 1999 und 2008 im E-Journal Transfer der DGPuK veröffentlichten Abstracts zu dem Schluss, dass im Rahmen dieser selten auf kommunikationswissenschaftliche Theorien rekurriert wird: „Diskussionswürdig ist der geringe Anteil von Arbeiten, die sich explizit auf kommunikationswissenschaftliche Theorien oder Ansätze anderer Disziplinen beziehen." (Schweiger/Rademacher/Grabmüller 2009: 533)

Methode	Anzahl der Nennungen
Befragung, quantitativ	249
Inhaltsanalyse, quantitativ	196
Befragung, qualitativ	190
Inhaltsanalyse, qualitativ	100
Dokumentenanalyse	92
Interview, qualitativ	54
Statistische Verfahren	50
Experiment	48
Beobachtung	42
Gruppendiskussion	35
Diskursanalyse	32
Komparatistik, Vergleich	30
Historische Methode	29
Textanalyse	20
Inhaltsanalyse, visuell	19
Grounded Theory	14
Rezeptionsbegleitende Messverfahren	14
Netzwerkanalyse	14
Bildanalyse	12
Format-/Textsortenanalyse	12
Sonstige qualitative Methoden	11
Sonstige quantitative Methoden	11
Usability-Forschung	8
Ethnografie	7
Physiologische Messungen	6
Blickaufzeichnung	6
Logfile-Analyse	6
Tagebuchuntersuchung	5
Lautes Denken	4
Narrationsanalyse	2

Onlinebefragung, Grundgesamtheit 836 Personen (Mitglieder der DGPuK), dargestellte Ergebnisse beziehen sich auf die Angaben von 188 Befragten

Abb. 1.10: Methoden kommunikationswissenschaftlicher Forschung (Altmeppen/Weigel/Gebhard 2011: 387)

„Die Methoden ergeben sich von den Fragestellungen her", so Bohrmann (2005: 153). Insofern wurden hier zumindest die thematischen Ausgangspunkte methodischer Näherungen verdeutlicht. Nach Altmeppen, Weigel und Gebhard (2011: 386) sind Befragung und Inhaltsanalyse (qualitativ und quantitativ), die dominierenden Methoden der Kommunikationswissenschaft (vgl. Abbildung 1.10).

1.4 Wissenschaftswissenschaftliche und -theoretische Näherungen

Wir haben gesehen, dass sich die Kommunikationswissenschaft durchaus mit ihrer Geschichte, ihrer Verfasstheit und mit ihrem Selbstverständnis befasst. Selbstreflexion geschieht demnach. Warum soll man sich darüber hinaus mit Wissenschaftstheorie befassen? Nun, Theoriebildung auf der Metaebene ist nicht so weit von dem entfernt, was Maletzke (1980: 65) über Theoriebildung der empirischen Wissenschaften generell ausführt: „Theoriebildung ist ein übergeordnetes Ziel der empirischen Wissenschaften; freilich nicht das letzte Ziel, denn die Endziele wissenschaftlichen Bemühens und der Sozialwissenschaften als Handlungswissenschaften im besonderen liegen außerhalb der Wissenschaft selbst im weiteren gesellschaftlichen Bereich." (Maletzke 1980: 65)

Was hier als Endziel wissenschaftlichen Bemühens beschrieben wird, liegt also außerhalb der Wissenschaft selbst. Wollen wir also Wissenschaft in ihrer Gesamtheit verstehen, als einen Versuch des Menschen „die ihm gegebene und aufgegebene unendlich vielfältige Welt rational zu durchdringen und sie durch Selektion, Akzentuierung und Abstraktion so überschaubar zu machen" (ebenda: 71), dann muss auch dieser Versuch Objekt wissenschaftlicher Prüfung sein. Einer Prüfung, die letztlich der dienenden Funktion der Wissenschaft entspricht. Idealtypisch lässt sich sagen: „Wissenschaft existiert [...] nicht um ihrer selbst willen" (ebenda: 71), Wissenschaftstheorie existiert noch weniger um ihrer selbst willen. Die Kommunikationswissenschaft hat sich nur vereinzelt der Wissenschaftstheorie bedient, häufiger der Wissenschaftswissenschaften, wie der Wissenschaftssoziologie und (wie in diesem Kapitel schon deutlich wurde) der Wissenschaftsgeschichte.

1.4.1 Wissenschaftssoziologie (Wissenschaftswissenschaft)

Wilke (2006: 317) verweist darauf, dass die Entstehung und Ausdifferenzierung wissenschaftlicher Fachdisziplinen an Voraussetzungen gebunden sind. Neben den Materialobjekten und den damit verbundenen Denkbewegungen, der Entwicklung methodischer Regeln und Instrumente und Fachzeitschriften als „formelle Mittel der Kommunikation" bedarf es auch der Universität als institutionellem Fundament. Wilke (2006: 318) sieht das Modell von Clark als „einfaches, aber nützliches Schema an, das man auch auf die Entwicklung der Publizistik- und Kommunikationswissenschaft projizieren kann", um eben diesen Prozess der Institutionalisierung fassen zu können. Auch Clark sieht den Aspekt der Institutionalisierung als grundlegend an: „Neben einem Satz zusammenhängender Ideen („Paradigma") und den für sie talentierten Individuen nennt er (Clark, Anm. CSt/RH) die Institutionalisierung als drittes grundlegendes Element für die Entwicklung eines neuen Gebietes." (ebenda: 317) Wilke ergänzt das institutionelle Fundament Universität durch jenes des Fachgebiets, das erst am Ende des *wissenschaftssoziologischen* Entwicklungsmodells nach Clark (1972; 1974), das aus fünf Stadien besteht, gegeben ist.

1. Der *einsame Wissenschaftler* steht am Beginn, er muss mit minimaler Unterstützung agieren.
2. Daran schließt die *Amateurwissenschaft*, im Rahmen derer Forschung sporadisch und fragmentarisch geschieht. Die Schaffung von „vollzeitlichen Karrieren" ermöglicht den Übergang zur nächsten Phase.
3. Die *entstehende Wissenschaft* ist auch durch einsame Wissenschaftler gekennzeichnet, diese verfügen aber über Professuren, die beinahe vollzeitliches Forschen ermöglichen. Schlüsselpersonen (sog. Patrons) treten auf und dominieren Karrieren, Veröffentlichungs- und Forschungsaktivitäten.
4. Die *etablierte Wissenschaft* ist durch stabile Lehre und einen „vielfältigen Lehrkörper" gekennzeichnet.
5. Die *big science* ist durch ihre zunehmende Größe, interne Differenzierung (Arbeitsteilung und erhöhte Spezialisierung) und die Herausbildung einer scientific community sowie eine Dezentralisierung der Entscheidungsstrukturen gekennzeichnet. (Wilke 2006: 318)

Wilke (2006: 335) sieht zwar die obigen Kriterien der Stufe 5 für die Publizistik- und Kommunikationswissenschaft „rein quantitativ gesehen" gegeben, zweifelt aber „angesichts der disziplinären Diversifizierung der Kommunikations- und Medienwissenschaft" trotzdem daran, ob diese als big science zu verorten ist. Fest macht er diesen Zweifel am Fehlen „universalistischer Standards" (Clark 1974: 119).

Saxer legt 2005 Überlegungen zu einer *historischen Wissenschaftssoziologie* der Kommunikationswissenschaft vor und trägt dabei dem Umstand Rechnung, dass das alleinige Fokussieren des historischen Institutionalisierungsprozesses nur ein Mosaikstein von vielen zum Verständnis des Faches sein kann. Saxer versteht Kommunikationswissenschaft (als Sozialwissenschaft) anders als die Naturwissenschaften unmittelbarer vom Wandel ihres Beobachtungsobjekts geprägt. Auch unterscheiden sich wissenschaftliche Beobachtungssysteme von Medien in verschiedenen Ländern, sind Ausdruck der jeweiligen nationalen Universitätsgeschichte, des Gesellschafts-, Politik- und Wissenschaftswandels (Saxer 2005: 72). „*Historische Wissenschaftssoziologie* muss daher systematisch diesen gesellschaftlichen Kontext mitberücksichtigen" (ebenda). Saxer versucht dies und kommt bei seinem komparatistischen Vorgehen zu dem Befund, dass dieser gesellschaftliche Kontext Wissenschaft nicht völlig vor sich hertreibt. Er sieht durchaus Eigenrationalität im Rahmen der Wissenschaftsentwicklung:

> So sind zwar die historischen Voraussetzungen des Wandels der Rahmenbedingungen für die weitere Ausdifferenzierung der Publizistikwissenschaft in Deutschland, Österreich und der Schweiz seit 1945 unterschiedlich, aber gesamthaft vollzieht sich der Prozess der Struktur(um)bildung ähnlich, wenn auch zeitlich nur bedingt deckungsgleich. Hierin schlägt die generelle Eigenrationalität wissenschaftlicher Systembildung durch, mehr oder minder gefördert und behindert durch die jeweilige politische und universitäre Konstellation. (ebenda)

Diese Eigenrationalität wird nach Saxer von „konstant vergleichbaren Schwierigkeiten" der nationalen publizistikwissenschaftlichen Systeme gegenüber elementaren Problemen begleitet. Saxer (2005: 72) spricht hier von „fortdauernden Problemkonstellationen", die trotz Disparitäten der Strukturbildung der deutschsprachigen Publizistikwissenschaft den DACH-Raum betreffen. Es sind dies die folgenden Problemkonstellationen:

1. „*Optimale Systempositionierung*: Die Publizistikwissenschaft tendiert dazu, statt eine spezifisch wissenschaftliche Perspektive zu entwickeln, diejenige ihrer Beobachtungsobjekte zu übernehmen." (Saxer 2005: 72)
2. „*Optimale Systemidentität*: Die Fachgeschichte der Publizistikwissenschaft präsentiert sich über weite Zeiträume als ein immer neues Ringen um die optimale Identität des Wissenschaftssystems, um eine solche nämlich, die es zu qualifizierten spezifischen wissenschaftlichen Problemstellungen und -lösungen befähigt und ihm institutionell zum Status einer universitären Disziplin verhilft." (ebenda: 73)
3. „*Optimale Systemdifferenzierung:* Differenzierung als Strukturbildung steigert grundsätzlich das Leistungsvermögen funktionaler Systeme, allerdings nur soweit und solange dies nicht seinerseits zur Überkomplexität des Wissenschaftssystems und damit zu spezialistischem Welt- (und Gegenstands)verlust führt" (ebenda: 74; vgl. Schimank 2000: 11).

Im Rahmen seiner Überlegungen entwickelt Saxer, neben elementaren Ähnlichkeiten auch Disparitäten der Strukturbildung der deutschsprachigen Publizistikwissenschaft im Auge behaltend, ein idealtypisches Phasenmodell der Strukturbildung der deutschsprachigen Publizistikwissenschaft.

Saxer (2005: 80) unterscheidet hier idealtypisch drei Phasen der institutionellen Ausdifferenzierung der Publizistikwissenschaft in Deutschland, Österreich und der Schweiz. Diesen Phasen ordnet er, „idealtypisch überprofilierend", die jeweils charakteristischen Fachbezeichnungen zu. Die Phasen dauern je 25 Jahre, beginnend mit dem Ende des Zweiten Weltkriegs, über die frühen 1970er-Jahre bis hin Mitte der 1990er-Jahre. Saxer (2005: 80) sieht an diesen Stellen jeweils bislang dominierende Entwicklungen durch neue überlagert.

	Phasen Zeitungswissenschaft	Publizistikwissenschaft	Medienwissenschaft
Träger	semiinstitutionell	institutionell	transinstitutionell
Objekte	Presse	Publizistische Medien	Medien und Mediengesellschaft
Regeln	Geisteswissenschaften	Sozialwissenschaften	multidisziplinär
Fokussierung	Medium	publizistischer Prozess	publizistischer Prozess und gesellschaftliche Implikationen
Hauptproblem	Identität	Qualität	Effektivität
Funktionalität	Etablierung	Konsolidierung	Expansion

Abb. 1.11: Strukturbildung der deutschsprachigen Publizistikwissenschaft (idealtypisch) (Saxer 2005: 80)

1.4.2 Wissenschaftstheorie

„Eine allseits befriedigende Wissenschaftstheorie der Publizistikwissenschaft liegt aber nicht vor", befundet Schmidt (1966: 409). Dem ist, fast 50 Jahre später, nichts hinzuzufügen. Und: „Tatsächlich betrieben wurde die Zeitungskunde zunächst [...] ohne wissenschaftstheoretisch relevantes Konzept" (Schmidt 1966: 407). Das gilt, um die 100 Jahre später, auch für die Kommunikationswissenschaft. Diesen Befund stützt auch Karmasin (2008: 237 f.), der vor dem Hintergrund seiner Prüfung der Einführungsliteratur in das Fach zu dem Schluss kommt, dass sich in dieser „lediglich Beschreibungen der Fachgeschichte, des Objektbereiches und der Methoden, im Unterschied zu Einführungen in andere Disziplinen jedoch wenige wissenschaftstheoretische oder methodologische Vorbemerkungen" finden. Wenn die Kommunikationswissenschaft mit Wissenschaftstheorie in Berührung kam, dann im Rahmen historischer oder aber medienethischer Näherungen. Man kann mit gutem Gewissen sagen: Wissenschaftstheoretische Bezüge sind im Fach die Ausnahme, wenn sie gegeben sind, wird meist auf Thomas S. Kuhn (1922–1996) rekurriert.

So verweisen etwa Meyen und Löblich (2006: 10) darauf, dass sich Wissenschaft nicht kontinuierlich entwickelt und spätestens seit Kuhn bekannt sei, dass Wissenschaft nicht als Prozess zu beschreiben sei, „in dem sich die Spreu vom Weizen trennt – die vielen Irrenden von den wenigen verehrungswürdigen Vorläufern, die sich auf einer schmalen Bahn langsam auf die Wahrheiten der Gegenwart zu bewegt haben." Sie verdeutlichen, dass Kuhn Phasen der „normalen Wissenschaft" von Krisenzeiten („wissenschaftlichen Revolutionen") unterschieden und Begründungen dafür liefert, warum ein neues Paradigma, begriffen als „Orientierungskomplex", der Normen und Werte einschließt, nicht als einfach hinzugefügter neuer Baustein begriffen werden darf.

> Jeder Paradigmenwechsel ändert die Perspektive, ändert die Regeln, nach denen Wissenschaft bisher abgelaufen ist, und führt dazu, dass ältere Theorien umgearbeitet und dass Fakten neu bewertet werden müssen, dass sich die Verteilung der Literatur, die in den Fußnoten genannt wird, verschiebt. (Meyen/Löblich 2006: 10)

Meyen und Löblich (2006: 23), als medienhistorisch arbeitende Kommunikationswissenschaftler, schätzen an Kuhn, dass er „die Tür zu einer soziologischen Analyse wissenschaftlicher Inhalte geöffnet" hat. Sie beziehen sich hier auf Peter Weingart, der von einem „cognitive turn" spricht.

> [W]eg von der Vorstellung, dass sich Wissenschaft kumulativ entwickelt, durch empirisches Prüfen und Falsifizieren von Hypothesen und Theorien und durch unvoreingenommene fortwährende Kritik unter den so genannten Peers, den Besten auf einem bestimmten Gebiet, hin zur Verknüpfung der Inhalte mit den Sozialstrukturen der Wissenschaft. (Weingart 2003: 41–45 zitiert nach Meyen/Löblich 2006: 23)

Anders als bei landläufiger Rezeption von Kuhn wird bei Hachmeister (1987: 10) deutlich, dass die Kuhn-Rezeption über weite Strecken negierte, dass Kuhn sich mit der Geschichte biologischer und mathematisch-physikalischer Wissenschaft beschäftigt hat. Die Übertragbarkeit auf die Geistes- und Sozialwissenschaften sei deshalb kaum möglich. Ebenso wird dies bei Meyen und Löblich (2006: 26) deutlich, wenn diese anmerken, dass Kuhn sich mit den Naturwissenschaften befasst, denen die Kommunikationswissenschaft bekanntlich nicht zugeschlagen wird. „Er beschäftigt sich ausdrücklich nur mit den Naturwissenschaften und nicht mit den Geistes- und Sozialwissenschaften, in denen jeweils mehrere Positionen konkurrieren und von denen einige wie zum Beispiel die Soziologie, die Politikwissenschaft oder die Kommunikationswissenschaft erst auf eine vergleichsweise kurze akademische Karriere zurückblicken." (ebenda)

Die kurze Zeitspanne der Existenz einer Disziplin (wie der Kommunikationswissenschaft) ist auch für Theorien folgenreich. Als Indikator für das Überleben einer Theorie ziehen Meyen und Löblich mit Lepenies (1981: II) deren Institutionalisierungschance heran. So lässt sich die Vergesslichkeit des Faches (in all den beschriebenen Variationen) auch dadurch erklären, dass Theorieangebote, die vor der Gründung einer Universitätsdisziplin entstehen, dieser verloren gehen, weil sie diese Institutionalisierungschance in der Regel nicht hatten. „Für eine Rekonstruktion dieser Angebote sprechen Kuhns Hinweis auf die Brüche in der Wissenschaftsentwicklung und seine Erkenntnis, dass Theorien im Wissenschaftsprozess nicht nur aus kognitiven, sondern auch aus sozialen Gründen verschüttet, delegiert oder zurückgewiesen werden" (Meyen/Löblich 2006: 26; vgl. Lepenies 1981: VIII).[7]

---

7 Meyen und Löblich (2006: 26) vertiefen diese Einsicht mit ihren Bezügen auf Karl Mannheim und seine „Theorie von der Seinsverbundenheit des Wissens". Denkinhalte werden durch „den sozialen

Diese Einsichten sind auch für Theoriegeschichte selbst folgenreich. Diese könne nicht mehr als „chronologisch geordnete Dogmengeschichte" betrieben werden, sie müsse vielmehr das Zusammenspiel von Theorien und ihren Vertretern, gesellschaftliche Veränderungen und die soziale Organisation der jeweiligen Wissenschaft berücksichtigen (Meyen/Löblich 2006: 28; vgl. Merton 1981: 16 f., 57). So profan der Befund von Meyen und Löblich auch erscheinen mag, so bedeutsam ist er in Bezug auf die Kommunikationswissenschaft:

> Theorien zur öffentlichen Kommunikation dürften [...] zum einen von der Entwicklung des Gegenstandes abhängen (Massenmedien) und zum anderen von der Institutionalisierung einer akademischen Disziplin, die sich mit diesem Gegenstand befasst (Zeitungs-, Publizistik- und Kommunikationswissenschaft). (Meyen/Löblich 2006: 28 f.)

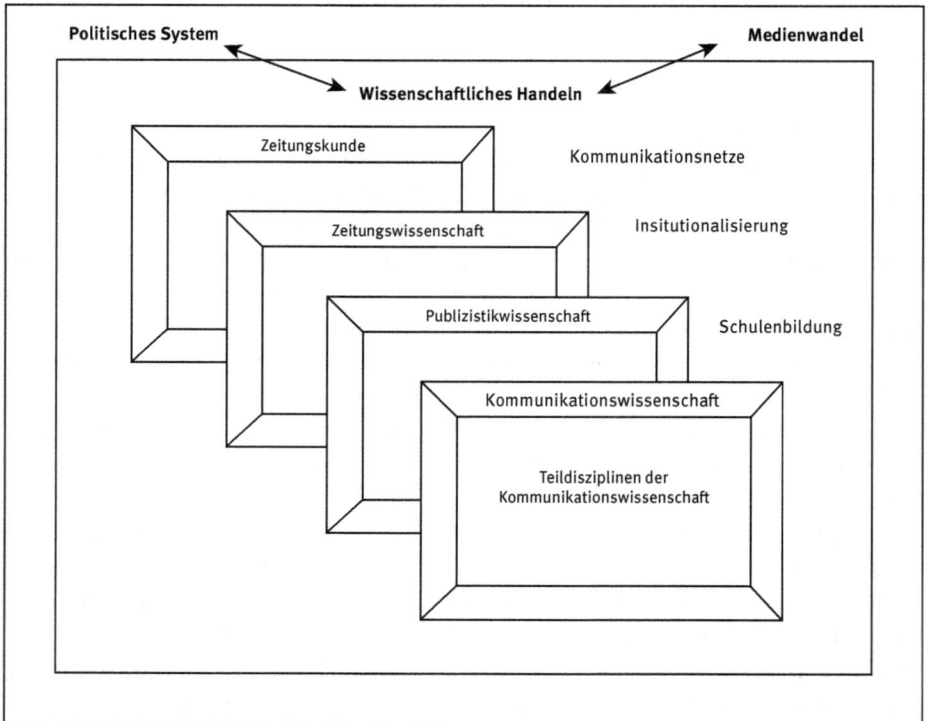

Abb. 1.12: Disziplinrahmen und externe Bedingungen (eigene Darstellung in Anlehnung an Hachmeister 1987: 11)

Standort der Denkenden beeinflusst", von theoretischen Vorannahmen unabhängige Methoden gibt es nicht (Meyen/Löblich 2006: 26). Wobei auch Mannheim sich des Begriffs Paradigma bediente: „Schon Karl Mannheim verwendet in seiner Wissenssoziologie den Begriff des Paradigma, ohne ihn allerdings näher zu definieren." (Hachmeister 1987: 9)

Mit Krotz, Hepp und Winter (2008: 11) lässt sich ergänzen, dass Theorien auf einem Diskussionsprozess der Wissenschaftsgemeinschaft beruhen. In diesem Prozess würde die Akzeptanz von Theorien ebenso verhandelt wie Weiterentwicklungen, Neukonzeptionen und Paradigmenwechsel in diesem stattfinden. Paradigma kann in diesem Zusammenhang ähnlich wie in der Soziologie als Orientierungskomplex handlungstheoretisch gedeutet werden. „Wissenschaft wird als soziale Aktivität begriffen, die von diesen Orientierungskomplexen konstituiert wird." (Hachmeister 1987: 11)

All das Gesagte hat Hachmeister (1987: 11) für eine Teildisziplin der Kommunikationswissenschaft, die, wie er sie nennt „Theoretische Publizistik", umzusetzen versucht. Demzufolge ließen sich die einzelnen Teildisziplinen der Kommunikationswissenschaft als Orientierungskomplexe innerhalb eines sich wandelnden Disziplinrahmens (Zeitungskunde, Zeitungswissenschaft, Publizistikwissenschaft, Kommunikationswissenschaft) beschreiben, die im Kontext externer Bedingungen (politisches System, Medienwandel) und mit diesen „korrespondierenden internen Prozessen wissenschaftlichen Handelns" (Institutionalisierung, Kommunikationsnetze, Schulenbildung) agieren (vgl. Abbildung 1.12).

Einen Versuch, die Kommunikationswissenschaft aus unterschiedlichen Perspektiven der Wissenschaftstheorie zu definieren und abzugrenzen, unternimmt Karmasin. Er fragt nach deren paradigmatischer Grundposition, ihrem epistemischen Kern, ihrer Entstehung und Differenzierung, nach ihrem Objektbereich, ihrem Methodensatz, ihrem Erkenntnisinteresse und ihrem Begründungszusammenhang und kommt zu folgendem Schluss: „Was sich unter dem Titel ‚Medien- und Kommunikationswissenschaft' bzw. ‚Publizistik- und Kommunikationswissenschaft' allein im deutschen Sprachraum versammelt, kann wohl kaum von sich behaupten, dass es ein Paradigma oder auch nur ein gemeinsames methodologisches Grundverständnis gäbe." (Karmasin 2008: 229)

Warum das so ist, lässt sich nur beantworten, wenn man wissenschaftstheoretisch arbeitet. Und auch von dieser Arbeit hat Karmasin eine Vorstellung. Wissenschaftstheorie dürfe sich dabei nicht auf Erkenntnislogik beschränken, sie müsse „den gesamten Kontext, in dem sich Erkenntnis abspielt, berücksichtigen" (ebenda: 234; Schülein/Reitze 2002: 220). Von Reaktionen auf gesellschaftliche Konstellationen spricht Karmasin in diesem Zusammenhang und rekurriert auf Schneider (1998), der auch die Erkenntnistheorie des 20. Jahrhunderts vor dem Hintergrund solcher Konstellationen rekonstruiert. Hinsichtlich der Entwicklung der Kommunikationswissenschaft kann sich Karmasin nicht des Eindrucks erwehren, „dass deren Versuch eine ‚soziale Naturwissenschaft' zu werden und sich in der Außendarstellung der Disziplin auch so zu gerieren, nicht unbedingt in einem Erkenntnisfortschritt oder einer überlegenen Methode gründet, sondern sich an gesellschaftlichen Forderungen und (im Streit der Fakultäten) an anderen ‚erfolgreichen' Sozialwissenschaften orientiert." (Karmasin 2008: 235)

In diesem Zusammenhang ist sein Verweis auf Poser (2001: 200) bedenkenswert. Poser unterscheidet Regelstufen im Wissenschaftsbetrieb und kann damit Entwicklungen, wie die von Karmasin geschilderte, indirekt erklären. Unterschieden werden bei Poser Regeln 1. Stufe, welche die Methodologie festlegen und „nicht aus sich selbst heraus begründbar sind" (Karmasin 2008: 236) von Regeln 2. Stufe, die „festlegen, ob und wie die Anwendung der Regeln 1. Stufe breitere, bessere oder sachgerechtere Erkenntnis liefern." (Karmasin 2008: 236) Wir können dies mit Poser (2001: 200) grafisch verdeutlichen.

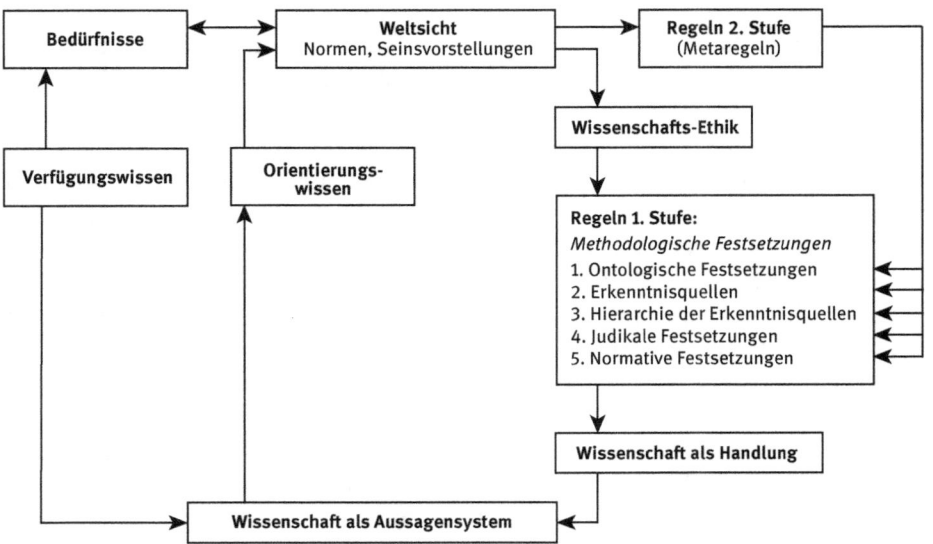

Abb. 1.13: Wissenschaft und Weltsicht (Poser 2001: 200)

Folgend sollen kurz die in Abbildung 1.13 verwendeten Regeln 1. Stufe erklärt werden (Poser 2001: 187–192): *Ontologische Festsetzungen*, d.h. Übereinkünfte über die Existenzmöglichkeit von Sachverhalten, bestimmen die Grundgegenstände einer Wissenschaft. „Keine Wissenschaft kommt ohne sie aus, wenngleich naturgemäß die Gegenstände des Astrophysikers andere sind als die des Atomphysikers und wieder andere als die des Neuzeithistorikers oder Germanisten." (ebenda: 188) *Wissensquellen* meint, dass in den einzelnen Wissenschaften festgelegt ist, was unter einer zulässigen Quelle verstanden wird, aus der wissenschaftliches Wissen geschöpft werden kann. Diese *Wissensquellen* werden hierarchisiert, es ist festgelegt, welchen Quellen der Vorzug zu geben ist. *Judikale Festsetzungen* regeln, was man unter einem Beweis, einer Begründung, Bewährung, begründeter Kritik und Widerlegung versteht. *Normative Festsetzungen* meint, dass jede Wissenschaft nebst der genannten Festsetzungen auch die Theorieform, die Schönheit und Einfachheit einer wissenschaftlichen Aussage oder Theorie, die Zulässigkeit von Fragen und Antwort und die Unumstößlichkeit bestimmter Aussagen (Aussagen, die aufzugeben eine Wissenschaft nicht bereit ist: harte Kerne, Axiome) betreffende Festsetzungen macht.

> Alle genannten Festsetzungen erster Stufe bestimmen die Methodologie, aufgrund derer wissenschaftliche Aussagensysteme entfaltet werden. [...] Tatsächlich [...] gibt es auf einer Metaebene zu den oben entwickelten Regeln erster Stufe anders geartete, keineswegs so explizit angebbare Regeln *zweiter Stufe*, mit deren Hilfe die Regeln erster Stufe und deren Änderung begründet werden (ebenda: 199).

Poser bedient sich hier eines Beispiels. Einstein verletzte mit seinen Arbeiten ontologische Festsetzungen. „Alle Perpetuum-Mobile-Erfinder tun Ähnliches, indem sie mit ihren Vorschlägen den Energieerhaltungssatz, also eine axiomatische Regel [...] verletzen." (ebenda: 201) Warum wurden Einsteins Arbeiten in physikalischen Zeitschriften publiziert, jene der Perpetuum-Mobile-Erfinder jedoch nicht? Die Argumentation dieser Entscheidung erfolgt außerhalb der Regeln erster Stufe auf Ebene der Regeln zweiter Stufe. Poser spricht von diesen Regeln zweiter Stufe subsumierend als einer „regulativen Leitidee der Wahrheit". „Hieraus bezieht die Wissenschaft letztlich ihre Dynamik, und hierin liegt der fundamentale Anspruch, Wissenschaften verwalteten und mehrten das bestgesicherte Wissen einer Zeit." (ebenda: 202)

1.5 Aufbau des Lehrbuchs

Wie soll nun das im Vorwort beschriebene Vorhaben konkret umgesetzt werden? In *Kapitel 2* gilt es eine vorläufige Definition von Wissenschaftstheorie zu geben. Es geht hier auch um ihr Verhältnis zur Philosophie und die Notwendigkeit ihrer Kopplung an die Wissenschaftsgeschichte. Daran schließt eine Begründung, warum es Sinn macht, sich der Wissenschaftstheorie zu bedienen.

Dies wird allgemein für Wissenschaft verdeutlicht. Der Frage nach dem „Was" folgt jene nach dem „Warum". Warum werden Erkenntnisse theoretisch formuliert? Dies gilt es im Rahmen der Befassung mit Kognition, Sprache, Identität, Wissen und Theorie zu verdeutlichen. *Kapitel 3* widmet sich darauf aufbauend der Geschichte der Wissenschaftstheorie. Es geht um wissenschaftstheoretische Entwicklungstendenzen, die systematisch dargestellt werden. Freilich kann hier kein Überblick über alle Richtungen der Wissenschaftstheorie gegeben werden. Es handelt sich um einführende Darstellungen, von denen einige im Rahmen der wissenschaftstheoretischen Analyse der Kommunikationswissenschaft in diesem Band berücksichtigt werden und andere nicht. Beides ist freilich begründungspflichtig. *Kapitel 4* ist der Theorieentwicklung der Kommunikationswissenschaft gewidmet. Hier wird versucht, einen Mittelweg zwischen einem allein istzustandsbezogenen Zugang und einem allein historischen Zugang zu finden. Im Rahmen von *Kapitel 5* werden die zuvor dargestellten wissenschaftstheoretischen Analyseinstrumentarien auf zwei Teildisziplinen der

Kommunikationswissenschaft angewandt. Es sind dies die Mediensoziologie und die Medienökonomik. Der Charakter der Medien als Wirtschafts- und Kulturgüter legt dies nahe. Die Medienökonomik findet darüber hinaus Behandlung, weil sie der vergessene Ursprung des Faches ist, die Mediensoziologie, u.a. weil sie wie die Medienökonomik verdeutlicht, dass sich Wissenschaft entlang von Problemfeldern entwickelt (Industrialisierung, Ökonomisierung, Kommerzialisierung udgl.). In *Kapitel 6* werden die vorangegangenen wissenschaftstheoretischen Analysen der von Mediensoziologie und -ökonomik vertieft, indem zentrale Begrifflichkeiten beider Teildisziplinen auf gemeinsame Wurzeln und historische Veränderungen hin geprüft werden. Im Rahmen des abschließenden *Kapitels 7* wird der Nutzen der Wissenschaftstheorie für Studierende der Kommunikationswissenschaft zusammenfassend verdeutlicht.

Ziel dieser Publikation ist, was Einführungen in die Wissenschaftstheorie anderer Disziplinen auch schon formuliert haben: Es geht um die Entwicklung eines Verständnisses für Wissenschaft und wissenschaftliche Methodik, um die Entwicklung von wissenschaftstheoretisch fundiertem Problembewusstsein. Dass durch diesen Band mitunter mehr Fragen aufgeworfen werden, als Antworten gegeben, hoffen die Autoren nicht. Sollte es doch so sein, so sollten Studierenden diese Fragen vor dem Hintergrund des erworbenen Wissens über den Gegenstand Wissenschaftstheorie eigenständig bearbeiten und beantworten können. Sie sollten nach der Lektüre wissen, auf welche Art sich mit Wissenschaftstheorie befasste Wissenschaftler der Kommunikationswissenschaft nähern können. Auch sollten sie wissen, wie sich Wissenschaft und die Kommunikationswissenschaft beschreiben lassen, wie sich Disziplinen hinsichtlich wesentlicher Aspekte (etwa ihrer Methodik) unterscheiden lassen. Büttemeyer (1995: 15) spricht in diesem Kontext von einem *deskriptiven* Aspekt der Wissenschaftstheorie. Vor dem Hintergrund dieser Deskription können Stellungnahmen und/oder Empfehlungen hinsichtlich des weiteren wissenschaftlichen Vorgehens erfolgen. Das wäre dann der *normative* Aspekt der Wissenschaftstheorie (Büttemeyer 1995: 16).

2 Wissenschaft und Wissenschaftstheorie

Inhalte und Lernziele
Nachdem das erste Kapitel als Einführung in das Selbstverständnis sowie in die Fach- und Theorieentwicklung der Kommunikationswissenschaft diente, werden im zweiten Kapitel zentrale Begriffe geklärt. Neben den Definitionen von Wissenschaft und Wissenschaftstheorie im Kontext ihrer historischen Entwicklungen, wird das Verhältnis von Wissenschaftstheorie und Philosophie behandelt. Ausgehend von der Frage nach der Notwendigkeit Erkenntnisse theoretisch zu formulieren, werden Vorstellungen von Kognition, Sprache, Identität, Wissen, Wissenschaft, Theorien und Methoden verknüpft, um die Genese der Wissenschaftstheorie zu erläutern.
Nach diesem Kapitel haben Sie das Können:
- Wissenschaftstheorie und ihre Ziele zu beschreiben,
- die Beziehungen der Wissenschaftstheorie zur Philosophie und den Wissenschaftswissenschaften zu erläutern,
- die einzelnen Elemente, die zur Genese der Wissenschaftstheorie beitragen zu definieren.

Felt (2001: 11) begreift das Zusammenführen von empirischer und theoretischer Wissensproduktion als eine Entwicklung, die ihren Ursprung im Europa des 17. Jahrhunderts nahm. Die dabei entstehenden „modernen Wissenschaften" entzauberten, wie Max Weber (1864–1920) es formulierte, die Welt.

> Dieser wachsende Glaube an das rational begründete und universell gültige wissenschaftliche Wissen als Grundlage gesellschaftlicher Strukturen und Handlungsweisen, der sich in aufklärerischen Tendenzen bis heute noch ausmachen lässt, wird aber zunehmend auch von ambivalenten Gefühlen gegenüber diesem scheinbar unaufhaltsamen Bedeutungszuwachs von wissenschaftlicher Erkenntnis begleitet. (Felt 2001: 11)

Dem gesellschaflichen Bedürfnis nach einer Optimierung der Wissensproduktion stehen Bedenken in Bezug auf etwaige negative Folgen gegenüber. Zum Teil dürfte es sich bei dem Bedürfnis auch um ein gemachtes handeln, Felt spricht in diesem Zusammenhang von einer Inszenierung wissenschaftlichen Wissens als Basis des Fortschritts. Beide Positionen führten letztlich zu demselben Punkt: dem Wunsch Wissensproduktion „steuern/kontrollieren" zu können. Die Politisierung der Wissenschaft war die Folge, eine Entwicklung, die viele aktuelle Fragen der Wissenschaftstheorie aufwirft. Etwa: „Wie, unter welchen materiellen, kognitiven und ideologischen Bedingungen, ausgelöst bzw. verhindert dadurch, können nun wissenschaftliche Erkenntnisse entstehen? Was wird als wissenschaftliches Wissen anerkannt und nach welchen Kriterien wird hier vorgegangen? Welche Bedeutung hat dabei die Beziehung von Wissenschaft und Gesellschaft?" (ebenda)

„Wissenschaft" wirft demnach viele Fragen auf, ist zweifellos ein vielschichtiger Begriff. Man kann sich mit Seiffert zumindest darauf einigen, dass Wissenschaft gerade in unserer heutigen Zeit, die viele als eine durch wissenschaftliche und technische Revolutionen geprägte, verstehen, zugleich als Grundphänomen, -element und -problem verstanden werden kann (Seiffert 1992g: 391). Seiffert wagt folgende Definition, der wir folgen wollen:

> Wissenschaft ist dort, wo diejenigen, die als Wissenschaftler angesehen werden, nach allgemein als wissenschaftlich anerkannten Kriterien forschend arbeiten. (ebenda)

Wir werden uns in weiterer Folge noch genauer mit „Wissenschaft" beschäftigen, sie wird uns am Ende dieses Kapitels wieder begegnen.

2.1 Wissenschaftstheorie

Was ist Wissenschaftstheorie? Seiffert (1992a) beschreibt sie als Disziplin, die philosophische, erkenntnistheoretische und methodische Probleme einzelner oder aller Wissenschaften diskutiert. Als „Theorie der (jeder) Wissenschaft überhaupt" (Seiffert 1992a: 4) untersucht sie die Grundlagen und Methoden aller Wissenschaften.

> Das Wort „Wissenschaftstheorie" läßt also völlig offen, wie die ‚Theorie', mit der man sich der Wissenschaft nähert, im einzelnen beschaffen ist, und ebenso, ob nur bestimmte, und gegebenenfalls welche bestimmten, Inhaltsbereiche als Gegenstände der ‚Wissenschaftstheorie' gelten sollen. (Seiffert 1992d: 461)

Betreiben können Wissenschaftstheorie sowohl fachwissenschaftlich interessierte Philosophen als auch philosophisch aufgeschlossene Fachwissenschaftler (Seiffert 1992a: 3). Vorab: die Verfasser dieses Lehrbuchs gehören zur zweitgenannten Gruppe.

Grundsätzlich lässt sich zwischen *allgemeiner* und *spezieller* Wissenschaftstheorie unterscheiden. Die allgemeine Wissenschaftstheorie fragt nach Erkenntnisbestandteilen, die allen Wissenschaftsdisziplinen weitestgehend gemeinsam sind. Spezielle Wissenschaftstheorie ist auf einzelne Disziplingattungen bezogen. Möglich sind Bezüge auf die Physik, Biologie, aber auch auf die Wirtschafts-, Human- und Sozialwissenschaften (Schurz 2011: 11). Als Anwendungsgebiete lassen sich folgende unterscheiden:

Anwendungen der Wissenschaftstheorie	
Wissenschaftsintern	**Wissenschaftsextern**
Lieferung von Grundlagen- und Methodenwissen	Lösung des wissenschaftstheoretischen Abgrenzungsproblems
Herausarbeitung interdisziplinärer Gemeinsamkeiten	
Vermittlung argumentativer Kompetenz und Kritikfähigkeit	Entgegenwirken ideologischen Missbrauchs von Wissenschaft
Wegbereiterin für neue Wissenschaftsdisziplinen	

Abb. 2.1: Anwendungen der Wissenschaftstheorie (Schurz 2011: 11 f.)

Die oben angeführten wissenschaftsinternen Anwendungen dürften selbsterklärend sein. Zu den wissenschaftsexternen Anwendungen zwei kurze Erläuterungen: Mit Schurz (2011: 12) lässt sich das Abgrenzungsproblem wie folgt beschreiben. „Es besteht in der Frage, welche Teile unseres Ideengutes den Status objektiv-wissenschaftlicher Erkenntnis beanspruchen dürfen, im Gegensatz zu subjektiven Werthaltungen, parteilichen Ideologien oder religiösen Überzeugungen." So sind nicht alle Inhalte in demokratisch-säkularen Informationsgesellschaften tauglich, Eingang in die Lehrpläne von Bildungseinrichtungen zu finden. Verwiesen sei in diesem Zusammenhang auf die Bewegung des Kreationismus[1] und die damit einhergehenden Diskussionen in den USA. Mit Verhinderung ideologischen Missbrauchs von Wissenschaft ist die Indienstnahme von wissenschaftlichem Expertenwissen durch Politiker, Medien und Wirtschaftsvertreter gemeint, so sie dieses einseitig oder verfälscht darstellen (Schurz 2011: 12).

Darüber hinaus lassen sich zwei gegensätzliche Auffassungen zur Aufgabenstellung und Methode der Wissenschaftstheorie festhalten. Schurz (2011: 21) unterscheidet:

a. Normative Auffassung von Wissenschaftstheorie. Hier ist es Aufgabe der Wissenschaftstheorie der Wissenschaft zu zeigen, wie sie betrieben werden soll. Mögliche Aussagebereiche: Beantwortung der Frage, worin wissenschaftliche Rationalität besteht.
b. Deskriptive Auffassung von Wissenschaftstheorie. Hier besteht die Aufgabe der Wissenschaftstheorie darin zu sagen, „was Wissenschaft de facto ist und wie sie betrieben wird" (Schurz 2011: 21). Mögliche Aufgabenbereiche: Darstellung der Wissenschaften in ihrer historischen und gegenwärtigen Struktur.

Aktuell befundet Schurz (2011: 21), dass die historisch ältere normative Auffassung die am weitesten verbreitete ist. Sowohl logische Empiristen wie kritische Rationalisten vertraten diese Auffassung. Mit Kuhn gewann die deskriptive Gegenposition aber an Fahrt (Schurz 2011: 21). Wir werden in Kapitel 3 diese Positionen kennenlernen.

---

[1] Auffassung, dass die Welt so wie sie ist von einem Schöpfergott kreiert wurde; richtet sich v.a. gegen die Evolutionstheorie von Darwin.

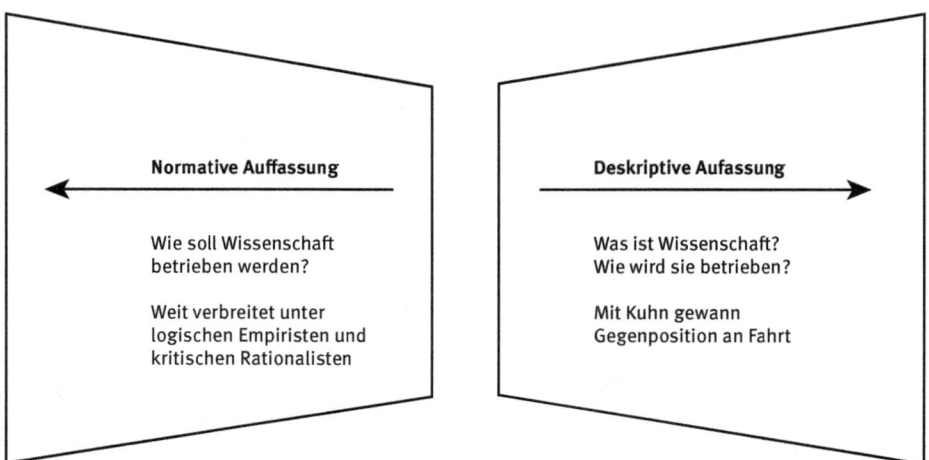

Abb. 2.2: Gegensätzliche Auffassungen zur Aufgabenstellung und Methode der Wissenschaftstheorie (eigene Darstellung angelehnt an Schurz 2011: 21)

Der Leser hat dann die Möglichkeit zur eigenständigen Positionierung. Dabei sollte es weniger darum gehen, zu klären, welche der beiden Positionen die richtige ist. Vorweg dürfen wir aber die Position von Schurz ins Feld führen, die nach Ansicht der Verfasser stimmig ist und dem geneigten Leser bei der Lektüre von Kapitel 3 vorab einiges von dem sich notwendigerweise entwickelnden Druck nimmt, die eine oder die andere Position als die einzig gültige erkennen zu müssen.

> Aufgrund der Kuhnschen Kritik kristallisierte sich die Einsicht heraus, dass die Wissenschaftsmodelle des logischen Empirismus und kritischen Rationalismus in vielen Hinsichten zu simpel waren, um reale Wissenschaft zu erfassen [...]. Als Reaktion darauf proklamierten jüngere Wissenschaftstheoretiker, Wissenschaftstheorie solle sich überhaupt auf die deskriptive Analyse der Wissenschaften beschränken. Aber auch diese Position ist weit übertrieben. Die Frage nach der Definition und den Kriterien wissenschaftlicher Rationalität muss natürlich im Zentrum der Wissenschaftstheorie bleiben, denn diese Frage ist es ja, was die Wissenschaftstheorie als Disziplin zusammenhält und von Wissenschaftsgeschichte und Wissenschaftssoziologie unterscheidet. Zusammengefasst ist Wissenschaftstheorie somit eine Disziplin, die sowohl deskriptive wie normative Bestandteile enthält (ebenda: 23).

Hier wird deutlich, warum Schurz (2011: 23) die Methode der Wissenschaftstheorie als „rationale Rekonstruktion" bezeichnet, „die sich zwischen zwei Polen: einem (sogenannten) deskriptiven Korrektiv, welches adäquat rekonstruiert werden soll, und einem normativen Korrektiv, welches Rationalitätsnormen beinhaltet" (Schurz 2011: 23) bewegt.

2.1.1 Wissenschaftstheorie und Philosophie

Doch wie kommt man zu obigen Beschreibungen, zur obigen Definition, wird doch Wissenschaftstheorie mit Philosophie mitunter gleichgesetzt. Sind Wissenschaftstheorie und Philosophie nicht dasselbe? Dass dem nicht so ist, lässt sich mit Seiffert (1992a: 1) argumentieren. Dieser verdeutlicht, dass einzelne Disziplinen der Philosophie sich durch ihre jeweilige Nähe zur Wissenschaft unterscheiden. Nicht alles, was die Philosophie macht, kann als „Grundlegung der Wissenschaft durch die Philosophie" (Seiffert 1992a: 1) beschrieben werden. „Jede sichere Kenntnis", so Bertrand Russell (2001: 91) „gehört in das Gebiet der Wissenschaft; jedes Dogma in Fragen, die über die sichere Kenntnis hinausgehen, in das der Theologie. Zwischen der Theologie und der Wissenschaft liegt jedoch ein Niemandsland, das Angriffen von beiden Seiten ausgesetzt ist; dieses Niemandsland ist die Philosophie."

Die *Erkenntnistheorie* ist zentral für die Wissenschaft und die Wissenschaftstheorie. Warum? Weil Wissenschaft „Erkenntnis" sei, befundet Seiffert (1992a: 1). Erkenntnistheorie und Wissenschaftstheorie werden in der Literatur mitunter synonym verwendet, sie unterscheiden sich aber in ihren Fragestellungen. Stellt erstere die generelle Frage, wie Erkenntnis möglich ist und funktioniert, fragt letztere nach der Sonderform institutionalisierter Reflexion, der Wissenschaft und der sie bestimmenden Rahmenbedingungen (Schüler/Reitze 2002: 25). *Metaphysik* (Lehre von dem, was „hinter der Natur ist") und *Ontologie* (Lehre vom „Sein" hinter dem, was wir zu erkennen meinen) fungieren als Hilfsdisziplinen der Erkenntnistheorie.

Logik, *Sprachphilosophie* und *Mathematik* sind für die Begriffs- und Aussagenbildung in der Wissenschaft grundlegend. Die *Phänomenologie* ist eine Erkenntnismethode zwischen Logik und Sachmethodologien der Natur-, Sozial- und Geisteswissenschaften. Orth (1992: 242) spricht von einem in erkenntnis- und wissenschaftstheoretischer Absicht entwickelten Arbeitsprogramm, das der zunehmenden Bedeutung anthropologischer, ethischer sowie geschichtstheoretischer Motive Rechnung trägt. Die *Philosophien der Natur-, Sozial- und Geisteswissenschaften* sind eng mit der Wissenschaftstheorie verbunden. „[D]iese Gruppe von philosophischen Disziplinen deckt inhaltlich den Gesamtbereich dessen ab, was überhaupt Gegenstand der Wissenschaft sein kann." (Seiffert 1992a: 2)

Was Seiffert (1992a: 2) deutlich macht, ist, dass Wissenschaftstheorie und Philosophie nicht dasselbe sind. Dass Wissenschaftstheorie allein als die Summe der Methodiken der Einzelwissenschaften begriffen werden kann, also nichts mit Philosophie zu tun hat, hält als Annahme aber auch nicht. Wissenschaftstheorie ist mehr als Methodologie, die Lehre von den einzelnen Methoden, die in Mathematik, Natur- und Sozialwissenschaften (Beobachtung, Experiment, Befragung) und Sozial- und Geisteswissenschaften (Hermeneutik, Phänomenologie, historisch-philologische Methode) Anwendung finden.[2] „Die scheinbar so simplen konkreten, pragmatischen

---

2 Das Verständnis, dass Wissenschaftstheorie auf sämtliche Wissenschaftsdisziplinen gleicherma-

Methodenfragen weisen über sich hinaus in Bezirke hinein, die wir nur noch als philosophische bezeichnen können", formuliert es Seiffert (1992a: 3) treffend.

Letztlich lässt sich Wissenschaftstheorie nur vor dem Hintergrund erkenntnistheoretischer Diskussionen der letzten Jahrhunderte begreifen. Darauf verweist Meidl (2009: 14) und darauf, dass dabei Grundfragen und Argumente über die Zeit konstant gehalten wurden.

„Seit dem Beginn der Neuzeit hatte Konsens darüber bestanden, daß die Wissenschaft ein System sein müsse – möglichst nach dem Vorbild der Euklidischen Geometrie; darin sollte alles Wissen in einem durchgängigen Begründungszusammenhang enthalten sein." (Schnädelbach 2004: 11 zitiert nach Meidl 2009: 30) Spätestens seit dem frühen 18. Jahrhundert bildeten sich neben der reinen, „Philosophie" genannten Wissenschaft, das heraus, was man heute als Einzelwissenschaft bezeichnet, Wissenschaften, deren gemeinsame Grundidee es war, „die Wirklichkeit empirisch zu erforschen; und was als wissenschaftliche Erfahrung galt, bestimmten die unter den Wissenschaftlern anerkannten Methoden." (Schnädelbach 2004: 11 zitiert nach ebenda)

Die Gleichsetzung von Erkenntnistheorie und Wissenschaftstheorie ist aber auch aus einem anderen Grund umstritten. Dies lässt sich mit Habermas (1999) verdeutlichen, der in der mit der Wissenschaftstheorie einhergehenden Gleichsetzung von Erkenntnis mit empirisch-wissenschaftlicher Erkenntnis den kritischen Impetus verlorengegangen sieht:

> Denn die Wissenschaftstheorie, die seit Mitte des 19. Jahrhunderts das Erbe der Erkenntnistheorie antritt, ist eine im szientistischen Selbstverständnis der Wissenschaften betriebene Methodologie. ‚Scientismus' meint den Glauben der Wissenschaft an sich selbst, nämlich die Überzeugung, daß wir Wissenschaft nicht länger als eine Form möglicher Erkenntnis verstehen können, sondern Erkenntnis mit Wissenschaft identifizieren müssen. (Habermas 1999: 13 zitiert nach Meidl 2009: 31)

ßen rekurriert, ist nicht selbstverständlich. Zwar bezieht sich „Wissenschaft" im deutschen Sprachgebrauch auf alles, was Gegenstand der Forschung sein kann, „von der Natur über die menschliche Psyche bis hin zu klassischen griechischen Texten" (Seiffert 1992a: 3), im englischen Sprachgebrauch sieht das aber schon ganz anders aus. Wissenschaftstheorie heißt dort „philosophy of science". Diese Bezeichnung führt nach Seiffert (1992a: 3) zu einer doppelten Engführung: (a) der Engführung, dass Philosophie und Wissenschaftstheorie dasselbe seien sowie (b) der Engführung auf die Naturwissenschaften („science"). Warum letztere Engführung? Die Geisteswissenschaften werden im englischen Sprachgebrauch als „humanities" bezeichnet. Wissenschaftstheorie könnte hier als „Philosophie der Naturwissenschaften" als „Naturphilosophie" übersetzt werden. Eine solch enge Auffassung von Wissenschaftstheorie spielt denjenigen in die Karten, die der Ansicht sind, dass lediglich naturwissenschaftliche Forschungsdisziplinen den Namen „Wissenschaft" verdienen. Die Kommunikationswissenschaft bliebe damit außen vor.

Der sogenannte Positivismusstreit innerhalb der deutschen Soziologie in den 1960er-Jahren hatte genau in dieser Kritik an der Wissenschaftstheorie seinen Ursprung.[3] Es ging um die Vorwürfe der Kritischen Theorie (Theodor W. Adorno, Jürgen Habermas) an den Kritischen Rationalismus (Karl Popper, Hans Albert) ein die eigenen Grundlagen betreffendes Reflexionsdefizit aufzuweisen und sich den Naturwissenschaften unkritisch anzubiedern, ohne an diesen beiden Gegebenheiten erkenntnistheoretische Kritik zu üben bzw. diese zu rechtfertigen (Habermas 1970a; Habermas 1970b; Popper 1970; Meidl 2009: 32).

„Das dialektische Argument gegen die Idee einer wertfreien oder wertneutralen Wissenschaft ist das zirkuläre Wechselverhältnis zwischen der Vergesellschaftetheit der Wissenschaft und des Einflusses der Wissenschaft auf die Vergesellschaftung" (Meidl 2009: 132). Die Abgrenzung zwischen Erkenntnistheorie und Empirie sei deshalb notwendig, weil im Rahmen ersterer Sinneserfahrungen bewusst misstraut wird. Der Erkenntnistheorie kommt hier die Funktion einer Metatheorie zu, einer Theorie über Theorien. Meidl (2009: 42) verweist in diesem Zusammenhang auf die Unterscheidung Metatheorie/Objekttheorie. Objekttheorien sind hingegen auf empirische Sachverhalte bezogen. „Im Unterschied zu einer objekttheoretischen Beschreibung von Wirklichkeit geht es in der Metatheorie daher um die Reflexion des Wahrheitsanspruchs einer Wirklichkeitsbeschreibung." (Meidl 2009: 42) Demnach kann eine Objekttheorie ohne eine akzeptable Metatheorie überhaupt nicht den Status einer Theorie erlangen. Objekttheorien wie Medientheorie, Gesellschaftstheorie sind auf Metatheorie angewiesen, die sich der Frage widmen, was Gegenstand von Wissenschaft werden kann und in welchem Maße Erkenntnis über einen Objektbereich zu erlangen, überhaupt möglich ist (Marcinkowski 2003: 8 zitiert nach Meidl 2009: 43).

Ungeachtet dieser Debatten gilt in den empirischen Sozialwissenschaften nach Meidl der Kritische Rationalismus nach wie vor als etablierte Methodologie. „Das zeigt sich mitunter darin, dass einige Bücher zur Wissenschaftstheorie und Methodenlehre ihre Empfehlungen für die Praxis tendenziell mit Ausschließlichkeitsanspruch auf diese nomothetisch-analytische Denkrichtung stellen (Motto: Wissenschaftstheorie = kritischer Rationalismus)." (Meidl 2009: 128) Diesen Ausschließlichkeitsanspruch vertreten die Autoren dieses Buches nicht, obgleich sie die Kommunikationswissenschaft als empirische Sozialwissenschaft begreifen.

Wir wollen Wissenschaftstheorie, obgleich auch ein Teilgebiet der Philosophie, hier als Notwendigkeit kommunikationswissenschaftlicher Theoriebildung begreifen. So verstanden, fragt Wissenschaftstheorie nach Merkmalen und Voraussetzungen der Kommunikationswissenschaft, nach ihren Zielen und der Methodenwahl.

---

[3] Der Sache nach sei der Positivismusstreit als Wiederauflage der von Max Weber 1913 ausgelösten Werturteilsdiskussion aufzufassen (Meidl 2009: 129).

Wie gewinnt die Kommunikationswissenschaft wissenschaftliche Erkenntnis, wie überprüft und systematisiert sie diese? Auch diese Fragen gilt es zu beantworten. Wissenschaftstheorie kann somit als „Reflexion über Wissenschaft oder Wissenschaften" (Büttemeyer 1995: 15), als eine Metatheorie begriffen werden. Quasi als eine Hinterher-Theorie (grie. juetä, metä = hinter, nach).

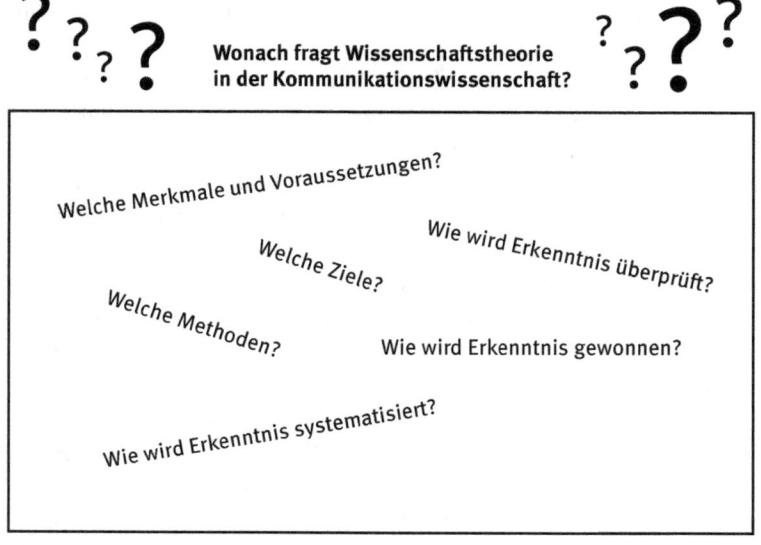

Abb. 2.3: Fragen der Wissenschaftstheorie (eigene Darstellung)

Es wird folgend zu verdeutlichen sein, dass diese Fragen nur beantwortet werden können, wenn auch die historische Entwicklung der Wissenschaften und deren soziale Funktionen mit ins Kalkül gezogen werden (ebenda: 14). Eine Befassung mit Wissenschaftsgeschichte und Wissenschaftssoziologie (Wissenschaftsforschung) ist deshalb unabdingbar.

2.1.2 Wissenschaftstheorie und Geschichte

> Die Wissenschaft ist – wie etwa die Kunst, die Religion, der Staat, die Wirtschaft usf. – einer der großen Bereiche der ‚Hervorbringungen des Menschen'. Für alle diese Hervorbringungen gilt, daß sie eine Geschichte haben (Seiffert 1992c: 411 f.)

Ziel der Wissenschaftstheorie ist nicht bloß die rekonstruktive Erklärung der Vergangenheit. „Denn mit der Vergangenheit beschäftigen wir uns nur, um etwas für die Gegenwart oder Zukunft zu lernen." (Oeser 1981: 509) Der Nachweis allgemeiner Gesetzmäßigkeiten des wissenschaftlichen Erkenntnisprozesses muss bis an die Gegenwart heranreichen, dann kann der reale Zustand eines Wissensgebietes dargestellt werden. Die Kenntnis dieser Gesetzmäßigkeiten ist „notwendige, aber noch nicht zureichende Voraussetzung für jede Art der Planung der Forschung." (Oeser 1981: 509) Wissenschaftstheorie macht Begriffe, fachspezifische Termini und Strömungen verständlich. Alte Theorien und Forschungsergebnisse erweisen sich oftmals als geradezu modern und aktuell. Ihre Kenntnis erspart unnötige Forschungswiederholungen. „Ohne Wissen um die geschichtliche Basis ihrer Disziplin laufen Wissenschafter Gefahr, die Gegenwart ihres Handelns verzerrt oder einseitig zu sehen" (Vanecek 1998: 3). Wissenschaftstheorie kann nur in Verbindung mit der Wissenschaftsgeschichte ein eigenes Wissensgebiet darstellen. „Wissenschaftstheorie ohne Wissenschaftsgeschichte ist leer, Wissenschaftsgeschichte ohne Wissenschaftstheorie ist blind." (Lakatos zitiert nach Oeser 1981: 502)

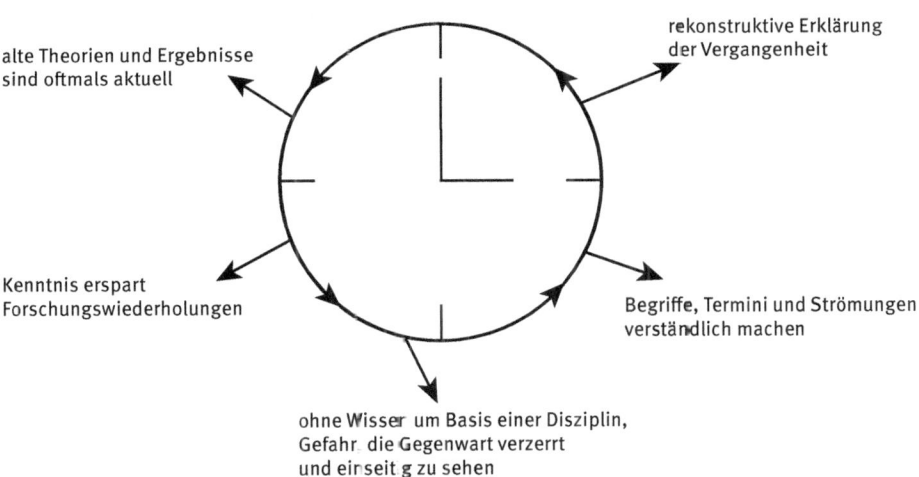

Abb. 2.4: Wissenschaftsgeschichte und Wissenschaftstheorie (eigene Darstellung in Anlehnung an Oeser 1981: 509, Vanecek 1998: 3)

Im Rahmen einer Einführung in die Wissenschaftstheorie kann kaum mehr als ein Überblick über die Kommunikationswissenschaft anhand ihrer historischen Entwicklung gegeben werden. Was Schülein und Reitze (2002: 27 f.) für die Aufgabe von Wissenschaftstheorie befunden, gilt auch für die wissenschaftstheoretische Befassung mit Kommunikationswissenschaft. Es handelt sich um eine „mission impossible". Es ist deshalb auch keine allumfassende wissenschaftstheoretische Theorie, die wir in Stellung bringen, es ist vielmehr ein Überblick über die Probleme des Erkennens und der Wissenschaft, der uns als Hintergrundfolie dient. Dabei ist lediglich eine Sache vorab sicher: Wissen(schaft) und das Verständnis, was Wissen ist (generiert durch Wissenschaftstheorie), sind von Prämissen (Voraussetzungen) determiniert, die wissenschaftspolitisch und indirekt gesellschaftspolitisch imprägniert sind. Ein Beispiel: Marktergebnisse werden in der neoklassischen Theorie vor der Annahme stabiler Präferenzen prognostiziert. „Erkenntnis- und Wissenschaftstheorien sind daher Teil und Ausdruck von gesellschaftlichen Verhältnissen – auch das kann man aus ihrer Geschichte lernen." (Schülein/Reitze 2002: 28)

2.1.3 Wissenschaftstheorie und Wissenschaftswissenschaften

> Nun wäre es utopisch anzunehmen, das komplexe Phänomen ‚Wissenschaft' ließe sich in einer einzigen Gestalt und Sichtweise begreifen. (Poser 2001: 13)

Poser (2001: 14 ff.) unterscheidet mehrere Wissenschaften, die Wissenschaft zum Gegenstand haben. Mit der *Wissenschaftsgeschichte* haben wir uns bereits befasst. Poser skizziert die Zielsetzung der Wissenschaftsgeschichte mit der Beschreibung des historischen Gangs einer Wissenschaft. Es geht um die Untersuchung der Veränderung wissenschaftlicher Theorien. Die *Wissenssoziologie* begreift Wissenschaft als soziales Phänomen und fragt nach den sozialen Gegebenheiten unter denen Gesellschaft etwas als Wissen ansieht. Forscher und die Interaktionen von Forschern werden von der *Wissenschaftssoziologie* behandelt. Die *Wissenschaftspsychologie* hätte sich einzelnen Wissenschaftlern, insbesondere deren Motivlagen der Hypothesenformulierung oder -nichtformulierung, zu widmen. Vor dem Hintergrund des starken Einflusses, den Wissenschaft auf unsere Alltagswelt hat, bietet es sich an, mit ihr Ziele zu verfolgen, die nicht wissenschaftlichen sondern politischen Handlungsnormen folgen. Die Planbarmachung der Wissenschaftsentwicklung unter politischen Vorgaben, sieht Poser als Aufgabengebiet der *Wissenschaftspolitologie*.

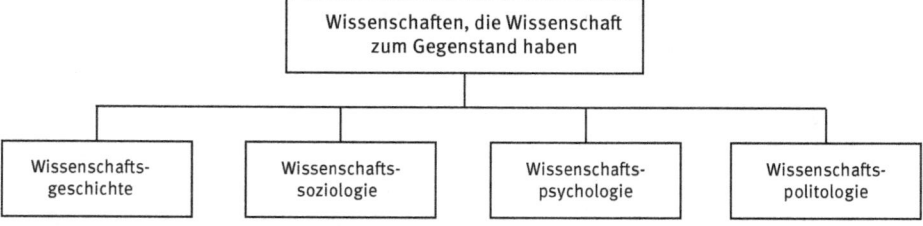

Abb. 2.5: Wissenschaftswissenschaften (eigene Darstellung in Anlehnung an Poser 2001: 14 ff.)

Alle oben beschriebenen Richtungen richten sich nach Poser (2001: 15) nicht „auf Wissenschaft als Wahrerin und Mehrerin unserer Erkenntnis". Ihre Gemeinsamkeit liegt vielmehr im deskriptiven Charakter ihrer Betrachtungsweisen von Wissenschaft. Sie sagen nicht, wie Wissenschaftspraxis laufen sollte, und wenn doch (siehe Wissenschaftspolitologie), so tragen sie wissenschaftsfremde Handlungsnormen an die Wissenschaft heran. Nach Poser liegen die Betrachtungsweisen der genannten Wissenschaftswissenschaften auf einer anderen Ebene als die Gegenstände der Wissenschaftstheorie und der normativen Wissenschaftsethik, die nach der moralischen Rechtfertigung wissenschaftlichen Handelns fragt. Wir versuchen folgend unserer Unterscheidung zwischen Wissenschaftstheorie und Erkenntnistheorie (vgl. Kapitel 2.1.1) treu zu bleiben. Poser (2001: 16) unterscheidet die Wissenschaftstheorie von allen anderen Wissenschaftswissenschaften, weil erstere als einzige nach Wissenschaft als Erkenntnis fragt. Es handelt sich demnach um eine „spezielle Erkenntnistheorie".

> Als eine Metatheorie aller Wissenschaften untersucht Wissenschaftstheorie auch nicht die Methoden bestimmter Einzelwissenschaften, sondern fragt ganz allgemein, was die Bedingungen der Möglichkeit wissenschaftlicher Erkenntnis sind. (Poser 2001: 16)

Wir wollen Posers Unterscheidung an dieser Stelle nicht vertiefen, nur soviel: In gewisser Weise ermöglicht eine Zusammenführung von Wissenschaftstheorie und Wissenschaftswissenschaften (etwa der soziologisch orientierten Wissenschaftsforschung) durchaus eine Näherung an die Bedingungen der Möglichkeit wissenschaftlicher Erkenntnis.

2.2 Genese der Wissenschaft(stheorie)

Nach der vorläufigen Klärung der Frage „Was ist Wissenschaftstheorie?", widmen wir uns nun der Frage „Warum Wissenschaft(stheorie)?". Erklärungen, die mehr als eine bloße Meinung sind, müssen diesen Anspruch rechtfertigen. Man muss erläutern, warum man auf eine bestimmte Art argumentiert. Theoretische Erklärungen wollen Gegenstände ohne Widerspruch erfassen. Der Mindestanspruch an Wissenschaftlichkeit ist widerspruchsfreie Argumentation. Theorien stehen nach Schülein und Reitze (2002: 9) doppelt unter Druck. Sie müssen sowohl ihren Gegenstand vollständig erklären (Leistungsdruck) als auch darüber Auskunft geben, was sie warum tun (Legitimationsdruck). Man kann aus dieser Drucksituation ableiten, dass die Wissenschaftstheorie ihre Existenz diesem Anspruchsdenken verdankt. Schülein und Reitze (2002: 9) sprechen hier von der Wissenschaftstheorie als „zwangsläufigen Effekt theoretischer Ansprüche". Woher kommen diese Ansprüche, woher kommt die Notwendigkeit, Erkenntnisse theoretisch zu formulieren? Wir wollen uns einer Antwort nähern, indem wir folgend die Bereiche Erkenntnis, Kognition, Sprache, Identität und Wissen argumentativ verknüpfen.

2.2.1 Erkenntnis

Erkenntnis bringt uns eigentlich direkt zum Thema Wissen, da man sie landläufig als „begründetes Wissen" bezeichnet. Wir wollen uns folgend Wissen trotzdem über den Unweg Kognition, Sprache und Identität nähern. Das klingt umständlicher, als es ist. Schülein und Reitze (2002: 10) sehen Wissen mit Steuerungsproblemen verbunden. Nur in der unbelebten Realität gibt es keine Steuerungsprobleme. „Wasser verdunstet, wenn eine bestimmte Temperatur erreicht ist (und zwar immer und überall). Die dazu benötigte Energie ist ebenfalls immer und überall gleich." (Schülein/Reitze 2002: 10 f.) Es ist Verlass darauf, dass dieser Vorgang so und nicht anders abläuft. Bei handlungsfähigen Akteuren sieht die Sache anders aus. Lebewesen stehen vor einem Steuerungsproblem. Sie handeln vor dem Hintergrund eines Möglichkeitshorizonts gezielt. Zumeist, weil sie überleben wollen. Dies kann aber nur klappen, wenn Zielvorstellungen und Entscheidungskriterien vorhanden sind um Handlungen auswählen und erzeugen zu können.

„Handlungsfähige Akteure können also ihre Steuerungsprobleme nur lösen, wenn sie über hinreichende Entscheidungsfähigkeit und über hinreichendes *Wissen* über ihre Welt verfügen." (Schülein/Reitze 2002: 12). Damit diese Steuerung gelingen konnte, bedurfte es kognitiver Leistungen, die sich in Stufen vollzogen hat. Einfache Lebewesen sind durch genetisch codierte Formen der Steuerung gekennzeichnet. Hier muss nichts gelernt werden, diese Form der Steuerung durch Instinkte und sensorische Informationsverarbeitung entwickelt sich im Kontext körperlicher Entwicklung. Kognitives Reflexionsvermögen ist bei diesen Lebensformen nicht gegeben. Die Evolution brachte aber Lebewesen mit sich, die sich auf unterschiedliche Lebensbedingungen aktiv einstellen konnten. Die Natur stärkte die Handlungsfähigkeit der Individuen, die Fähigkeit zur individuellen, autonomen Auseinandersetzung mit der Umwelt. Schülein und Reitze (2002: 13) sprechen hier von einer radikalen Wende in der Art der Steuerung: Akteure konnten sich nun wechselseitig beeinflussen und gemeinsame Muster entwickeln.

2.2.2 Kognition

Die Umstellung der Steuerung von fixierten Verhaltensprogrammen hin zu Psyche und Sozialstruktur rückt Fragen der individuellen und sozialen Kognition in den Mittelpunkt des Interesses. Beim Homo Sapiens Sapiens sind kaum noch direkt an die Umwelt gekoppelte Instinkte gegeben, diese wurden durch die Fähigkeit zur Kognition und Emotion ersetzt. Kognition und Emotion sind genetisch vorprogrammiert und von den sozialen Verhältnissen geprägt. Die Teilnahme an diesen Verhältnissen bedarf der *Sprache*. „Sprache bietet [...] die Möglichkeit, alle Sprecher an Entwicklungen zu beteiligen und zugleich diese Entwicklungen zu archivieren." (Schülein/Reitze 2002: 16) Sprache ist für die Entwicklung und Dynamisierung von Identität und Sozialstruktur folgenreich. Niemand muss alle Erfahrungen selbst machen, die Errungenschaften und Leistungen ganzer Generationen können festgehalten und tradiert werden.

> Kurz: Sowohl das individuelle als auch das soziale Potenzial an kognitiven Möglichkeiten weiten sich aus, beides verstärkt sich gegenseitig und führt zu einer systematischen Ausweitung, aber auch Temposteigerung der Entwicklung von individueller Identität und Sozialstruktur. (ebenda: 17)

2.2.3 Sprache und Medium

Die Dinge geschehen also nicht nur schneller, sondern auch komplexer. Notwendig wurde dadurch ein leistungsfähiges Kommunikationssystem, Schülein und Reitze (2002: 17) bezeichnen die Sprache als ein solches. Ohne Zweifel ist aber auch die Entwicklung der von der Kommunikationswissenschaft behandelten (Massen)Medien in diesem Kontext zu begreifen. Doch bleiben wir bei der Sprache. Sie beteiligt und archiviert Formen und Themen des Denkens sowie Emotionen. Denken und Emotionen können als „Hintergrundsteuerung" von Handeln begriffen werden. Schülein und Reitze (2002: 17) sprechen von Emotionen als einer „spezifisch humanen Nachfolgeorganisation von Instinkten": „Sie sind das Gegenstück zur Kognition, also der in Richtung auf Realitätskontakt entwickelten Psyche, weil sie den Kontakt zur eigenen Befindlichkeit und zu den wichtigen, dominanten Themen des psychischen Geschehens halten und deren Dynamik und Bedarf zum Ausdruck bringen." (Schülein/Reitze 2002: 17)

Für die Auseinandersetzung mit Wissen(schaft) ist der Hinweis bedeutend, dass Sprache nicht notwendigerweise an Objektivität und Wahrheit gekoppelt sein muss. Auch für Sprache in der Wissenschaft gilt: „Sprache drückt opportunistisch aus, was sich psychisch abspielt – bewusst und unbewusst." (ebenda) Der Mensch ist weitgehend frei von instinktiven Verhaltensprogrammen, aber weitgehend orientierungslos. Dies gilt es am Beispiel der Identität folgend zu zeigen.

2.2.4 Identität

Im Rahmen der Befassung mit Identität wird deutlich, dass Sinngebung und Identitätsbildung als private Angelegenheit jedes Einzelnen beschrieben werden müssen

(Eickelpasch/Rademacher 2004: 11). Von offenen und flexiblen Identitäten ist da die Rede, welche Individuen materielle Absicherung, Beziehungs-, Kommunikations-, Aushandlungs- und kreative Gestaltungskompetenz abverlangen. Der Einzelne bleibt also nicht grundlos erschöpft „von der Anstrengung, er selbst werden zu müssen" (Ehrenberg 2008: 15) zurück. Die Konstruktion des modernen Individuums beruht auf einem Paradoxon: „Es definiert seine persönliche Besonderheit auf dem Schnittpunkt kollektiver Zugehörigkeiten" (Kaufmann 2005: 126).

Wenn es in Sachen Identität einen Konsens in Sozialpsychologie, Soziologie und anderen Fächern gibt, dann wäre es der folgende: „1. Die Identität ist ein subjektives Konstrukt. 2. Sie kann dennoch die „Identitätsaufhänger" nicht verleugnen, die konkrete Realität des Individuums oder der Gruppe [...]. 3. Diese Knetarbeit des Subjekts geschieht unter den Augen des jeweils anderen, der die vorgeschlagenen Identitäten aufhebt oder bestätigt." (ebenda: 41 f.) Doch wer sind diese anderen, muss doch die Entwicklung von Identitäten im Kontext der Auflösung traditioneller Gemeinschaften und der Individualisierung der Gesellschaft gesehen werden (ebenda: 19)?

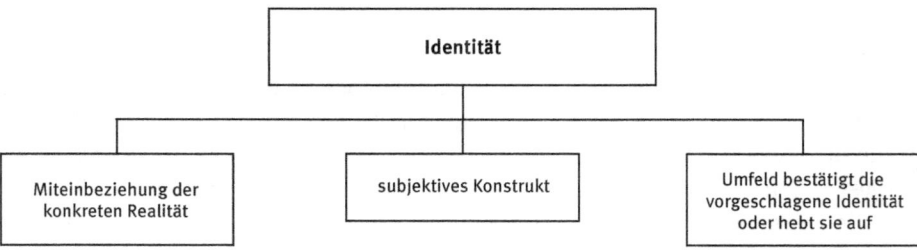

Abb. 2.6: Identitätskonzept (eigene Darstellung in Anlehnung an Kaufmann 2005: S. 41 f.)

Traditionelle Gemeinschaften regelten sich selbst und übernahmen damit auch die Definitionsarbeit für ihre Individuen durch soziale Konstruktion. Definitionen sind das Resultat eines Prozesses, in dem einem sprachlichen Ausdruck eine exakte Bedeutung gegeben wird (Radnitzky 1992: 27). Der Übergang von traditionellen Gemeinschaften zur „identitären Ordnung des Individuums" verwies auf kollektive Momente, kollektive Identifizierungen (etwa nationale Ideen), die stabilisierende Kräfte entwickeln, da sie sich von „den Überresten der alten Gemeinschaften nähren." (ebenda: 135)

2.2.5 Wissen

Identität braucht Wissen; insbesondere vor dem Hintergrund des Befunds, dass Aufmerksamkeit immer knapp und die Welt unendlich kompliziert ist (Schülein/Reitze 2002: 18). Wie geht der Mensch damit um? Er entwickelt ein Alltagsbewusstsein, das durch Egozentrik (verstanden als Ausrichtung des Bewusstseins auf die momentane

Befindlichkeit und den Status quo der eigenen Identität), den Einsatz von Routinen oder aber Reflexion bestimmt ist (ebenda).

> Das Alltagsbewusstsein ist ein *Doppelprozessor*. Es kann sowohl mit Vereinfachungen (Egozentrik, Routinen) als auch mit Differenzierungen (Reflexion) in der Auseinandersetzung mit der Welt operieren. Es kann also unterschiedliche Typen von Wissen erzeugen und benutzen, was das Spektrum an Handlungsmöglichkeiten erheblich ausweitet. (ebenda: 20 f.)

Dass Reflexion der Wissenschaft zugeschrieben wird, bedeutet nicht, dass Egozentrik und Routinen keine prägenden Elemente des Wissenschaftsbetriebs sind. Reflexion hebt idealtypisch die Begrenzung des „normalen Funktionierens des Alltagsbewusstseins" auf, sie ist an Voraussetzungen gebunden, da die Welt nicht stehen bleibt und sich durch fortwährende Handlungszwänge auszeichnet. Da braucht es für Individuen nach Schülein und Reitze (2002: 21) sogenannter Sondersituationen. Kurz: Zeit um sich bestimmten Themen widmen zu können, Zeit um den Wissens- und Interpretationshorizont ausweiten zu können, Zeit sich über Erkenntnisinteressen klar zu werden.[4] Man kann von einer notwendigen Institutionalisierung der Wissensproduktion sprechen. Individualisierung und Sozialstruktur spielen zusammen.

Wenn Schülein und Reitze (2002: 20) daraus ableiten, dass dies zu Freiräumen für Reflexion führt, heißt das nicht, dass dem Individuum Reflexion auch gelingt. Die Produktion und Verarbeitung von Wissen braucht vielmehr einen Raum, in dem individuelle Reflexion auf Dauer gestellt wird. Wir ahnen schon, worauf diese Argumentationslinie hinausläuft: „*Wissenschaft* ist, so gesehen, ein Sonderfall von institutionalisierter Reflexion." (Schülein/Reitze 2002: 22) Das soll nicht heißen, dass *institutionalisierte Reflexion* frei von Verzerrungen ist, sie stellt aber einen Versuch dar, Reflexion in eine systematische Form zu bringen.[5] Es können demnach unterschiedliche Arten von Wissen unterschieden werden: Alltagswissen und wissenschaftliches Wissen. Wissenschaftliches Wissen resultiert nicht wie Alltagswissen aus der unmittelbaren Erfahrung, es muss methodisch überprüft werden um als solches anerkannt zu werden.

---

[4] Grundsätzlich werden drei forschungsleitende Erkenntnisinteressen der Wissenschaft unterschieden: (1) das phänomenale Erkenntnisinteresse (Was ist los? Was geschieht?), (2) das kausale Erkenntnisinteresse (Warum ist das so? Warum geschieht es?) sowie (3) das aktionale Erkenntnisinteresse (Was ist zu tun?) (Eberhard 1999, 16 f.).
[5] Diemer (1992: 391) begreift Wissenschaft als Grundphänomen und Grundelement unserer Zeit. „Ja vielleicht ist sie sogar das Grundproblem, zumindest, ein solches."

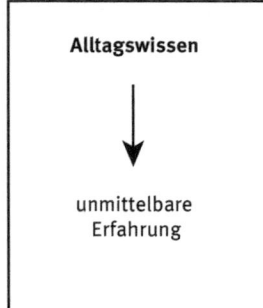 

Abb. 2.7: Wissensarten (eigene Darstellung in Anlehnung an Schülein/Reitze 2002: 22)

Der obige Verweis auf mögliche Verzerrungen institutionalisierter Reflexion wird insbesondere vor dem Hintergrund der Ausführungen von Felt (2001), diese sieht Institutionen nicht einfach als sozialen Rahmen der Wissensproduktion, deutlich. Institutionen haben Einfluss auf Wissen. Organisationen und ihre Strukturen begreift sie als maßgeblich für die Wissensproduktion. Sie macht dies an *drei* Schritten der „Grenzziehung" fest:

1. An der Gründung wissenschaftlicher Institutionen im 17. Jahrhundert (etwa wissenschaftlichen Gesellschaften wie die Royal Society in London, oder die französische Akademie der Wissenschaft in Paris). In diesen wissenschaftlichen Gesellschaften fand nicht nur Wissensaustausch statt. Wesentlich sei hier die Definitionsarbeit, was als wissenschaftliches Wissen zu gelten habe. Felt (2001: 17) spricht in diesem Zusammenhang von einem „ersten wesentlichen, institutionell abgesicherten Versuch einer Grenzziehung" zwischen Alltags- und wissenschaftlichem Wissen. Das war aber mehr als nur eine Grenzziehung: „Gleichzeitig erlaubten bereits diese grundlegenden Institutionalisierungsschritte den Ausschluss bestimmter sozialer Gruppen, die man als unwürdig/unfähig für die Wissensproduktion erachtete, wie etwa Frauen. Letzteren sprach man explizit die Fähigkeit ab, wissenschaftlichen Demonstrationen unabhängig und unbeeinflusst folgen zu können und somit schien es legitim, sie als ‚Zeugen' des wissenschaftlichen Fortschrittes auszuschließen." (Felt 2001: 17)
2. An der Etablierung von Wissenschaften im 19. Jahrhundert. Einerseits wurden im deutschsprachigen Raum Universitäten in neuer Form (Humboldtsche Reform) etabliert, andererseits eine Reihe von außeruniversitären Forschungsstätten von Industrie und/oder Staat gegründet. Es kam zu einer Aufgabenteilung: die Universitäten sollten Grundlagenforschung und Ausbildung übernehmen, außeruniversitäre Forschungsstätten angewandte Forschung betreiben. Auch das blieb nicht nur auf institutioneller Ebene folgenreich: „So kam es zu einer Zuschreibung von Wertigkeiten: angewandtes, von Interessen ‚beeinflusstes' Wissen einerseits und ‚reines' Grundlagenwissen andererseits." (ebenda) Wissensproduktion vs. gesellschaftliche Anwendung/Umsetzung könnte man zugespitzt formulieren. Mitt-

lerweile wird die Position der Universität im „Spektrum wissensproduzierender Institutionen" (ebenda) zumeist anders definiert.
3. An der wachsenden Herausbildung von wissenschaftlichen Disziplinen. „Denn erst dieser gesicherte Rahmen und die professionellen Strukturen, die mit ihm entstanden sind, ermöglichten einen beschleunigten Wissensfortschritt und die Eröffnung immer neuer Gebiete." (ebenda) Dieser Rahmen kann freilich auch die Folge politischer Entscheidungen sein. Die Entwicklung wissenschaftlicher Disziplinen ist nicht nur einer inneren Dynamik geschuldet. Wissenschaft und ihre Disziplinen müssen immer stärker im Rahmen ihrer engen Kopplung an andere Gesellschaftsbereiche (Militär, Wirtschaft, Politik) begriffen werden (ebenda: 22).

2.2.6 Wissenschaft

Wissen bedarf der Ordnung. Das Streben nach Ordnung hat es nach Seiffert (1992f: 344) seit jeher gegeben. Die Regeln, wie diese Ordnung ausfiel, hingen von der jeweiligen Zeit ab. Die Ordnung von Wissen geschieht von unterschiedlichen Seiten. Etwa im Schulwesen durch die Einteilung von Schulfächern, in Bibliotheken durch Büchersammlungen usw.

> Solche Systematisierungen erscheinen uns vertraut und selbstverständlich; wir bemerken nicht, daß sie letzten Endes auf bestimmten Vorstellungen von der Ordnung unseres Wissens überhaupt und damit auf philosophischen Voraussetzungen beruhen – zumindest dann, wenn sie nicht in der bloßen Aufzählung noch relativ leicht abgrenzbarer Einzelfächer bestehen, sondern in der Formulierung der großen Bereiche des Wissens, die nur aus Interpretationen philosophischer Natur erwachsen können. (Seiffert 1992f: 344)

Was als rein pragmatische Klassifizierung der Wissenschaften durch unterschiedliche Institutionen erscheint, hat bei genauerer Betrachtung philosophische Wurzeln, wirft Fragen nach philosophischen Phänomenen auf, die letztlich nichts mit der Fachsystematik zu tun haben, die uns heute so selbstverständlich erscheint. „Die heutige Situation einer Systematisierung der Wissenschaften ist also das Ergebnis einer langen geschichtlichen Entwicklung", befundet denn auch Seiffert 1992f: 344f.). Diese beginnt in der antiken Philosophie und die Einteilungsprinzipien der Wissenschaften sind im historischen Kontext der Loslösung der Wissenschaften von der Philosophie zu begreifen.

Seit Aristoteles lassen sich mit Seiffert (1992f) vier Einteilungsmodelle unterscheiden:
1. Das *ontologische Modell* unterscheidet die Erste Philosophie (Metaphysik, die Lehre vom absoluten Sein) und die Zweite Philosophie (Physik, die Lehre vom veränderlichen Sein).

2. Das *anthropologische Modell* unterscheidet theoretisches Wissen, praktisches Wissen und poietisches Wissen (Kunst- und Herstellungswissen). Wir finden diese Dreiteilung auch in der Dreiteilung der menschlichen Grundvermögen in Denken, Fühlen und Wollen, in der Aufklärung. Bei Kant ist die Gliederung in Denken (Kritik der reinen (theoretischen) Vernunft), Wollen (Kritik der praktischen Vernunft) und Fühlen (Kritik der Urteilskraft) zu finden. Diese Einteilung verschob sich dann. So differenziert Francis Bacon Vernunft (Philosophie), Gedächtnis (Geschichte) und Phantasie (Dichtung).
3. Das *systematische Modell* meint, dass Wissenschaft „im einzelnen wie insgesamt" ein System ausmachen muss. Im 18. Jahrhundert fand der Systemgedanke Eingang in die Philosophie. Kant fordert: „Eine jede Lehre, wenn sie ein *System*, das ist ein nach Prinzipien geordnetes Ganzes der Erkenntnis, sein soll, heißt *Wissenschaft*." (Kant zitiert nach Seiffert 1992f: 346) Exemplarisch sei auf die Trias Logik-Physik-Ethik verwiesen (vgl. Abbildung 2.8). So wird die Logik als Vorstufe, als Regel- und Methodengeber für die philosophische und wissenschaftliche Arbeit begriffen. „Physik und Ethik bilden das vor, was wir heute als Natur- und Geisteswissenschaften kennen." (Seiffert 1992f: 346) Die Entwicklung der Geisteswissenschaften insbesondere in ihrer Auslegung als historische Wissenschaft, die nicht nur individuelle Aspekte fokussierte, d.h. eine zeitliche, räumliche und gruppenbezogene Perspektivierung wählte, beförderte die Trennung in Geist und Natur. Im 19. Jahrhundert war nun eine neue Systematisierung möglich. „Die Natur ist der Bereich, dem die Wissenschaft im engeren, strengeren Sinne zugeordnet ist; die Naturwissenschaft wird damit zur Wissenschaft par excellence." (Seiffert 1992f: 346) Dies ist vor allem für das englisch-amerikanische Wissenschaftsverständnis relevant. Solche Positionen werden auch als Szientismus bezeichnet. Nur „science" zählt, der Rest bleibt allgemeine Bildung, die Geschichte verliert so ihren Wissenschaftscharakter.

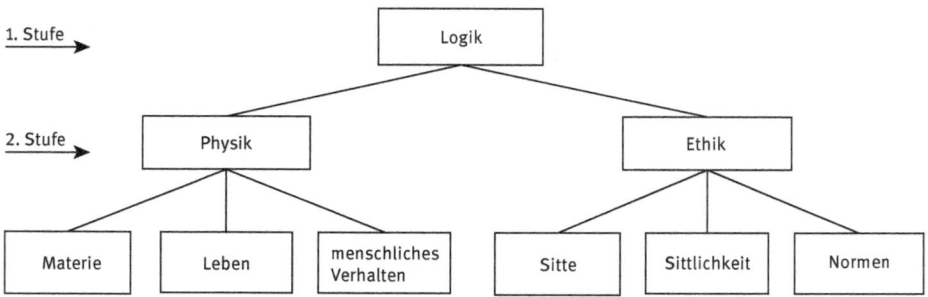

Abb. 2.8: Trias Logik–Physik–Ethik (Seiffert 1992f: 346)

4. Das *Allgemeinheitsgrad-Modell* unterscheidet sich von den vorangehenden drei Einteilungsmodellen dahingehend, dass hier die Gliederung der Wissenschaft keine Gliederung der Philosophie ist. „Die Identität von Philosophie und Wissen-

schaft war auch in späteren Zeiten immer wieder unterstrichen worden; unter der Hand aber war die Philosophie in den Hintergrund getreten." (Seiffert 1992f: 347) Auguste Comte unterschied etwa: Mathematik, Astronomie, Physik, Chemie, Biologie und Soziologie. Hier wird erstmals eine Wissenschaft von der Gesellschaft angeführt. Die Mathematik übernimmt die Stelle der Logik und die ihr folgenden Wissenschaften bauen stufenweise Wirklichkeit auf. Diese Wirklichkeit ist „stufenweise von zunehmend komplexem Charakter" (Seiffert 1992f: 347). Das meint: die Physik ist komplexer als die Astronomie, die Chemie komplexer als die Physik usf. Die Philosophie wird hier zur Hilfsdisziplin (sie wird Wissenschaftslogik und Wissenschaftstheorie).

Vor dem Hintergrund der Einteilungsmodelle kann eine Systematik der Wissens- und Wissenschaftsgebiete in der Gegenwart beschrieben werden (vgl. Abbildung 2.9)

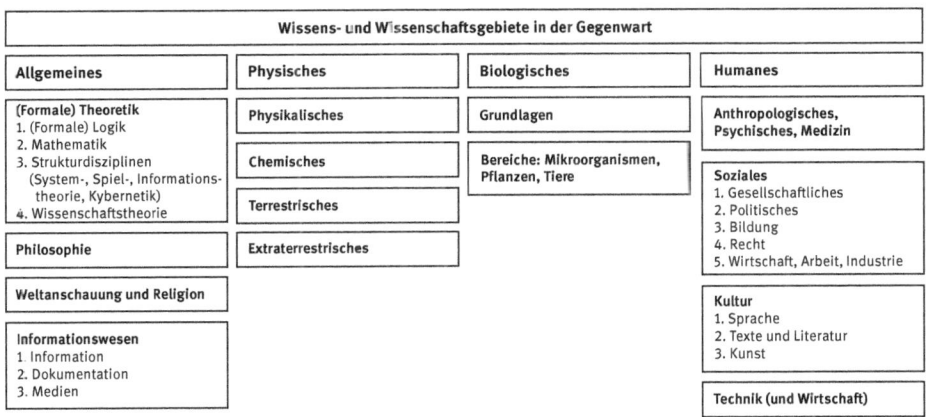

Abb. 2.9: Wissens- und Wissenschaftsgebiete in der Gegenwart (eigene Darstellung angelehnt an Seiffert 1992f: 347 f.)

Folgend soll nun Abbildung 2.9 erläutert werden. Nach Seiffert (1992f: 348) kann jedem der angeführten Wissenschaftsgebiete auch eine Wissenschaft zugeordnet werden. Diese einzelnen Wissenschaften lassen sich unter drei Gesichtspunkten betrachten bzw. in drei Begriffen fassen:

1. Wissenschaft als Kulturbereich – sozio-kultureller Wissenschaftsbegriff: Wir können die Wissenschaft als einen in der Gesellschaft vorfindlichen Kulturbereich unter anderen auffassen. So wie es die Kirche, den Staat, die Wirtschaft, die Kunst und so fort als Kulturbereiche gibt, so gibt es auch die Wissenschaft – verstanden als Komplex von Menschen, Ideen, Institutionen, Apparaten. [...] *2. Wissenschaft als Operation bzw. Aktivität – operationaler (anthropologischer) Wissenschaftsbegriff:* Hier wird die Wissenschaft als Forschung, das heißt als Prozeß und als Arbeit zur Gewinnung und Produktion wissenschaftlicher Erkenntnisse verstanden. 3. *Wissenschaft als Aussagen-Gesamtheit – propositionaler Wissenschaftsbegriff:* In diesem Sinne ist die Wissenschaft eine Gesamtheit oder ein System von Aussagen, die bestimmte Kriterien erfüllen müssen: sie stehen in einem logisch-rationalen Begründungszusammenhang und orientieren sich am Postulat der Wahrheit. (Seiffert 1992f: 348)

Seiffert (1992f: 348 f.) nimmt auch eine Bewertung dieser drei Wissenschaftsbegriffe vor. Der umfassendste sei der sozio-kulturelle, der engste der propositionale Wissenschaftsbegriff. Sowohl der sozio-kulturelle als auch der operationale Wissenschaftsbegriff bauen auf dem propositionalen auf. Wenn man von „Wissenschaft" spricht, meint man daher normalerweise den propositionalen Begriff, „weil dieser sich auf den eigentlichen Inhalt der wissenschaftlichen Arbeit bezieht." (Seiffert 1992f: 349)

Wissenschaften, die einen realen Gegenstandsbereich haben (alle Disziplingruppen außer den Formalwissenschaften) lassen sich auch nach der „Eindringlichkeit" ihres empirischen Charakters klassifizieren (Schurz 2011: 37). Hier ergibt sich folgende Einteilung:

1. *Empirische Wissenschaften* (im Sinne des minimalen Empirismus; siehe Kapitel 2.2.7), die sich auf empirische Daten irgendwelcher Art beziehen. Hier ist es unerheblich, „ob diese Daten in freier Feldbeobachtung, durch Studium von Quellenmaterial oder im Laborexperiment gewonnen wurden." (ebenda)
2. *Experimentelle Wissenschaften*: Diese Untergruppe empirischer Disziplinen zeichnet sich dadurch aus, dass sie Daten durch kontrollierte Experimente gewinnt. „Die Bedeutung des kontrollierten Experiments gegenüber freier Feldbeobachtung liegt darin, dass in einem Experiment gezielt gewisse Konstellationen von Bedingungen hergestellt werden, welche Aufschluss über die kausale Relevanz bzw. Irrelevanz von Faktoren geben können" (ebenda).
3. *Sezierende Wissenschaften* sind eine Untergruppe der experimentellen Wissenschaften, ihre Gegenstände werden materiell analysieren, d.h. auseinandergenommen bzw. seziert (ebenda: 38 f.)

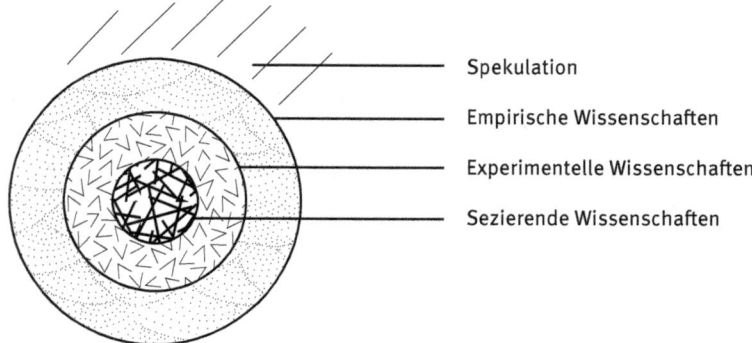

Abb. 2.10: Klassifikation der Realwissenschaften (Schurz 2011: 38)

Darüber hinaus lassen sich wissenschaftliche Disziplinen „auch nach dem Grad der Quantifizierung und Mathematisierung ihrer *Methodologien*" (Schurz 2011: 38) unterscheiden. Dies wollen wir an dieser Stelle aber nicht vertiefen, wir kommen darauf in Kapitel 2.2.8 noch zurück.

Folgend wollen wir uns mit *Sozialwissenschaften* befassen, da ja die Kommunikationswissenschaft diesen zugeschlagen wird. Grundsätzlich gibt es viele Systematisierungsversuche von Wissenschaft, wir wollen hier Natur-, Geistes- und Sozialwissenschaften unterscheiden. Die Naturwissenschaften rekurrieren auf ein „Vorverständnis" von Natur, das Seiffert (1992g: 395) als material ontisch (inhaltlich seinsmäßig) beschreibt: „die Natur ist die Gegebenheit, die mit der naturwissenschaftlichen Methode beobachtet, erfaßt, dargestellt und gedeutet werden kann." Wer exakte Wissenschaft betreiben will, muss demnach wie oben beschrieben vorgehen, sonst wird er „unexakt". Im Rahmen anderer Systematiken, etwa jener von Habermas, werden empirisch-analytische Wissenschaften von hermeneutischen und kritisch-orientierten abgegrenzt (Seiffert 1992g: 394).

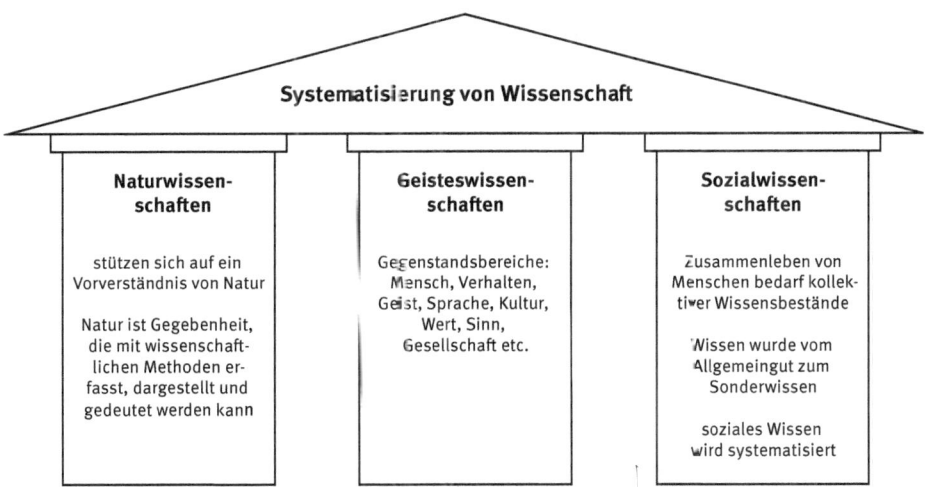

Abb. 2.11: Systematisierung von Wissenschaft (eigene Darstellung in Anlehnung an Seiffert 1992g: 394 f.)

Hier wird deutlich, dass es immer wieder Bestrebungen anderer Wissenschaften gibt, dem naturwissenschaftlichen Ideal zu entsprechen, oder aber sich von diesem abzugrenzen. Die Vielzahl der Gegenstandsbereiche der Geisteswissenschaften (Mensch, Verhalten, Geist, Sprache, Kultur, Wert, Sinn, Gesellschaft usw.) lässt Berührungspunkte mit den Sozialwissenschaften deutlich werden (ebenda: 395).

Die Entwicklung der Sozialwissenschaften ist dem Umstand geschuldet, dass das Zusammenleben von Menschen kollektiver Wissensbestände hinsichtlich der sozialen Wirklichkeit und der in ihr geltenden Positionen, Rollen, Normen, Werte, Techniken und Traditionen bedarf. Waren diese in einfachen Gesellschaften durch das Alltagswissen der Menschen gewährleistet, änderte sich dies mit der Ausdifferenzierung von

Gesellschaften. Wissen wurde so vom Allgemeingut in Sonderwissen überführt, d.h. von der Existenzsicherung befreite Akteure (Priester oder Medizinmänner) sammeln, systematisieren und transportieren soziales Wissen (Braun 1992: 440). Gesellschaftsordnungen sind hier etwas, „das in Übereinstimmung mit einer natürlichen Ordnung steht." (Braun 1992: 440)

Dies ändert sich in der Antike. Der Staat wird hier in der politischen Theorie nicht mehr als naturwüchsiges Gebilde begriffen. Er wird zur gestaltbaren Sozialform. In der Antike geht es aber weniger um die Analyse von Sozialgebilden, als vielmehr um die Beschaffenheit einer „richtigen Gesellschaft" (Braun 1992: 440). Im Mittelalter bleibt das politische Denken dieser Prämisse treu, freilich werden christliche Vorstellungen von einer gerechten Sozialordnung entwickelt. Diese Vorstellungen tragen in der Neuzeit nicht mehr, die Einheit des christlichen Weltbildes löst sich auf. Die christliche Interpretation gesellschaftlicher Zusammenhänge wird in der Aufklärung bewusst bekämpft und beseitigt (Braun 1992: 441). Es sind die erstarkenden europäischen Nationalstaaten, die der Steuerung und damit einer wissenschaftlichen Analyse bedürfen. Und: Es sind vornehmlich die wirtschaftlichen Abläufe, die jetzt im Mittelpunkt stehen. „Das wirtschaftspolitische Denken des Merkantilismus zielt ab auf die Entfaltung der staatlichen Macht mit wirtschaftlichen Mitteln." (Braun 1992: 441) Die Entwicklung der klassischen Schule der Nationalökonomie muss in diesem Kontext begriffen werden.

Das Industriezeitalter führt zu einem Wandel der Erklärung wirtschaftlicher Zusammenhänge. Es etabliert sich die Vorstellung „einer sich selbst überlassenen bürgerlichen Wirtschaftsgesellschaft [...], die keiner staatlichen Stützung mehr bedarf." (Braun 1992: 441) Wir können hier von einer Verbindung von ökonomischer Theorie und Gesellschaftstheorie sprechen, die auch heftige Gegenbewegungen zur klassischen Nationalökonomie zeitigt. Man denke an Karl Marx (1818–1883), Friedrich Engels (1820–1895) aber auch Auguste Comte (1798–1857). Neben diesen Gesellschaftstheorien entwickelt sich im 19. Jahrhundert eine Sozialanalyse, die auf die Quantifizierung gesellschaftlicher Tatbestände abzielt und neben den genannten Theorien parallel besteht (Braun 1992: 443).

Es ist das 19. Jahrhundert, das die Einheit der Wissenschaft von Gesellschaft hinter sich lässt. Die auf Gesamtdeutungen der gesellschaftlichen Wirklichkeit abzielende Sozialanalyse zerfällt in Einzeldisziplinen (ebenda: 445). Diese Einzeldisziplinen sind die folgenden:

1. Wirtschaftstheorie: Orientierten sich die Arbeiten von Marx mit ihrem Rekurs auf sozialgeschichtliches, ethnologisches und staatswissenschaftliches Material und die historische Schule der Nationalökonomie an der Einheit der Sozialwissenschaften, so läutet die Grenznutzenschule in gewisser Weise die Suche nach einer generellen Erklärung ein. Braun (1992: 445) spricht hier, sich auf den Methodenstreit zwischen Carl Menger (1840–1921) und Gustav von Schmoller (1838–1917) beziehend, von einem „Abgehen von der historischen und [...] [der] Orientierung an der theoretischen Methode."

2. Politische Wissenschaft: Die politische Wissenschaft, deren Anfänge Braun (1992: 445) in der Antike sieht, widmete sich seit dem 16. Jahrhundert zunehmend juristischen Fragen. Im 19. Jahrhundert verliert sie im Zuge der Etablierung des modernen Rechts- und Verfassungsstaates zunehmend an Bedeutung. Erst nach dem Ersten Weltkrieg und von der US-amerikanischen Fachentwicklung beeinflusst, gewinnt sie in England erneut Bedeutung (Braun 1992: 445).
3. Soziologie: Seit 1900 erfährt die Soziologie eine immer stärkere Differenzierung der Arbeitsgebiete und der theoretischen Ansätze. Was bei Durkheim mit dem systematischen Rückgriff auf Datenmaterial aus einfachen Gesellschaften beginnt, mündet in eine Annäherung von Soziologie und Ethnologie bzw. Kulturanthropologie (Braun 1992: 446).

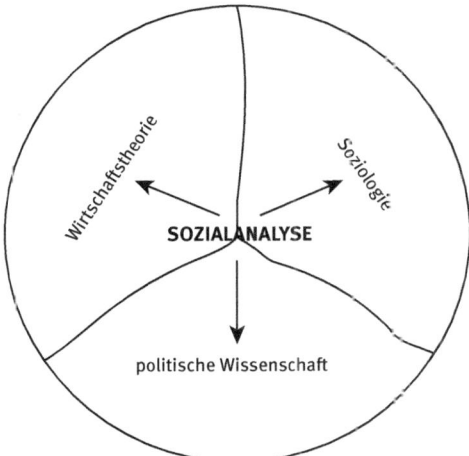

Abb. 2.12: Die Sozialanalyse zerfällt in Einzeldisziplinen (eigene Darstellung in Anlehnung an Braun 1992: 443)

Aktuelle Entwicklungen der Soziologie in Richtung Pragmatismus und Kulturalismus machen es wenig wahrscheinlich, dass die „Soziologie die verlorengegangene Einheit der Sozialwissenschaften wiederherstellen kann" (Braun 1992: 446).

2.2.7 Theorien

Brosius und Koschel (2001: 15) befunden, dass jede Wissenschaft im Prinzip aus zwei Bereichen besteht: Theorien und adäquaten Methoden, um theoretische Befunde und Überlegungen zu begründen und zu überprüfen. Wenden wir uns an dieser Stelle den Theorien zu. Krotz, Hepp und Winter (2008: 12) begreifen Theorien „*als aus aufeinander bezogenen Begriffen bestehende und durch übergreifende Konzepte gekennzeichnete Aussagensysteme und darüber ausgedrückte Sinnzusammenhänge.*" Theorien beschreiben, was ist, wie etwas funktioniert, woraus es besteht, wie es zustande kommt, was es für wen bedeutet usw. (Krotz 2005: 27). Theorien fallen nicht vom Himmel, sie beruhen auf Diskussionen in der „jeweiligen Gemeinschaft von Wissenschaftlerinnen und Wissenschaftlern" im Rahmen derer Theorien als für diese akzeptabel erklärt werden (Krotz/Hepp/Winter 2008: 12).

Seiffert (1992e: 368) unterscheidet zwei Grundbedeutungen von Theorie: (a) „das Anschauen von etwas Gegebenem im Gegensatz zu dem die Sachverhalte ändernden Handeln (Praxis)" sowie (b) „die durch Denken gewonnene Erkenntnis im Gegensatz zu dem durch Erfahrung gewonnenen Wissen." Wir wollen uns hier in weiterer Folge mit Theorie als wissenschaftlichem Lehrgebäude (Fokus auf Grundbedeutung b) befassen. Theorie ist ein systematisiertes und begründetes System von widerspruchsfreien Aussagesätzen über einen Teilbereich der Wirklichkeit, das der Erzeugung von Wissen dient. Theorien stellen Wissen in objektivierter, zumeist sprachlich niedergelegter Weise dar (Balzer 1997: 15).

> *Theorie* ist, unabhängig von den jeweiligen Besonderheiten ihrer Institutionalisierung, die Form, die Reflexion dann entwickeln kann, wenn sie sich lösen kann von den Zwängen der Praxis – und gerade dadurch wird sie zu einem Motor der Professionalisierung, Differenzierung und Neuentwicklung von Praxis. (Schülein/Reitze 2002: 21)

Die mitunter von Studierenden („Praxis ist besser als Theorie") und Forschenden/Lehrenden („Empirie ist besser als Theorie") geschürten Ressentiments gegen Theorie erscheinen vor diesem Hintergrund, sagen wir es mal so, wenig reflektiert. Das Diktum: „Nichts ist praktischer als eine gute Theorie", macht demnach durchaus Sinn. Theorien lösen sich notwendigerweise von der Praxis, entwickeln eigene Strukturen und Kriterien und unterscheiden sich von Vorstellungen des Alltagsbewusstseins. Sie bedienen sich einer eigenen Sprache, einer Sprache die sich keine offene Semantik und Grammatik erlaubt. „Ihr Gegenstand und der Umgang mit ihm ist also immer – verglichen mit umgangssprachlichen Möglichkeiten – eingeengt und reduziert, dafür präziser." (ebenda) Theorie muss adäquat und überprüfbar sein.

Theorien gelten auch deshalb als die Idealform (institutionalisierter) Reflexion, an sie ist der Anspruch auf objektive Erkenntnis geknüpft. Anders als Behauptungen des Alltagsbewusstseins bedarf Theorie der Begründung. Dies impliziert, dass Theorie immer mit einer Meta-Theorie verknüpft sein muss, die klärt, wie die Theorie konstituiert und legitimiert wird. „Die Verwendung von Theorie bringt also das Problem der Erkenntnistheorie mit sich." (ebenda: 23)

Theorie als Form der Erkenntnis, Eberhard (1999: 15) spricht auch von Theorie als Erkenntnisangebot, ist auch deshalb voraussetzungsreich, da sie einer Wirklichkeit bedarf, die sich durch eine erkennbare Logik (Ordnung und Regeln) auszeichnet. Das Denken in Ursache und Wirkung (Kausalität) ist die einfachste Form der Logik. Tatsächlich haben sich aber auch andere Konzepte zur Erfassung der Welt (Dialektik,

Funktionalität, Systemdenken u.a.) entwickelt, die dem Umstand Rechnung tragen, dass Kausalität als Konzept nicht hinreichend die Welt erklären kann.

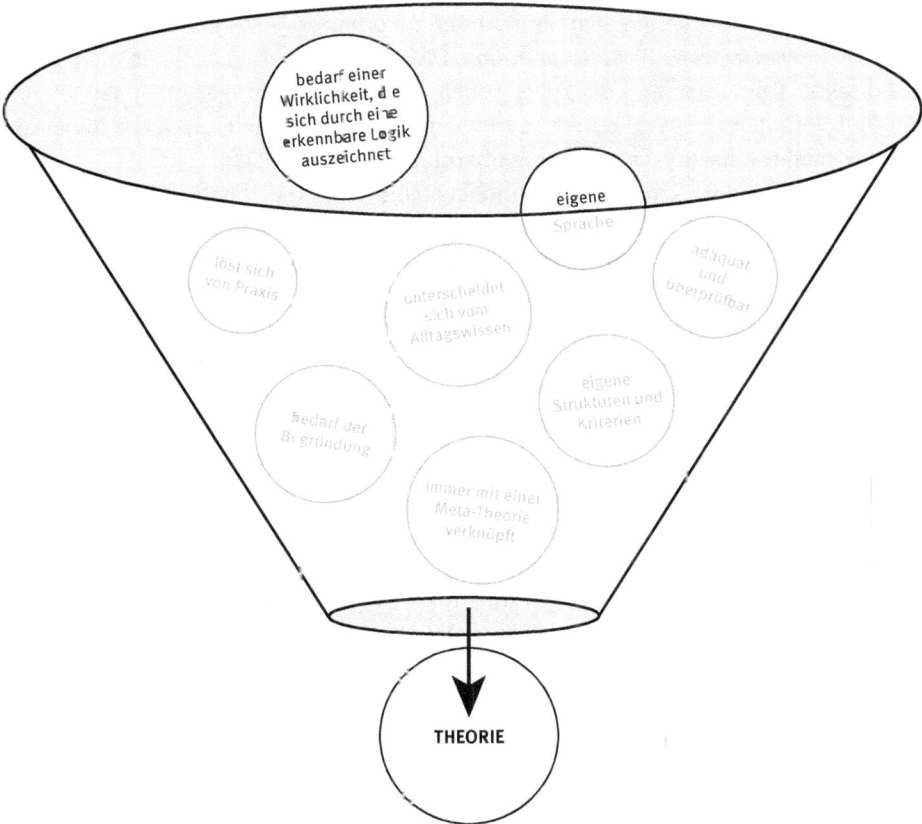

Abb. 2.13: Anforderungen an Theorie (eigene Darstellung in Anlehnung an Schülein/Reitze 2002: 21 ff., Eberhard 1999: 15)

Doch machen wir einen Schritt zurück. Der Weg hin zur Theorie lässt sich historisch auch an frühen und einfachen Formen der Welterklärung verdeutlichen. Denken wir nur an den Mythos, die Religion und die Philosophie. Der *Mythos* bezeichnet Erzählungen, in denen Themen, die archaische Gesellschaften (kleine Gruppen von Menschen) beschäftigen, verhandelt werden. Diese Themen werden integrativ verhandelt, so, dass sie für alle Menschen der Gruppe „Platz und Sinn" (Schülein/Reitze 2002: 29) bieten. Es bedarf keiner theoretischen Begründung, empirische Kenntnisse über natürliche Vorgänge werden mit animistischen Vorstellungen (Steine, Bäume und Regen sind beseelt und belebt und können sich wie Lebewesen verhalten) gekoppelt. Die Logik des Mythos entspricht der schon skizzierten Funktionsweise des Alltagsbewusstseins, der Modus der Reflexion wird durch das gruppenspezifische Weltbild limitiert. Die Welt lässt sich durchaus auch unterwerfen, dies geschieht durch Magie (Schülein/Reitze 2002: 30 f.).

Agrargesellschaften, die eine große Zahl von Mitgliedern in einem ausgedehnten Raum umfassen, bedienten sich einer anderen Form der Welterklärung. Es handelt sich um die *theologische Weltinterpretation*. Diese Gesellschaften basieren nicht mehr auf direkter Teilnahme an kollektiver Lebenspraxis. Vorstellungen, Dogmen, Riten, Ge- und Verbote werden zu einem kognitiven System gebündelt, „welches die Funktion der metaphysischen Orientierung übernimmt." (ebenda: 33).

Diese Form der Welterklärung unterscheidet sich vom Mythos: Professionelle Experten entwickeln, pflegen und praktizieren dieses System von Vorstellungen, das eng mit der jeweiligen Herrscherschicht bzw. deren Legitimation gekoppelt ist. Diese Experten entwickeln Methoden und Konzepte religiöser Begründungen, damit entsteht Theologie. Schülein und Reitze (2002: 34) sprechen von Theologie als „systematisch durchdachte und durchformulierte Religion", von „rationaler Metaphysik (Erklärung von Welt)". Hier wird, obgleich die Inhalte und die Logiken der Theologie kaum etwas mit objektiver Erkenntnis zu tun haben, zum Teil auch von Theorien gesprochen, die die Legitimität der Religion begründen sollen. Diese Theorien beschränken sich weitgehend auf die Annahme einer Welt, die durch Gottheiten geschaffen und gesteuert wird, entsprechen aber nicht einem wissenschaftlichen Theorieverständnis, das Überprüfbarkeit und Prognosefähigkeit voraussetzt. Die theologische Begründung von Erkenntnis führt in die metaphysische Theorie selbst zurück, sie bleibt durch die Grenzen, die jeder Glaube setzt, beschränkt.

Die Entstehung bürgerlicher Gesellschaften, das Aufkommen von Städten in denen die Bevölkerung ohne Bevormundung einer herrschenden Klasse lebte, führte zu Bedingungen, die eine neue Form der Welterklärung ermöglichten: *Philosophie*. Man denke hier an die griechische Kultur als erste historische Konstellation, die diese Bedingungen erfüllte, an den Philosophen als neuen Typus von Intellektuellen, der die gegebenen Freiheitsräume nutzt. Nun konnte sich Theorie von Mythos und Religion emanzipieren (Schülein/Reitze 2002: 35). Apel (1992: 14) sieht die Forderung nach Begründung erstmals im Zusammenhang mit der Ablösung des mythischen durch das philosophisch-wissenschaftliche Denken in Griechenland auftreten.

> Sie (die Forderung nach Begründung, CSt/RH) hatte als solche ihren Ort im argumentativen Dialog (Diskurs), wie er insbesondere durch Sokrates zur Grundlage der Infragestellung gängiger Meinungen und herkömmlicher Normen und der vernünftigen Neubegründung dessen, was für wahr bzw. recht (gut) gehalten ist, erhoben wurde. (Apel 1992: 14)

Griechische Philosophen unterschieden zwischen wirklichem Wissen und bloßer Meinung/bloßem Glauben. Wer vermeint etwas zu wissen, muss imstande sein, zu belegen, dass es wahr ist. Die Person muss imstande sein, ihre „Wahrheit zu rechtfertigen, zu begründen oder zu demonstrieren." (Musgrave 1992: 387) „Hic Rhodos, hic salta" („Hier ist Rhodos, hier springe") haben Hegel wie Marx in diesem Zusammenhang eine Parabel von Äsop über einen Sportler zitiert, der in Athen behauptete, in Rhodos besonders weit gesprungen zu sein. Der Beweis für die Richtigkeit von Theorien ist demnach deren erfolgreiche Anwendung in der Praxis.

Das oberste Erkenntnisziel der Wissenschaft und Theorien haben viel miteinander zu tun. Wissenschaft sucht nach „möglichst *wahren* und *gehaltvollen* Aussagen" (Schurz 2011: 23). Sätze sind umso gehaltvoller, je mehr Konsequenzen sie besitzen. Dass Wahrscheinlichkeit und Gehalt von Hypothesen oftmals gegenläufig sind, ist bedeutsam. So lässt sich nach Schurz (2011: 23) festhalten, dass es um die Entwicklung gehaltvoller wahrer Aussagen geht. Ginge es allein um die Maximierung von Wahrscheinlichkeitschancen einer Hypothese, würde man nur tiviale Tautologien formulieren müssen. Etwa: Medienwirkungen sind stark, oder auch nicht. Ohne auf die Wahrheit Rücksicht nehmen zu müssen, wären „gehaltvolle und beeindruckende Hypothesen" möglich. Etwa: Ich habe ein Geschäftsmodell für die Qualitätspresse entwickelt, das zugleich die weltweite Ausbreitung von Ebolafieber wirksam bekämpft. Schurz (2011: 23) bringt es auf den Punkt: „Die eigentliche Kunst des Wissenschaftlers besteht darin, Hypothesen zu formulieren, die sich sowohl *empirisch* bewahrheiten *als auch* als gehaltvoll und konsequenzenreich erweisen."

Wer sich mit Erkenntniszielen der Wissenschaft befasst, muss sich auch mit dem erkenntnistheoretischen Modell[6] empirischer Wissenschaftsdisziplinen beschäftigen. Schurz streicht hier fünf erkenntnistheoretische Annahmen heraus, die allen empirischen Wissenschaftsdisziplinen, so auch der Kommunikationswissenschaft „mehr oder weniger" gemeinsam sind.

Fünf erkenntnistheoretische Annahmen (E1–E5) nach Schurz (2011: 26–28):

„E1 – *Minimaler Realismus*: Dieser Annahme zufolge gibt es eine Wirklichkeit bzw. Realität, die unabhängig vom (gegebenen) Erkenntnissubjekt existiert. Es wird nicht unterstellt, dass alle Eigenschaften dieser Realität erkennbar sind. [...] Wissenschaftliche Disziplinen bezwecken, möglichst wahre und gehaltvolle Aussagen über abgegrenzte Bereiche dieser Realität aufzustellen. Der Begriff der Wahrheit wird dabei im Sinn der *strukturellen Korrespondenztheorie* verstanden, derzufolge die Wahrheit eines Satzes in einer strukturellen Übereinstimmung zwischen dem Satz und dem von ihm beschriebenen Teil der Realität besteht. Dieser von Alfred Tarski [...] präzisierte strukturelle Wahrheitsbegriff unterstellt somit keine direkte Widerspiegelungsbeziehung zwischen Sprache und Wirklichkeit." (Schurz 2011: 26)

---

6 Schurz (2011: 26) spricht in diesem Zusammenhang genau genommen von einem „minimalen erkenntnistheoretischen Modell".

„E2 – *Fallibilismus und kritische Einstellung*: Es gibt keinen unfehlbaren ‚Königsweg' zu korrespondenztheoretischer Wahrheit. Der Annahme des Fallibilismus zufolge ist jede wissenschaftliche Behauptung mehr oder minder fehlbar, wir können uns ihrer Wahrheit daher nie absolut sicher sein, aber wir können ihre Wahrheit als mehr oder weniger wahrscheinlich befinden. Daher kommt alles darauf an, im Sinne von Annahme E4 unten, durch empirische Überprüfung herauszufinden, wie es um die Wahrscheinlichkeit der Wahrheit einer wissenschaftlichen Hypothese bestellt ist." (ebenda)

„E3 – *Objektivität und Intersubjektivität*: Die Wahrheit einer Aussage muss dieser Annahme zufolge objektiv gelten, d.h., sie muss unabhängig von den Einstellungen und Wertungen des Erkenntnissubjekts bestehen, da ja gemäß Annahme E1 auch die Realität unabhängig davon besteht, und Wahrheit die Übereinstimmung von Aussage und Realität ist. [...] Die Charakterisierung von Objektivität als Subjektunabhängigkeit hilft uns in der Wissenschaftspraxis allerdings nicht weiter, da es immer Subjekte sind, die Aussagen aufstellen und Hypothesen formulieren. [...] Die zweite Teilaussage von Annahme E3 besagt, dass ein zentrales wissenschaftliches Kriterium für Objektivität und indirekt auch für Wahrheit in der Intersubjektivität von Aussagen liegt: wenn sich die Wahrheit einer Aussage überhaupt überzeugend begründen lässt, so muss sich jede kognitiv hinreichend kompetente Person von der Wahrheit dieser Aussage nach hinreichender Kenntnisnahme der Datenlage zumindest ‚im Prinzip' überzeugen lassen." (ebenda: 27)

„E4 – *Minimaler Empirismus*: Mit der Ausnahme von Formalwissenschaften wie der Mathematik [...] muss der Gegenstandsbereich einer Wissenschaft im Prinzip der Erfahrung bzw. der Beobachtung zugänglich sein. Denn letztlich kann nur durch wahrnehmende Beobachtung verlässliche Information über die Realität erlangt werden – nur durch Wahrnehmung stehen wir mit der Realität in informationellem Kontakt. Empirische Beobachtungen sind somit ein zentraler Schiedsrichter für wissenschaftliche Wahrheitssuche: an ihnen müssen wissenschaftliche Gesetzeshypothesen und Theorien überprüft werden. [...] Beobachtungen sind zwar nicht infallibel (das wäre ein Widerspruch zu Annahme E2), aber bei ihnen ist Intersubjektivität und praktische Sicherheit am leichtesten und schnellsten erzielbar. Minimal ist diese Art von Empirismus, weil nicht behauptet wird, dass sich alle wissenschaftlichen Begriffe bzw. Sätze durch Definitionsketten auf Beobachtungen zurückführen lassen müssen oder gar durch sie beweisbar sind." (ebenda)

„E5 – *Logik im weiten Sinn*: Durch Anwendung präziser logischer Methoden zur Einführung von Begriffen, zur Formulierung von Sätzen sowie zur Bildung korrekter Argumente kann man dem Ziel der Wahrheitssuche (gemäß Annahmen E1–E4) am effektivsten näher kommen. Denn die Bedeutung eines Satzes steht nur dann genau fest, wenn die in ihm vorkommenden Begriffe genau präzisiert wurden. Und nur für Sätze mit präzise formulierter Bedeutung sind deren logische Konsequenzen präzise ermittelbar. Schließlich ist nur dann, wenn die Konsequenzen einer Hypothese genau bekannt sind, diese Hypothese gemäß Annahme E4 präzise empirisch überprüfbar." (ebenda: 27 f.)

Das durch obige fünf Annahmen gekennzeichnete Erkenntnismodell ermöglicht das Betreiben von sinnvoller gegenstandsbezogener Wissenschaft. Wissenschaft, die Voraussagen machen kann und Erklärungen gibt, die für die Planung von Zukunft und damit das Überleben der Menschen notwendig ist. Der Einzelne kann sich so dem vorausgesagten Ereignisverlauf anpassen, aber auch in Ereignisverläufe eingreifen. Theorie hat also mit Ursachenfindung zu tun, sie ermöglicht die Generierung von Ursachenwissen (Schurz 2011: 30). Die erkenntnistheoretischen Annahmen E4 und E5 bringen uns direkt zu unserem nächsten Themenbereich: Methoden.

2.2.8 Methoden

Wissenschaften sind durch ihre jeweiligen Inventare von Methoden gekennzeichnet, wir wollen dies folgend tentativ am Beispiel der Sozialwissenschaften verdeutlichen. Als Methode wollen wir mit Seiffert (1992b: 215) den Weg des wissenschaftlichen Vorgehens bezeichnen.

Es ist Aufgabe und Selbstverständnis der Sozialwissenschaften über soziale Phänomene substanzielle Aussagen zu machen. Diese müssen kommunizierbar und prinzipiell intersubjektiv überprüfbar sein. Aussagen erfolgen mit Hilfe von Begriffen, die soziale Phänomene bzw. deren Relationen bezeichnen (Bayer 1992: 37). „Die unter der Bezeichnung „Sozialwissenschaften" zusammengefaßten Disziplinen [...] verwenden gegenstandsspezifisch empirische Methoden in unterschiedlichem Ausmaß", befundet Bayer (1992: 37). Dies gilt auch für die Kommunikationswissenschaft. Sie gilt als eine empirisch orientierte Sozialwissenschaft mit interdisziplinären Bezügen (DGPuK 2008). Deshalb nehmen Methoden eine zentrale Stellung in der kommunikationswissenschaftlichen Lehre und Forschung ein. Das scheint nicht unumstritten. So verweist Lauf (2006: 179) darauf, dass das Nachdenken über Erhebungs- und Analysemethoden von vielen Fachkollegen als Übel angesehen wird. „Zweifellos ist der Unterhaltungswert der Beschreibung nichtrekursiver Effekte in einem Strukturgleichungsmodell für viele begrenzt" befundet Lauf (2006: 179) in diesem Zusammenhang lakonisch.

In der Kommunikationswissenschaft spielt sich das wissenschaftliche Erklärungs- und Voraussage- und Überprüfungsverfahren idealtypisch auf drei Ebenen ab: „aktuale Beobachtungssätze auf der untersten Ebene, empirische Gesetzeshypothesen auf der mittleren Ebene und wissenschaftliche Theorien auf der obersten Ebene." (Schurz 2011: 31) Diese Arbeitsteilung zwischen den Praktikern (Ebene 1 und 2) und den Theoretikern (Ebene 2 und 3) wird als arbeitsteiliges Kennzeichen fortgeschrittener Wissenschaftsdisziplinen begriffen. Die folgende Abbildung soll das Zusammenwirken der drei Ebenen verdeutlichen:

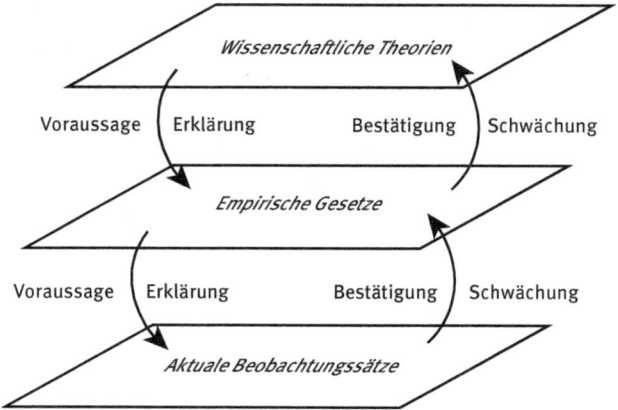

Abb. 2.14: Ebenen der wissenschaftlichen Methode (Schurz 2011: 31)

Wir haben in Kapitel 2.2.6 schon dargelegt, dass wissenschaftliche Disziplinen „auch nach dem Grad der Quantifizierung und Mathematisierung ihrer *Methodologien*" (Schurz 2011: 38) unterschieden werden können. Die folgende Abbildung verdeutlicht die graduelle Einteilung wissenschaftlicher Methodologien nach diesem Kriterium: *Quantitative* Methoden liegen auf der linken und *qualitative* Methoden auf der rechten Seite des Spektrums. Beide Seiten bezeichnen wissenschaftliche Methoden. Schurz (2011: 39), und wir folgen ihm hier, macht im Rahmen dieser Positionierungen deutlich: „die ideologische Polarisierung zwischen einem quantitativen und einem qualitativen Methodenparadigma [...] erscheint aus allgemein-wissenschaftstheoretischer Sicht unnötig und übertrieben."

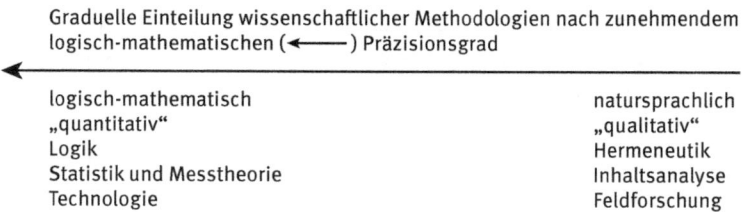

Abb. 2.15: Einteilung wissenschaftlicher Methodologien (Schurz 2011: 39)

Die Position, dass Wissensgewinnung in den Natur- und Sozialwissenschaften nach dem selben Prinzip erfolge – empirisch fundierte und falsifizierbare „Wenn-Dann-Erklärungen" – hat den ebenfalls empirisch beschreibbaren Nachteil, dass Gründe für individuelles bzw. soziales Handeln auf diese Weise nicht oder nur sehr allgemein darstellbar sind. „Soziale Wirklichkeit konstituiert sich durch sinnvolles Handeln und somit nach anderen Regeln als die physische Objektwelt." (Wiese 1991: 549)

Handeln zu untersuchen ist aber „das" zentrale Forschungsobjekt der Sozialwissenschaften. In Bezug auf die zu untersuchenden Sinnstrukturen des Handelns – so eine Schlussfolgerung aus der „Kulturalistischen Wende" – lassen sich statt falsifizierbarer Theorien nur „unreflektierte Verstehensoperationen" bilden, deren Akzeptanz vom „common sense" (ebenda) abhängt. Die Beschreibung latenter Sinnstrukturen des Handelns geschieht daher mittels *Hermeneutik*.

Die nach Hermes, dem Boten zwischen Menschen und Göttern in der antiken griechischen Mythologie, benannte Auslegungs- oder Deutungslehre geht bis auf Aristoteles zurück. Zeichen (der Natur wie der Kultur) sollten gemäß eines unterstellten tieferliegenden Sinnes gedeutet werden. Im 19. Jahrhundert hat v.a. die deutsche Literaturwissenschaft gemeint, Schriftsteller aufgrund von Textinterpretationen besser verstehen zu können als sie sich selbst verstanden hätten (Klaus/Buhr 1972: 475 ff.).

Aber erst durch eine angebbare Regelhaftigkeit wird die Deutung, die Auslegung zu einer wissenschaftlichen Vorgangsweise. Die Rechtswissenschaft verwendet diese Methode in geradezu klassischer Weise. So erklärte beispielsweise das österreichische Bundesverfassungsgesetz über den Rundfunk diesen – lange vor der Einführung des Privatrundfunks – zu einer „öffentlichen Angelegenheit". Da ein Verbot privater Rundfunkveranstalter aber der Europäischen Menschenrechtskonvention zuwiderliefe, wird dieser Halbsatz – im Einklang mit gängigen juristischen Auslegungsregeln – so interpretiert, dass damit nur ein „rundfunkpolitisches Leitbild" formuliert wurde, was bedeute, dass weder der Staat noch gesellschaftliche Kräfte den Rundfunk einseitig in Besitz nehmen dürften (Berka 1989: 83 ff.).

Wie bislang dargelegt, kann Hermeneutik also in einer vorwissenschaftlich-rationalistischen Weise betrieben werden (intuitiv-subjektive Interpretation von Zusammenhängen) oder deduktiv (Vorschriften sind im Sinne der Nichtwidersprüchlichkeit des Regelkanons auszulegen). In den Sozialwissenschaften ist deduktiv vorgehende Hermeneutik mangels eines umfassenden axiomatischen Gebäudes unmöglich (menschliche Handlungen sind nicht aus logischen Grundannahmen = Axiomen ableitbar). Rationalistische Deutung hingegen („meinem Verstand hat sich dieser Handlungssinn so erschlossen") ist wiederum nicht regelgeleitet und intersubjektiv überprüfbar. Habermas (1981: 223) kritisiert dies daher als eine „Perspektive der Selbstauslegung der jeweils untersuchten Kultur", deren soziokulturelle Hintergründe unhinterfragt bleiben und damit „über Reformulierungen eines mehr oder weniger trivialen Alltagswissens nicht hinausgelangen" (ebenda). Der Gegenvorschlag von Habermas läuft auf eine Untersuchung kommunikativen Handelns *sowohl* aus der Innenperspektive der Beteiligten wie auch von außen aus der Perspektive eines Beobachters, wofür er empirische Verfahren des ethnomethodologischen Experiments und sprachwissenschaftlicher Analyse für geeignet hält (ebenda: 227).

Die Schwierigkeit einer wissenschaftlich betriebenen Hermeneutik besteht also darin, die spezifische Situation der Interpretation und des Interpreten in ihrer Vorgangsweise mit zu berücksichtigen (Knoblauch 2014: 176 ff.). Dies versucht die von Ulrich Oevermann entwickelte „Objektive Hermeneutik" zu gewährleisten, indem sie

Klassifikationssysteme für die Interpretation von Handlungen entwickelt und durch die Protokollierung der Beobachtungen wie des Interpretationsvorgangs eine intersubjektive Nachvollziehbarkeit herstellen will. Dabei sind die verschiedenen plausiblen „Lesarten" in der Interpretation zu berücksichtigen.[7]

Fragen

1. Wie definiert Seiffert Wissenschaftstheorie?
2. Inwiefern unterscheidet sich die Wissenschaftstheorie von der Philosophie und inwieweit hängen die beiden Begriffe zusammen?
3. Wonach fragt die Wissenschaftstheorie in der Kommunikationswissenschaft?
4. Welchen Stellenwert hat Wissenschaftsgeschichte für die Wissenschaftstheorie?
5. Welchen theoretischen Ansprüchen hat die Wissenschaftstheorie ihre Existenz zu verdanken?
6. Welche vier Einteilungsmodelle der Wissenschaft unterscheidet Seiffert?
7. Unter welchen drei Gesichtspunkten lassen sich die von Seiffert angeführten Wissenschaften begrifflich fassen?
8. Welche Berührungspunkte sind zwischen den Geisteswissenschaften und den Sozialwissenschaften zu erkennen?
9. Im 19. Jahrhundert löst sich die Einheit der Wissenschaft der Gesellschaft in eine Reihe von Einzeldisziplinen auf. Welche sind hier zu nennen?
10. Inwiefern macht das Diktum „Nichts ist praktischer als eine gute Theorie" Sinn?
11. Verorten Sie die Kommunikationswissenschaft (als empirisch orientierte Sozialwissenschaft mit interdisziplinären Bezügen) im Spektrum wissenschaftlicher Methodologien.

---

[7] Lueger (2000: 220) bringt als Erläuterung folgendes Beispiel: „Indem man die Wirkungen seines Handelns unterstellt, kann man unter Annahme einer Kausalstruktur die eigenen Aktivitäten so strukturieren, daß die angestrebten Handlungsziele als erreichbar unterstellt werden. Ein Unternehmer bietet in diesem Sinne Sonderrabatte, um das Lager von alten Beständen freizubekommen, indem er unterstellt, daß niedrige Preise das Kaufverhalten stimulieren. Die Handlung selbst ist dann ein Prozeß, der in seiner Sinnkonstellation auf Vorangegangenes anknüpft, wobei die einzelnen Handlungsschritte sich aufeinander beziehen und durch ihr Wirken in der Welt interaktiven Charakter bekommen. Weil-Motive entstehen vergangenheitsorientiert aus den vorhergehenden Ereignissen, wobei rekonstruierend die Konstruktion des Entwurfs erforscht wird. Dabei kann im obigen Beispiel das Weil-Motiv eine durchaus andere Kausalstruktur enthalten: Der Unternehmer konnte neue Kunden anlocken, weil er Sonderrabatte gewährte. Oder im Falle des Mißlingens: Der Unternehmer zerstörte seine Geschäftsbasis, weil er die Kunden mit überalterter Ware nachhaltig vergrämte und der Konkurrenz in die Arme trieb."

3 Wissenschaftstheoretische Entwicklungstendenzen

Inhalte und Lernziele
In diesem Kapitel wird die Geschichte der Wissenschaftstheorie anhand einzelner Positionen und konkurrierender Modelle der wissenschaftlichen Praxis verdeutlicht, beginnend bei Aristoteles über post-empiristische und post-rationalistische Ansätze bis hin zum Konstruktivistischen Strukturalismus.
Nach diesem Kapitel können Sie philosophische Lehren, wie
- den Rationalismus und Empirismus,
- den Positivismus wie auch
- den Logischen Empirismus erklären.

Ebenso finden Sie Darlegungen sowohl von
- Poppers Kritischem Rationalismus und
- den hierzu kritischen Positionen von Kuhn, Lakatos sowie Feyerabend,
- der Kritischen Theorie der Frankfurter Schule,
- dem Pragmatismus als auch von dem
- Konstruktivistischen Strukturalismus nach Bourdieu.

> Es gibt in der Erkenntnistheorie weder einen selbstinduzierten Meliorismus[1] noch einen begründbaren Absolutismus, sondern nur einen sich historisch entfaltenden Pluralismus. Keine der skizzierten Theorien ist gänzlich passé, und keine ist unangefochten präpotent. (Heuermann 2000: 30)

Im Rahmen der Auseinandersetzung mit den folgend dargestellten wissenschaftstheoretischen Entwicklungstendenzen schwingt immer die Frage nach der eigenen Position mit. Mit Heuermann (2000: 30) kann vorab gesagt werden, dass der Leser/die Leserin nicht genötigt werden soll, sich für eine der Positionen zu entscheiden. Wenn aber eine Entscheidung gefällt wird, sollte diese nicht opportunistisch den Bedürfnissen des Faches geschuldet sein. Sie sollte vor dem Hintergrund des eigenen Verständnisses von Wissenschaft geschehen.

3.1 Theorie des Wissens

Auch wenn der Begriff der Wissenschaftstheorie erst im 20. Jahrhundert eingeführt wurde, sei die Disziplin der Wissenschaftstheorie so alt wie die Wissenschaften selbst.

---

[1] Meliorismus meint das (u. a. evolutionstheoretisch geprägte) Grundverständnis, dass die dingliche Welt durch menschliches Handeln verbessert werden kann.

Schurz (2011: 12): „Die Geschichte der Wissenschaftstheorie beginnt mit Aristoteles (384–322 v. Chr.), dem großen Wissenssystematisierer der Antike." (Schurz 2011: 12) Aristoteles und die meisten Philosophen nach ihm waren Anhänger eines fundamentalistischen[2] Erkenntnisprogramms. Sie gingen davon aus, dass „echtes" Wissen nur auf der Basis von Prinzipien möglich ist, die nicht durch unsichere Erfahrung, sondern durch rationale Intuition gewonnen werden (Schurz 2011: 12). Die Rede ist hier auch von einer Form des Empirismus, der „auf die Überzeugung von der Grundübereinstimmung von Denken und Sein gestützt" ist (Stachowiak 1992: 64). Genau genommen ist das aber eine Darstellung, die sehr personenzentriert ist. Die griechischen Philosophen waren darum bemüht, wirkliches Wissen von bloßer Meinung oder bloßem Glauben zu unterscheiden (Musgrave 1992: 387). So etwa Sokrates (469–399 v. Chr.), der auf die Beschränktheit des menschlichen Wissens und die Fehlbarkeit der Vernunft hinwies und eine Trennung zwischen echtem Wissen und bloßem Glauben verlangte (Albert 1992: 178).

> Wenn eine Person etwas weiß – im Gegensatz dazu, es lediglich zu glauben –, dann muß das, was sie glaubt, wahr sein, und sie muß imstande sein, seine Wahrheit zu rechtfertigen, zu begründen oder zu demonstrieren. (Musgrave 1992: 387)

Was hier mit Musgrave dargelegt wird, ist in gewisser Weise eine Beschreibung des Wissens als „gerechtfertigten, zuverlässigen Glauben" (Musgrave 1992: 387). Dies führt direkt in die Theorie des Wissens (Epistemologie), bzw. eine Debatte zwischen denen, die an die Existenz von Wissen glauben (*Dogmatiker*) und jenen, die davon ausgehen, dass man nichts wirklich wissen kann (*Skeptiker*). Die Gruppe der Skeptiker lässt sich in jene um Platon teilen, die befand: „Nichts könne man wissen, *ausgenommen* die Tatsache, daß man nichts wissen könne." (Musgrave 1992: 388) Einer anderen Gruppe ging dies nicht weit genug. Sie sagte, „daß man überhaupt nichts wissen könne – *noch nicht einmal* die Tatsache, daß man nichts wissen könne" (Musgrave 1992: 388). Doch lassen wir diese Differenzierung hier unberücksichtigt. Argumentativ bedienten sich die Skeptiker einer „Hauptwaffe" gegen die Dogmatiker, die Rede ist vom *unendlichen Regress der Rechtfertigungen*. Was ist damit gemeint?

> Wir können die Wahrheit eines Glaubens A lediglich rechtfertigen oder begründen, indem wir einen anderen Glauben B zitieren; aber B verlangt ebenfalls eine Rechtfertigung, und wenn wir B dadurch rechtfertigen, daß wir C zum Beweis anführen, so wird der Skeptiker eine Rechtfertigung von C fordern. Ersichtlich kann dieser Prozeß *ad infinitum* fortgesetzt werden. (Musgrave 1992: 388)

---

[2] Fundamentalistisch meint, dass Wissen „auf einem Fundament von sicheren und notwendigen Prinzipien" (Schurz 2011: 12) ruhen muss. Die Wissenschaftstheorie wird aktuell durch ein fallibilistisches Erkenntnisprogramm geprägt. Dieses geht davon aus, dass unsere Erkenntnis der Realität fehlbar ist und wissenschaftliches Wissen „zwar mehr oder weniger gut bestätigt, aber niemals irrtumssicher sein kann." (Schurz 2011: 13)

Daraus aber zu schließen, dass kein Glaube sich jemals als wahr erweisen wird, akzeptierten die Dogmatiker nicht. Ihre Erwiderung war der Verweis darauf, dass der unendliche Regress der Rechtfertigungen durch Sätze angehalten werden kann, die keiner Rechtfertigung bedürfen, Sätze deren Wahrheit „unmittelbar" eingesehen werden kann. Wie kann solch „unmittelbares" Wissen bereitgestellt werden? Nach Musgrave (1992: 388) gibt es zwei Sätze, die diese Form des Wissens bereitstellen: a) Sätze, deren Wahrheit durch die Sinne bestätigt werden kann (Wahrnehmungsmeldungen). b) Sätze, deren Wahrheit „im Lichte der Vernunft" „selbstevident" ist (Axiome).

Diese beiden Satzformen führen uns zu den philosophischen Lehren des *Rationalismus* und des *Empirismus*. Ersterer sieht in der Vernunft oder im Intellekt die letzte Quelle allen Wissens liegen, letzterer in der sinnlichen Erfahrung (Musgrave 1992: 388; Albert 1992: 177). Die Naturwissenschaft wurde das Ideal der Empiristen, die Mathematik jenes der Rationalisten.

Es ist unbestritten, dass sich Empirismus und Rationalismus zwar vor dem Hintergrund der Erfolge der Naturwissenschaft und Mathematik in der Neuzeit entwickelten, es sich aber bei diesen um zwei Strömungen des eingangs beschriebenen fundamentalistischen Erkenntnisprogramms handelt. Wir werden uns diesen Lehren folgend noch stärker widmen. Vorab: Im 20. Jahrhundert näherten sich post-empiristische und post-rationalistische Ansätze einander an. Gerade in diesem Spannungsfeld hat sich nach Schurz (2011: 13) die gegenwärtige Wissenschaftstheorie entwickelt.

3.2 Rationalismus

Als Rationalismus gilt die Auffassung, dass die „Ratio" (also das Denken bzw. die Vernunft) als die einzige oder wenigstens die wesentliche Erkenntnisquelle zu betrachten wäre. Die klassischen Philosophen der Antike Demokrit, Sokrates, Plato, Aristoteles, aber auch Philosophen der Neuzeit wie Spinoza, Descartes und Hegel vertraten diese Erkenntnistheorie (Schmidt 1934: 535).

> Die meisten modernen Menschen halten es für selbstverständlich, daß empirische Erkenntnis auf Wahrnehmung beruht. Plato aber vertritt wie die Philosophen verschiedener anderer Schulen eine ganz abweichende Doktrin, daß nämlich nichts, was aus sinnlicher Wahrnehmung herstammt, als ‚Erkenntnis' bezeichnet werden darf und daß die einzig wahre Erkenntnis mit Begriffen arbeitet. In diesem Sinne ist ‚2+2=4' echte Erkenntnis, eine Behauptung jedoch wie ‚der Schnee ist weiß' enthält soviel Unklares und Unbestimmtes, daß der Philosoph sie nicht in seinen Bestand von Wahrheiten einreihen kann. (Russell 2001: 171)

Bis zu Kant leitete die kontinentaleuropäische Erkenntnistheorie ihre Vorstellungen vom Wesen der Erkenntnis großteils aus der Mathematik ab, als unabhängig von der Erfahrung (ebenda: 555).

Die Empiristen (v.a. die Briten Locke und Hume) bekämpften diese Auffassung und erklärten, dass alle Erkenntnis im Wesentlichen auf Erfahrung (Empirie) beruhe. Locke argumentierte gegen den Rationalismus mit dem Argument: „Wenn Erkenntnis in der Übereinstimmung mit Ideen besteht, gibt es keinen Unterschied zwischen dem Phantasten und dem nüchtern Denkenden." (ebenda: 711) Kant versuchte eine Synthese des Rationalismus und des Empirismus, indem er davon ausgeht, dass Erkenntnis in dem besteht, was die Vernunft aus der Erfahrung ableitet (Schmidt 1934: 535).

3.3 Positivismus

Vertreter des Positivismus lassen nur gelten, was empirisch nachweisbar und positiv begründbar ist. Positiv meint hier das unbezweifelbar Gegebene. Einher mit dieser Denkrichtung ging die Entwicklung der modernen Forschung. Schlagwörter: Beobachtung, Messung, Experiment (Schnädelbach 1992: 267).

> Der Positivismus faßt das Positive [...] als Ursprung und als Rechtfertigungsgrund all unserer Erkenntnis auf. Damit grenzt er sich einerseits gegen die Metaphysik ab, der er vorwirft, bloß Erdachtes und spekulativ Konstruiertes als Wissen auszugeben; der andere Gegner ist der Skeptizismus, demzufolge es kein sicheres, unbezweifelbares Wissen geben soll. (Schnädelbach 1992: 267)

Bei Schnädelbach (1971: 10; 1992: 267 f.) findet sich der Hinweis darauf, dass mit dem Reden über Positivismus begriffliche Unschärfe einher geht. So könne unter Positivismus (vgl. dazu in diesem Buch Kapitel 5.1.3) sowohl ein „faktisch geltendes Normensystem der Forschungspraxis" als auch eine Theorie, die diese Praxis beschreibt begriffen werden. Positivismus wird abfällig für Wissenschaftspraxen verwendet. Theorielose Tatsachenforschung wird damit beschrieben: „Positivismus ist in der Gegenwart fast ein Schimpfwort; niemand wird sich heute selbst als Positivist bezeichnen – Positivisten sind immer die anderen." (Schnädelbach 1992: 267) Sinnvoll wäre es von Positivismus nur dann zu sprechen, wenn eine philosophische oder wissenschaftstheoretische Position benannt werden soll. „Völlig verfehlt hingegen wäre die Vorstellung, der Positivismus bestände einfach darin, die Methoden der Naturwissenschaften für alle Wissenschaften für verbindlich zu erklären." (Schnädelbach 1992: 267).

Bei Auguste Comte (1798–1857), er gilt als Begründer sowohl der Soziologie wie des Positivismus, stand die Frage im Mittelpunkt, welche Anforderungen an Wissenschaft und wissenschaftliche Erkenntnis zu stellen sind, um die Entwicklung einer Forschungsmethodologie voranzutreiben, die auf Spekulationen verzichtet (Fellmann 1996: 20). Es schien Comte nur möglich, durch Erfahrung zu wissenschaftlichen Erkenntnissen zu gelangen und auf nur deren Basis seien Prognosen und wirtschaftlicher Fortschritt möglich (Comte 1982: 139). Letztlich ging es Comte um die Etablierung einheitlicher Rationalitätsstandards in der Wissenschaft. Fellmann (1996: 22) sieht hier den geschichtsphilosophischen Kern des Positivismus von Comte: die Verknüpfung von wissenschaftlicher Ordnung („loi encyclopédique") und wissenschaftlichem Fortschritt („loi des trois états") mit der gesellschaftlichen Ordnung. Die Arbeiten Comtes lassen sich sowohl als eine Befassung mit den in seiner Zeit bestehenden Spannungen zwischen der Französischen Revolution und der darauf folgenden Restauration begreifen, als einen Versuch beides zu versöhnen (Junge 2007: 49), als auch als einen Widerhall des im 19. Jahrhundert erfolgenden Aufstiegs der Naturwissenschaften.

Das von ihm postulierte „Gesetz der drei Stadien" („la loi des trois états") unterstellt eine Entwicklung des menschlichen Wissens von einem *theologischen Zeitalter* (Vorherrschaft von Priestern und Kriegern), über ein *metaphysisches Zeitalter* (Vorherrschaft der Rechtsgelehrten und Philosophen) hin zu einem *positivistischen Zeitalter* (Dominanz von Wissenschaft und Industrie) (Comte 1982: 61 ff.). Aber gerade dieses „Gesetz der drei Stadien" ist eine letztlich metaphysische Aussage, da es nicht aus der unmittelbaren Erfahrung folgt und mit den von Comte geforderten Standards nicht übereinstimmt.

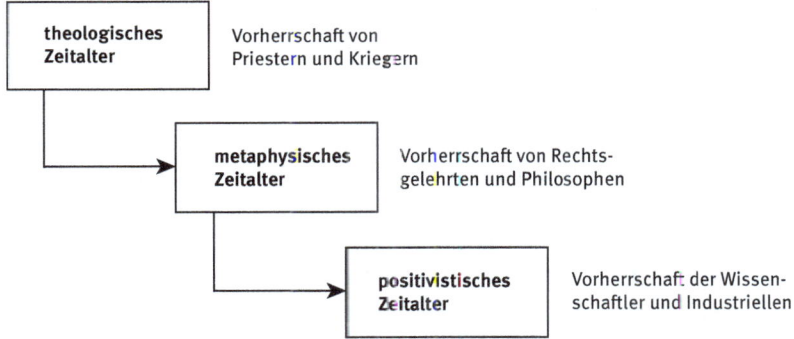

Abb. 3.1: Das Gesetz der drei Stadien (eigene Darstellung in Anlehnung an Comte 1982: 61 ff.)

3.4 Empirismus

Vertreter des Empirismus wie Francis Bacon (1561–1626), John Locke (1632–704), David Hume (1711–1776) und John Stuart Mill (1806–1873) gehen davon aus, dass jeglichem Wissen Erfahrung zugrunde liegt. Hier spielen Sinneseindrücke eine wesentliche Rolle. Nur durch sie ist Erkenntnis möglich (Albert 1992: 178). Vereinfacht und in Abgrenzung zum Rationalismus lässt sich sagen, dass hier nicht der Verstand, sondern die Erfahrung als Grundlage von Erkenntnis beschrieben wird. Die Erfahrung wird durch Instrumente und Experimente unterstützte Beobachtung ermöglicht. Wahrheit lässt sich durch Ergänzung dieser Beobachtung durch Induktion herstellen. Das Zusammenspiel von Beobachtung und Induktion ermöglicht Wahrheit und sichert diese (ebenda). „Soll menschliche Erfahrung objektiviert, zu verbindlichem, Gewißheit stiftendem Tatsachenwissen erhoben werden, bedarf es der methodischen Überprüfung und sachlichen Verifizierung." (Heuermann 2000: 19)

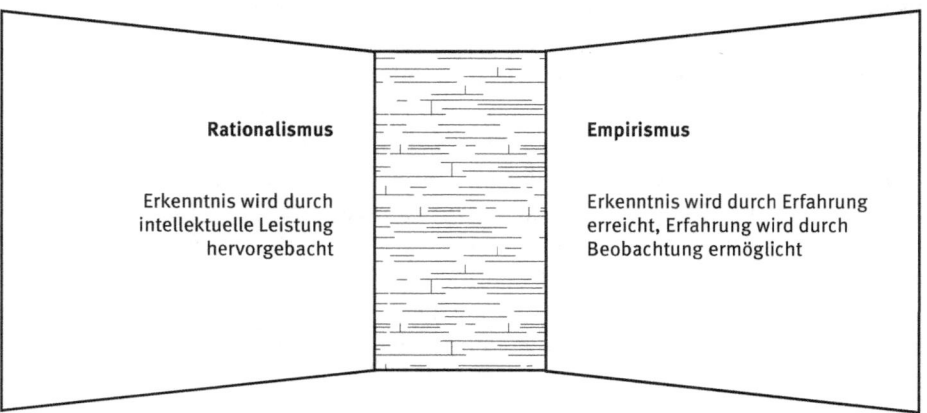

Abb. 3.2: Gegenüberstellung von Rationalismus und Empirismus (eigene Darstellung in Anlehnung an Schülein/Reitze 2012: 60, Albert 1992: 178)

Mill war darum bemüht, den Positivismus Comtes, zu einer Theorie wissenschaftlicher Erkenntnis zu erweitern indem er Logik und Methodik verbindet. Unter Logik verstand Mill die Wissenschaft vom Beweis (Fellmann 1996: 39). Erkenntnis, deren Wahrheit mit absoluter oder möglichst hoher Sicherheit bewiesen ist, lässt sich nach Mill durch Induktion, dem Schließen von Einzelfällen auf das Allgemeine erlangen (Schülein/Reitze 2002: 103). Alle Wissenschaften müssen nach der Methode der Induktion vorgehen, wo dies nicht möglich ist, muss deduktiv (durch logische Ableitung) vorgegangen werden (Schülein/Reitze 2002: 105). Damit werfen Empiristen „hergebrachte Auffassungen vom menschlichen Geist als einem Ort eingeborener Ideen (Innatismus) über Bord" (Heuermann 2000: 19). Von der unbrauchbaren Erblast abendländischer Metaphysik, derer man sich entledigen müsse, ist da die Rede: von „aprioristischen Annahmen, platonischen Ideen, metaphysischen Spekulationen und seelischen Introspektionen" (Heuermann 2000: 19).

3.5 Logischer Empirismus (Logischer Positivismus)

Beim Logischen Empirismus handelt es sich um eine Weiterentwicklung des Empirismus. Slunecko (1998: 19) betont das Verdienst des sogenannten „*Wiener Kreises des Logischen Empirismus*" für die Entwicklung der Wissenschaftstheorie zu einer eigenständigen Subdisziplin. Mathematiker, Naturwissenschaftler und Philosophen um Rudolf Carnap (1891–1970) und Moritz Schlick (1882–1936) verbanden Logik und Empirismus, die zuvor getrennt verhandelt wurden. Die Rede ist hier von einer Neubegründung des Empirismus und der wissenschaftlichen Philosophie insgesamt, dem Logischen Empirismus als Entstehungsursache der modernen Wissenschaftstheorie (Schurz 2011: 14).

> Der Wiener Kreis wollte zum einen Wissenschaft auf unmittelbarer Erfahrung begründen (daher Empirismus), zum anderen aber auch das rationalistische Erbe der Philosophie antreten [...]. Auf der unmittelbaren Erfahrung als einziger Quelle und der induktiven Logik als einziger Methode ihrer Strukturierung sollten Wissenschaft und Erkenntnis begründet sein, befreit von theoretischen Spekulationen zweifelhafter Herkunft. (Slunecko 1998: 19)

Wissenschaftliche Weltanschauung sollte an die Stelle von Mystizismus und Religion treten. Dazu entwickelte der Wiener Kreis eine Theoriesprache die die Objektivität von Aussagen garantieren sollte. So befundet Schurz (2011: 14): „Was die heutige Wissenschaftstheorie vom Logischen Empirismus lernen kann, sind weniger bestimmte Einzelthesen als die hohen Standards begrifflicher und argumentativer Genauigkeit." Unterschieden wurden in Anlehnung an Ludwig Wittgenstein (1889–1951) sinnvolle und sinnlose Sätze. Dies soll folgend kurz erläutert werden. Der Satz „In fernen Galaxien leben gelbe Affen, die Zeitung lesen.", wäre demnach ein sinnvoller Satz, Raumfahrt könnte künftig die empirische Überprüfung ermöglichen. Folgender Satz wäre sinnlos: „Engel bewachen das Paradies und lesen Zeitung." Warum? Die Existenz des Paradieses und jene des Engels sind nicht empirisch überprüfbar (Liessmann/Zenaty 1998: 59).

Es lässt sich durchaus ein wesentlicher Unterschied zwischen logischem Empirismus und seinen klassischen Vorgängern benennen: die Zurückweisung der Infallibilität (Unfehlbarkeit) von Beobachtungssätzen (Schurz 2011: 14). Auch Beobachtungssätze wie „Dort ist ein Tisch." werden als prinzipiell fehlbar begriffen. Darüber hinaus vertrat der klassische Empirismus die Position, dass „seriöse" wissenschaftliche Begriffe durch Definitionsketten auf Beobachtungsbegriffe zurückgeführt werden müssen. Wir brechen an dieser Stelle die kursorische Näherung an den logischen Empirismus ab, da viele seiner Prinzipien folgend in Abgrenzung zum Kritischen Rationalismus verdeutlicht werden.

3.6 Kritischer Rationalismus

Karl Popper (1902–1994), obgleich mit dem Wiener Kreis assoziiert, wird als prominentester Kritiker des (Logischen) Positivismus ins Feld geführt (Schurz 2011: 15). Dass der Wiener Kreis allgemeine Theorien aus Einzelbeobachtungen abgeleitet hatte, missfiel Popper, der Induktion als in der Wissenschaft unzulässigen Vorgang begriff. Warum? Dies lag daran, dass sich mit ihr immer nur ein Ausschnitt der empirischen Realität beobachten lässt. Dies widerspricht dem Anspruch, dass wissenschaftliche Theorien (versteht man sie als All-Aussagen) „über potentiell unendlich viele Vorkommnisse formuliert sind" (Slunecko 1998: 19). Dass bei wissenschaftlicher Theorienbildung über Induktion immer eine Information hinzugefügt wird, die nicht in Beobachtungen begründet ist, lässt sich mit Slunecko (1998: 19 f.) verdeutlichen. Wir haben ein Beispiel aus dem Medienbereich gewählt:

Nehmen wir an, wir machen im Rahmen einer Untersuchung folgende Beobachtungen:
– Der Fernsehrezipient A stammt aus zerrütteten Familienverhältnissen
– Der Fernsehrezipient B stammt aus zerrütteten Familienverhältnissen
– Der Fernsehrezipient C stammt aus zerrütteten Familienverhältnissen

Aus diesen Beobachtungen lässt sich der induktive Schluss ableiten, dass
– alle Fernsehrezipienten aus zerrütteten Familienverhältnissen stammen.

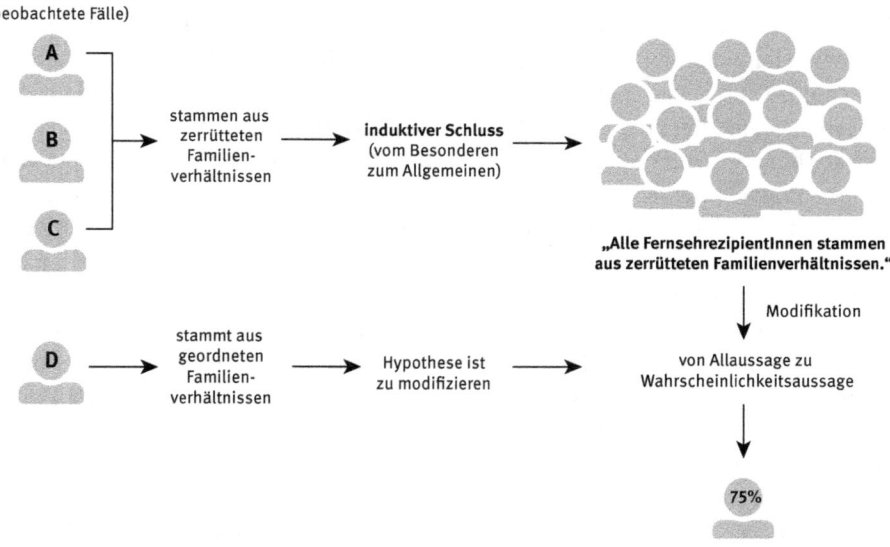

Abb. 3.3: Wissenschaftliche Theorienbildung über Induktion (eigene Darstellung)

Wir schließen hier von einigen beobachteten Fällen auf alle Fälle, vom Besonderen auf das Allgemeine. Was aber, wenn wir einen Rezipienten D beobachten, der aus geordneten Familienverhältnissen kommt? Man kann die Hypothese dann verwerfen oder zumindest modifizieren, im konkreten Fall von einer All-Aussage zu einer Wahrscheinlichkeitsaussage: „75% aller Fernsehrezipienten stammen aus zerrütteten Familienverhältnissen." Popper zielt nicht darauf den Erfahrungsbezug der Wissenschaft zu eliminieren, er will ihn retten. Dafür müsse man aber die Vorgehensweise des Wiener Kreises auf den Kopf stellen (Slunecko 1998: 20). Wie das? Erfahrung muss demnach vom Baustein zum Prüfstein einer Theorie werden.

> Popper folgt nicht nur dem der Induktion komplementären Prinzip der *Deduktion*, d.h. der Ableitung spezieller wissenschaftlicher Sätze aus allgemeineren, sondern bricht auch – und von daher wird die Bezeichnung Kritischer *Rationalismus* verständlich – mit der empiristischen (erfahrungsbezogenen) Grundhaltung des Wiener Kreises: nicht die Erfahrung, nicht die Beobachtung soll methodologischer Ausgangspunkt von Wissenschaft sein, dieses Primat kommt den Theorien und Hypothesen zu. Der kreative Einfall, der schöpferische Entwurf einer Theorie ist die Voraussetzung, Hypothesen zu bilden und darüber der Natur Fragen zu stellen. *Wie* diese Hypothesen zustande kommen, ist für Popper weitgehend uninteressant. (Slunecko 1998: 20)

Verifizieren lässt sich nach Popper eine Allaussage nie, die bestätigende Überprüfung würde unendlich viele Beobachtungen erfordern. Eine Hypothese kann lediglich so lange beibehalten werden, bis sie sich als falsch herausstellt. Popper bedient sich im Rahmen dieser Argumentationslinie seines Lieblingsbeispiels. So könne sich nach 10.000 weißen Schwänen durchaus die Beobachtung eines schwarzen Schwanes einstellen (Slunecko 1998: 20 f.). Damit rückt die Möglichkeit zur Falsifikation in den Mittelpunkt, letztere bedeutet, dass sich eine Vermutung im Rahmen ihrer Überprüfung als falsch herausstellt. Popper verlangt, dass eine falsifizierte Hypothese aufgegeben wird. Eine neue Theorie, ein neues Set von Annahmen muss her.

> Popper relativiert nicht nur den Erkenntnisanspruch, sondern formuliert ihn auch in einer für die europäische Geistesgeschichte untypischen Form *negativ*: wir können nur das erkennen, was falsch ist. Seinem Modell zufolge gäbe es definitives Wissen nur über jene Hypothesen, die falsifiziert werden konnten; die potentiell unbegrenzte Zahl von noch nicht falsifizierten Hypothesen lässt sich ja nicht als Erkenntnis verstehen. (Slunecko 1998: 21 FN)

Nicht Wahrheit ist es, die nach Popper erreicht werden kann, sondern Wahrheitsnähe. Die Falsifikation wird so zum zentralen Element der Popperschen Forschungslogik.

Damit entwickelt Popper ein Abgrenzungskriterium zwischen wissenschaftlichen und nicht-wissenschaftlichen Aussagen: „nur diejenigen Sätze, für die man angeben kann, unter welchen Bedingungen sie falsifiziert werden, sind wissenschaftlich." (Slunecko 1998: 21) Für Popper gibt es somit kein Wahrheitskriterium, sondern lediglich das Abgrenzungskriterium Falsifizierbarkeit[3]. Damit wird die Falsifizierbarkeit zum Abgrenzungskriterium zwischen Wissenschaft und Spekulation. Und genau dieses Abgrenzungskriterium war in weiterer Folge (etwa durch Lakatos, der darauf

---

3 Der Begriff der Falsifikation selbst ist eng mit der Lehre vom Fallibilismus verbunden. Diese besagt, dass es niemals absolute Gewissheit geben kann, Irrtümer sich niemals ausschließen lassen (Küttner 1992: 80 f.).

hinwies, dass wissenschaftliche Theoriesysteme sehr selten aufgrund eines einzigen Gegenbeispiels verworfen werden – siehe Kapitel 3.8.2) Ziel von Kritik (Schurz 2011: 15). Auch, dass in der Wissenschaft nach Popper kein Platz für Induktion sein sollte, wurde kritisch hinterfragt. Die meisten Kritiker Poppers bedienen sich wissenschaftsdynamischer Argumente. Wir wollen diese folgend näher beleuchten.

3.7 Pragmatismus

Nach Hardt (2005: 31–76) ist die US-amerikanische Sozial- und Kommunikationswissenschaft fundamental vom Pragmatismus geprägt. Dieser ist mit den Namen Charles S. Peirce (1839–1914), Henry James (1842–1910) und John Dewey (1859–1952) verknüpft – auch wenn es einige Differenzen in ihren Anschauungen gibt. Mit Peirce kam erstmals die Symbolhaftigkeit menschlicher Kommunikation in das Blickfeld der Sozialwissenschaft (ebenda: 36). Erkenntnistheoretisch bedeutet dies, dass „Wahrheit" immer nur das Ergebnis eines Diskurses der Gemeinschaft sein kann und daher auch niemals absolut. Kommunikation innerhalb eines demokratischen Bezugsrahmens ist daher Voraussetzung für sozialwissenschaftliche Erkenntnis.

Der Gegenstand dieses Diskurses sind nach Peirce aber Erfahrungstatsachen, deren Gültigkeit durch eben diesen Diskurs bestätigt bzw. falsifiziert wird. Methodisch geht Peirce von drei logischen Schließungsmöglichkeiten aus: Neben dem Schluss vom Allgemeinen (einer Theorie) auf einen konkreten Sachverhalt – Deduktion und dem Schluss von konkreten Beobachtungen auf generelle Zusammenhänge – Induktion, führt er auch noch die Abduktion ein: die intuitive Entscheidung darüber, welche der verschiedenen möglichen Hypothesen formuliert wird und zur Überprüfung gelangt. „Weder Deduktion noch Induktion können den Wahrnehmungsdaten jemals auch nur das geringste hinzufügen, und [...] bloße Wahrnehmungen konstituieren kein wie auch immer geartetes Wissen, das sich mit irgendeinem praktischen oder theoretischem Nutzen anwenden ließe. All das, was unser Wissen anwendbar macht, kommt auf dem Wege der Abduktion zu uns." (Peirce zitiert nach Seboek/Seboek 1982: 38)

Auch wenn im Pragmatismus rationalistisch-spekulative Erklärungsmodelle abgelehnt werden, sind doch Werthaltungen, Weltanschauungen insofern Bestanteil empirischer Sozialforschung, als das Intersubjektivitätskriterium auf sie ausgedehnt wird: Hypothesen gelten gemäß Henry James dann als akzeptiert, wenn aus ihnen nützliche Konsequenzen für das soziale Leben resultieren und sie allgemein anerkannt sind. Der letztgültige Wahrheitsbeweis einer Sozialtheorie sind die daraus sich praktisch ergebenden Konsequenzen für das Sozialsystem. Damit wird das was gelten soll – Normativität – zum Teil der empirischen Sozialforschung. Ebenso werden damit nicht-falsifizierbare Thesen, etwa die Existenz von Gott, Geistern usw. (die nach den Regeln des Positivismus oder auch des Kritischen Rationalismus wissenschaftlich nicht formuliert werden dürfen) „pragmatisch" möglich: „Wahr ist ein Gedanke, der uns im Leben weiterbringt – der uns im Zusammenhang mit unseren anderen Gedanken und Wahrnehmungen zu erfolgreichem Handeln bringt." (Kemmerling 2009: 170) – Und das könnte offensichtlich etwa auch der vorherrschende Glaube an ein politisches oder religiöses Deutungsmuster sein.

Auch für die Konsequenz der Verallgemeinerung wissenschaftlicher Paradigmata wird dieser erkenntnistheoretische Ansatz bemüht. So meint Burke, der Feudalismus sei in England im 17. Jahrhundert eingeführt worden, nämlich zu einer Zeit, als dieser Begriff zum ersten Mal in der Beschreibung des Mittelalters auftauchte (Burke 2005: 142). Trotz strikt empirischer Grundposition ergibt sich hiermit für den Pragmatismus auch eine Anschlussfähigkeit an konstruktivistische Positionen.

3.8 Wissenschaftsdynamische Sichtweisen

Wissenschaftsdynamische Sichtweisen sehen Wissenschaft als sich stetig weiterentwickelnd. Vor dem Hintergrund empirischer Befunde, die diese Sichtweise stützen, wird aber auch deutlich, dass mit dieser Weiterentwicklung kein stetiger Fortschritt der Wissenschaft einhergeht. In gewisser Weise dekonstruieren Vertreter dieser Sichtweise Poppers Vorstellung von Falsifikation als dem „Ergebnis eines Zweikampfes zwischen Theorie und Beobachtung" (Lakatos 1974: 93 zitiert nach Slunecko 1998: 21). Jede Beobachtung ist bereits theoriegeladen, jede Theorie ist eine Entscheidung dahingehend, welche Phänomene sichtbar und welche ausgeblendet werden.

> Die Theorie bestimmt also, was wir sehen können; jede Beobachtung findet in einem Kontext von Hintergrundinformationen statt, ohne dessen Kenntnis ihre Bedeutung nicht erschlossen werden kann, und die säuberliche Trennung zwischen Theorie und Beobachtung existiert in dieser Reinheit nur in der Abstraktion des Wissenschaftstheoretikers. (Slunecko 1998: 21 f.)

Eine Theorie kann sich auch vor ihrer Falsifikation retten, indem ihre Hintergrundannahmen adaptiert werden (Quine 1961: II zitiert nach Slunecko 1998: 22). Warum nehmen Wissenschaftler solche Adaptionen im Theoriensystem vor, warum kommt es zu Umwertungen innerhalb dieses Systems und eigener Erfahrung? Dies wird deutlicher, wenn wir uns folgend mit Kuhn befassen.

3.8.1 Thomas S. Kuhn

Die Einsicht, dass wissenschaftstheoretische Reflexion mehr als die Befassung mit wissenschaftlichen Sätzen und deren Wahrheitsbezug ist, verdanken wir Thomas S. Kuhn (1922–1996). Dieser verlässt den vom Wiener Kreis und Popper propagierten „statement view", d.h. die Ansicht, dass sich die Wissenschaft im Wesentlichen auf der Basis von Sätzen und deren Verifikation bzw. Falsifikation beschreiben lässt. Diese Position ist eng mit der Vorstellung Kuhns von Wissenschaft verbunden: Wissenschaft sei zu jeder Zeit einem Paradigma, einer als selbstverständlich und als unproblematisch erachteten Grundansicht unterstellt (Poser 2001: 145).

Mit dieser Einsicht Kuhns ging eine historische Wende der Wissenschaftstheorie einher. Warum historisch? Historische Betrachtungen der Entwicklung von Chemie und Physik brachten Kuhn zu der Annahme, dass Poppers Falsifikationsprinzip alleine nicht jener Mechanismus sein kann, nach dem sich Wissenschaft entwickelt. Wissenschaftler entwerfen, modifizieren und verteidigen auch vor dem Hintergrund historischer und soziologischer Bedingungen. Das sei an dem Beispiel Karriere verdeutlicht. Seboek und Umiker-Seboek (1982) verweisen darauf, dass gerade in einem Berufsstand, der einwandfreie und klare Forschungsarbeit mit Ansehen und Macht belohnt, „unbewußte oder nicht hinreichend erkannte Betrügereien, Verfälschungen und Manipulationen" von Daten „weit verbreitet, heimisch und unvermeidlich" (Gould 1978 zitiert nach Seboek/Umiker-Seboek 1982: 100) seien.

Die Entwicklung der Wissenschaften ist demnach kein ausschließlich rationaler Entwicklungsprozess, der durch das Aufstellen, Verteidigen und Widerlegen von Theorien geprägt ist, wie bei Popper. Nicht Respekt und Fair Play sind die Spielregeln in diesem Prozess. Wissenschaft habe wenig mit der „Ideenkonkurrenz einer ‚offenen Gesellschaft'" zu tun. „Entgegen den Behauptungen des Kritischen Rationalismus genügen nie Argumente allein, um eine Theorie durch eine andere zu ersetzen." (Slunecko 1998: 26)

Kuhn bricht mit zwei dominanten Konzepten der Wissenschaftsgeschichtsschreibung, dem Entfaltungskonzept und dem „Great-man"-Konzept. Popper stand in der Tradition des Entfaltungskonzeptes, im Rahmen dessen die Entwicklungsgeschichte einer wissenschaftlichen Disziplin als autonome, geschlossene und zielgerichtete (Wahrheit) „Abfolge von Ideen" (Slunecko 1998: 23) begriffen wird. Das „Great-man"-Konzept sieht herausragende Forscher als treibende Kraft der historischen Entwicklung einer Disziplin. Auch dieses Konzept „denkt Wissenschaft nicht als genuin mit kulturellem oder sozialem Geschehen in Verbindung, die relevanten Ereignisse sind hier lediglich zufällige Anlässe zu persönlichen Geschicht(ch)en, keine Verständnishilfen für die grundsätzliche Kontextbezogenheit wissenschaftlichen Geschehens" (Slunecko 1998: 23).

Bedient man sich des Begriffs des Paradigmas, bei Kuhn begriffen als ein Set von Überzeugungen, Wertvorstellungen und Techniken, dem von zumindest der überwiegenden Mehrheit eines Wissenschaftsbereiches Akzeptanz entgegengebracht wird, sieht die Sache schon anders aus. Kuhn sortiert mit diesem Begriff einerseits sein historisches Material (Slunecko 1998: 23) und verdeutlicht darüber hinaus, dass Paradigmen einen Wissenschaftsbereich strukturieren können. Sie tun dies hinsichtlich der gängigen Auffassung von Wirklichkeit, der Kartierung von Problembereichen, der Festlegung von Lösungen sowie der Entwicklung von Beurteilungskriterien für diese Lösungen. Paradigmen sind demnach wissenschaftliche Leistungen, die Wissenschaftlern sowohl Problembereiche als auch Lösungen bieten (Kuhn 1993: 10).

Slunecko verdeutlicht, dass es sich bei Paradigmen um ein „Ensemble" von Vorstellungen und Praktiken innerhalb von Institutionen handelt. „[D]ie Definition des Paradigmas als ‚disziplinäre Matrix' erscheint daher besonders treffend." (Slunecko 1998: 23 f.) Schurz (2011: 16) spricht in diesem Zusammenhang von drei Komponenten des Kuhnschen Paradigmas: „(i) sehr allgemeine theoretische Prinzipien oder Modellvorstellungen, (ii) Musterbeispiele erfolgreicher Anwendungen, und (iii) (sic!) methodologisch-normative Annahmen." Ähnlich Poser (2001: 146): „Das Paradigma bestimmt die Sichtweise, es bestimmt die zulässigen Fragen, und es bestimmt die Methoden, mit denen diese Fragen beantwortet werden." Manche Autoren wie Schurz (2011: 16) interpretieren Kuhn sogar als einen Vertreter des Konstruktivismus: „Kuhn zufolge bestimmt ein Paradigma nicht nur die grundlegenden Prinzipien und Problemstellungen, nicht nur die *Interpretation* der Beobachtungsdaten – nein, es bestimmt sogar die Beobachtungsdaten *selbst, denn alle Beobachtung ist theoriegeladen*: es gibt nach Kuhn keine theorie- bzw. paradigmenneutrale Beobachtung." Dies findet sich in dieser Form jedoch nicht bei Kuhn, sondern erst in dessen Weiterverarbeitung durch das „starke Programm der Wissenschaftssoziologie" (Knoblauch 2014: 242 ff.). In der radikalen Form dieses Ansatzes wird auch wissenschaftlichem Wissen unterstellt, dass das was als wahr angesehen wird, letztlich durch gesellschaftliche Interessen und Macht bedingt ist. Kuhn sieht im Gegenteil im Paradigma einen Fortschritt, weil es die Mitglieder der Scientific Community davon entlastet, sich permanent über die Grundprinzipien der eigenen Wissenschaft verständigen zu müssen (Kuhn 1993: 175).

Mit Kuhn wird die Abfolge von Paradigmen entscheidend für Wissenschaftsentwicklung. Dies soll folgend Abbildung 3.4 verdeutlichen.

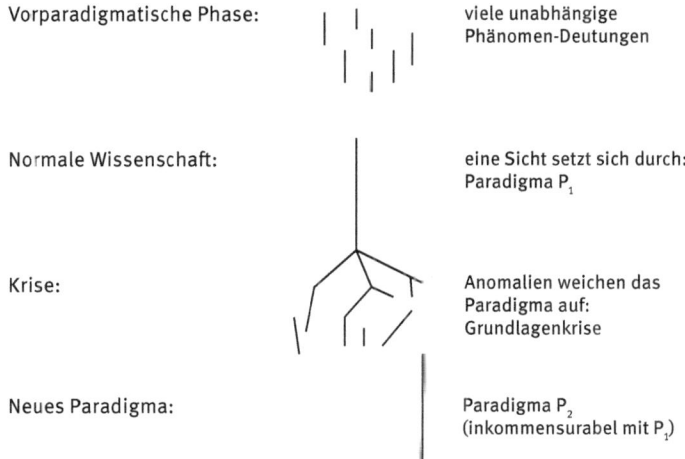

Abb. 3.4: Wissenschaftsentwicklung nach Kuhn (Poser 2001: 150)

Eine *prä-paradigmatische Periode* tritt in den frühen Entwicklungsstadien der meisten Wissenschaften auf und ist durch Theorienpluralismus bzw. durch Konkurrenz vieler voneinander stark divergenter Ansichten gekennzeichnet, die alle mit den Beobachtungen und verfügbaren Methoden grob vereinbar bzw. aus diesen abgeleitet sind. Bis zur Bildung eines Paradigmas sei daher wissenschaftlicher Fortschritt kaum nachweisbar (Kuhn 1993: 174). Inwiefern es Sozialwissenschaften überhaupt schon zu Paradigmata gebracht haben, muss nach Kuhn im Gegensatz zu den Naturwissenschaften offen bleiben (ebenda: 30). Erst wenn spezifische Theoriegebäude in der gesamten Einzelwissenschaft anerkannt sind, ist ein Paradigma entstanden. Dieses Paradigma entfaltet seine Wirkung und setzt damit eine Periode in Kraft, die Kuhn als „normale Wissenschaft" bezeichnet (ebenda: 25). „Zwangsläufig steigert das die Wirksamkeit und die Leistungsfähigkeit, mit der die Gruppe als ganze neue Probleme löst." (ebenda: 175)

Diese normale Wissenschaft kann ganze Generationen von Forschern überdauern. Erfolgreich ist hier der, der auf das Paradigma vertraut und Teil einer Gruppe von Wissenschaftlern ist, die die Kernannahmen des Paradigmas konsequent gegen abweichende Auffassungen verteidigt. Hier ist durchaus auch eine Expansion des Paradigmas möglich: „Zum Teil werden etwaige Neuentwürfe aber auch über theoretische Behelfsbrücken an das regierende Paradigma angebunden, wodurch sich dieses allerdings über seinen angestammten Bereich hinaus ausdehnt." (Slunecko 1998: 24) Dieses Vorgehen ist jedoch mit Risiken verbunden, die ins theoretische Chaos führen können. Wenn Wissenschaftler das Paradigma auf weite Bereiche ausdehnen, setzen sie es der Gefahr der „Überbeanspruchung des theoretischen Materials" (Slunecko 1998: 26) aus. Diese Ausdehnung ist es, „die die Grenze des Paradigmas erscheinen lässt, und nicht etwa die Tatsache, daß die Wissenschafter sozusagen am Paradigma vorbei dann doch auf die Wirklichkeit stoßen." (Slunecko 1998: 26) Diskrepanzen können aber auch innerhalb eines Paradigmas auftreten, sie werden als Anomalien, als Widersprüche zur bislang geltenden Grundvorstellung begriffen. Anders als bei Popper führt eine Anomalie nicht zur Falsifikation, sondern zur Aushöhlung des bisherigen Paradigmas. Vereinzelte Anomalien können die Gültigkeit eines Paradigmas nicht in Frage stellen.

Vorangestellt ist wissenschaftlichen Revolutionen eine Phase, die als theoretisches Chaos bezeichnet wird. Hier stehen einander Schulen gegenüber, die die gleichen Probleme mit unterschiedlichen Paradigmen (alt vs. neu) lösen wollen und dabei mit Verständigungsproblemen kämpfen (Slunecko 1998: 25). Der diese Phase begleitende Streit wird nicht durch Argumente beigelegt. Kuhn verdeutlicht, dass „Forschungslogik" in der Wissenschaft lediglich eine Nebenrolle spielt. Wie auch in anderen gesellschaftlichen Bereichen, werden „power-groups" als die eigentlich leitenden Instanzen begriffen.

> Dem Sieg eines neuen Paradigmas gehen daher macht- und standespolitische Widerstände und Abwehrversuche seitens des vorhergehenden Paradigmas voraus – z. B. bei der Besetzung von Lehrstühlen, der Verfügung über Forschungsmittel und Publikationsorgane usw. –, bis dieses

schließlich kapitulieren muß. Kuhns Rhetorik (Abwehr, Widerstand, Revolution, Sieg und Kapitulation) erinnert nicht von ungefähr an die Sprache des Schlachtfeldes; für Kuhn sind wissenschaftliche Disziplinen als Systeme organisiert, die spezifische Strategien zur Identitätsstiftung und zur Abschirmung gegen innere wie äußere Bedrohungen entwickeln. Es sind politische Imperien mit hegemonialen Tendenzen, wissenschaftliche ‚Fürstentümer', deren Zusammenhalt und Identität über das vom Paradigma gestiftete gemeinsame Welt- und Handlungsverständnis gewährleistet werden. Analog zu den Machtimperien der Geschichte folgt auch ihr Untergang nicht einer argumentativen Widerlegung, sondern einer umfassenden Krise, die erst zur unkontrollierten Wucherung, dann zum Zerfall des Paradigmas führt, dessen Faszination und Fruchtbarkeit sich erschöpft hat. (Slunecko 1998: 25 f.)

Wissenschaften entwickeln sich damit nicht kontinuierlich sondern schubweise. Neue Erkenntnisse können zu kurzen revolutionären Prozessen führen, im Rahmen derer Modelle verändert oder ersetzt werden. In diesem Zusammenhang spricht man dann von Paradigmenwechsel (Kornmeier 2007: 102)

Theorien sind hier nicht mehr Lieferanten von Wahrheit, gut ist eine Theorie dann, wenn sie sich als brauchbar für das Überwinden von Anomalien erweist. Von „raum-zeitlichen Gebilden" ist da die Rede, deren Wert erst aus historischer Perspektive beurteilt werden kann (Slunecko 1998: 27).

3.8.2 Imre Lakatos

Imre Lakatos (1922–1974) war darum bemüht, zwischen den Positionen Poppers und Kuhns zu vermitteln. Er ist um die Entschärfung der Falsifikationstheorie bemüht und verbindet diese mit seiner Methodologie wissenschaftlicher Programme. Damit versuchte er auch Kuhns Position gerecht zu werden. Dass Theoriensysteme nicht auf Grund einzelner Anomalien verworfen werden, darauf verweist Kuhn (Schurz 2011: 16 f.). Lakatos (1974) weist aber darauf hin, dass nicht alle Theorien innerhalb dieser Systeme gleichwertig sind. Manche sind bedeutsamer als andere. Lakatos spricht hier nicht wie Kuhn von einem Paradigma, sondern von Theorieelementen, die den harten Kern eines Forschungsprogramms ausmachen. Dieser harte Kern ist durch eine Reihe von falsifizierbaren Zusatzannahmen (sog. Hilfshypothesen) ummantelt, von einem Schutzgürtel, der den Schutz des harten Kerns vor Falsifikation übernimmt (Chalmers 2007: 10). Treten Anomalien auf, kann dieser Schutzgürtel neu formiert oder auch vollständig ersetzt werden. Lakatos spricht in diesem Zusammenhang von Problemverschiebung und bezeichnet damit diese Veränderungen im Schutzgürtel. Forschungsprogramme können durchaus nebeneinander bestehen und konkurrieren. Hilfshypothese ersetzt Hilfshypothese und das Forschungsprogramm hat weiter Bestand. Dieser Vorgang wird auch als progressive Problemverschiebung bezeichnet. In gewisser Weise handelt es sich hier um eine Weiterentwicklung des Popperschen Falsifikationismus durch Lakatos (Poser 2001: 157 f.).

Dynamik durch Falsifikation

I. Ausgangslage

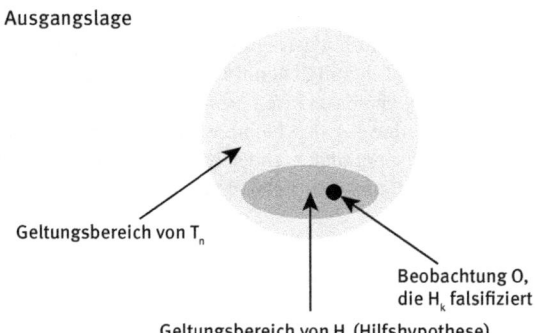

II. Degenerative Problemverschiebung

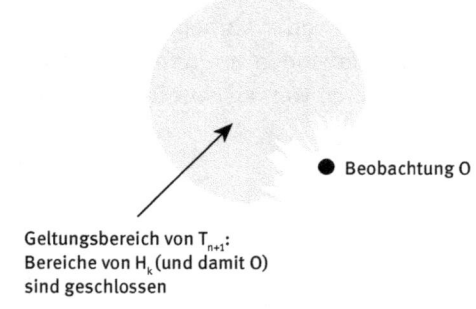

III. Progressive Problemverschiebung

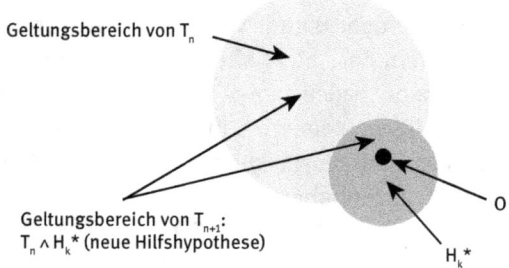

Abb. 3.5: Forschungsprogramm und Problemverschiebung nach Lakatos (Poser 2001: 161)

Je stärker degenerativ ein Forschungsprogramm im Laufe obiger Problemverschiebungen wird, umso eher beginnt die Suche nach alternativen Theoriekernen. Kuhn würde hier von einer revolutionären Phase sprechen (Schurz 2011: 199) Für die Sozialwissenschaften lässt sich festhalten, dass viele Disziplinen, so auch die Kommunikationswissenschaft, durch eine anhaltende Koexistenz von rivalisierenden Forschungsprogrammen (ebenda) gekennzeichnet sind. Obgleich Forschungsprogramme hier in Konkurrenz stehen, erlangt keines der Programme eine dominante Position. Man könnte hier von einem permanent revolutionären Zustand sprechen.

3.8.3 Paul Feyerabend

Regelmäßigkeiten in der Wissenschaftsentwicklung, wie sie andere Theoretiker sahen, bestritt Paul Feyerabend (1924–1994). Vielmehr wären es Irritationen und Irrationalitäten, die Fortschritt nach sich ziehen. Feyerabends Kritik am Positivismus setzt daran an, dass (zu viele) Regeln und Methoden in der Wissenschaft diese lähmen, da sie die Möglichkeiten des Denkens einschränken. Wissenschaft, die in einer freien Gesellschaft Probleme lösen soll, sollte sich weniger Theorien denn eines demokratischen Konsens bedienen. Es bedarf deshalb der freien Debatte. Probleme seien nicht durch eine vorgeblich allwissende Wissenschaft lösbar, sondern nur durch Entschlüsse jener Menschen, die von zu lösenden Problemen betroffen sind. Theorien können hier die Basis für Entschlüsse der Menschen sein (Liessmann/Zenaty 1998: 251). Auch dürfe der Wissenschaft kein überlegener Status gegenüber anderen Formen der Erkenntnisgewinnung zugeschrieben werden.

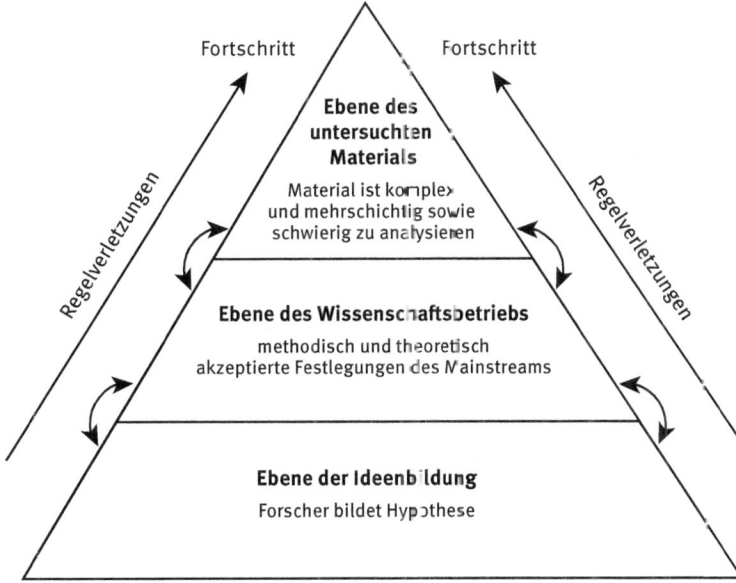

Abb. 3.6: Ebenen der Wissenschaft (eigene Darstellung in Anlehnung an Feyerabend 1995: 45)

Wissenschaftspraxis wird bei Feyerabend als durch unbewusste Voraussetzungen geprägt begriffen. Das verweist auf verschiedene Ebenen der Wissenschaft. Feyerabend unterscheidet deren drei: Auf der untersten Ebene geht es um den Forscher selbst, der einer Idee folgend eine Hypothese bildet. Auf der Ebene des Wissenschaftsbetriebs geht es um die Frage, welche methodischen und theoretischen Festlegungen vom Wissenschaftsbetrieb akzeptiert werden. Feyerabend geht hier davon aus, dass der Mainstream durch Methoden geprägt ist, die der Komplexität des zu analysierenden Materials mit starker Vereinfachung entgegentritt (Feyerabend 1995: 45). Die letzte Ebene ist jene des zu untersuchenden Materials, das er als zu komplex und mehrschichtig begreift, als dass es durch „die Sucht nach geistiger Sicherheit in Form von Klarheit, Präzision, ‚Objektivität', ‚Wahrheit'" (Feyerabend 1995: 45) beschreib- und analysierbar sei.

Sein Grundsatz „Anything goes!" rührt daher. Alle diese Ebenen sind miteinander verbunden. Lediglich intuitive Herangehensweisen, die auch Regelverletzungen einschließen – dies exemplifiziert er nicht zuletzt am Beispiel Galileis – führten letztlich zu Erkenntnisfortschritt (Feyerabend 1995: 89 ff.). Er argumentiert also wie der Pragmatist Peirce im Zusammenhang mit der von ihm so genannten Schlussfolgerung der Abduktion (vgl. Kapitel 3.7). Wie Popper formuliert Feyerabend mit dieser Forderung nach uneingeschränkten Methoden und Theorienpluralismus normative Kriterien, wie Wissenschaft zu sein hat. Diese Forderungen finden sich bei Kuhn und Lakatos so nicht (Barz 1994: 96 ff.).

3.9 Kritische Theorie

Eingangs ein kurzer Hinweis auf die Wurzeln der Kritischen Theorie, die marxistische Wissenschaftstheorie: Marx warf dem Positivismus und insbesondere Comte theoretische und methodische Unangemessenheit vor. Kritik formuliert er auch bezüglich seines ideologischen Charakters (Schülein/Reitze 2002: 117). Die marxistische Wissenschaftstheorie beruht auf der Grundlage des dialektischen und historischen Materialismus. Wissenschaft muss demnach immer in einem Abhängigkeitsverhältnis von der materiellen Basis gesehen werden. Die Meinung der Herrschenden ist somit auch die in der Wissenschaft herrschende Meinung. Wissenschaftliche Erkenntnis muss zudem als von der herrschenden Ideologie beeinflusst begriffen werden (Kornmeier 2007: 39).

Der Begriff „Kritische Theorie" geht auf einen Aufsatz von Horkheimer (1980a: 245 ff.) zurück und wird heute als Benennung für die von der „Frankfurter Schule" etablierte Verbindung von Marxismus, Psychoanalyse und Kulturphilosophie gebraucht (vgl. Kapitel 5.1.3). „Frankfurter Schule" wiederum ist eine in den 60er-Jahren des 20. Jahrhunderts entstandene Umschreibung für die Mitarbeiter des 1924 gegründeten Instituts für Sozialforschung (Wiggershaus 1988: 9) sowie deren wissenschaftlichen Leistungen, die freilich keinem festgefügten wissenschaftlichen Kanon zuordnenbar sind. Gemeinsam war ihnen allen eine radikal gesellschaftskritische sowie „freudomarxistische" (ebenda: 11) Ausrichtung. Freud (1986: 194) war vor allem durch seine kulturtheoretischen Schriften, in denen er davon ausgeht, dass Triebverzicht den Menschen den Weg zur Kultur eröffnet habe, maßgeblich, Marx durch das gemeinsam mit Friedrich Engels entwickelte System des „Dialektischen Materialismus". *Dialektisch* meint, dass die Welt als eine „universelle Wechselwirkung, wo Ursachen und Wirkungen fortwährend ihre Stelle wechseln, das, was jetzt oder hier Wirkung, dort oder dann Ursache wird und umgekehrt" (Engels 1972: 431) begriffen wird.

Es geht also darum, die Gesellschaft *immer* in ihrer Entwicklung sowie der wechselseitigen Abhängigkeit ihrer einzelnen Elemente zu analysieren. Die *materialistische* Erkenntnistheorie beabsichtigt nicht von Ideen auszugehen, sondern von den „mehr oder weniger abstrakten Abbildern der wirklichen Dinge und Vorgänge" (ebenda: 432) in der Wahrnehmung. Das bedeutet, dass einerseits gedankliche Vorstellungen nicht unabhängig von der Wirklichkeit existieren und andererseits, dass diese Wirklichkeit „real" ist und – eben als gedankliches Abbild – prinzipiell erkennbar ist. Der *Dialektische Materialismus* setzt es sich zum Ziel, die (von ihm unterstellten) Bewegungsgesetze der menschlichen Geschichte zu entdecken, wozu die „Enthüllung des Geheimnisses der kapitalistischen Produktion" (ebenda: 435) durch Marx den Anstoß gegeben habe.

Marx, auf dessen Gesellschaftslehre sich die Vertreter der Kritischen Theorie jedenfalls zu Beginn im Wesentlichen beriefen, ging in seinem Ansatz von drei Grundvoraussetzungen aus (Hobsbawm 2012: 58 f.): *1. Gesellschaftsanalyse und -kritik hat auf Basis der Analyse der dominierenden ökonomischen Verhältnisse zu erfolgen.*

> Die Produktionsweise des materiellen Lebens bedingt den sozialen, politischen und geistigen Lebensprozess überhaupt. Es ist nicht das Bewusstsein der Menschen, das ihr Sein, sondern umgekehrt ihr gesellschaftliches Sein, das ihr Bewusstsein bestimmt. (Marx 1972: 188)

Die Organisation der gesellschaftlichen Produktion ist demnach also die *Basis* für den kulturellen Überbau – sei das Rechtsprechung, Bildung oder eben Kultur im engeren oder weiteren Sinne. Daraus ergibt sich, dass „Kulturerscheinungen einen (mehr oder minder) unmittelbaren Ausfluss ökonomischer Faktoren darstellen" (Adolf 2006: 57): Sklavenhaltergesellschaften, Feudalgesellschaften, kapitalistische Gesellschaften haben jeweils unterschiedliche kulturelle Ausprägungen, *weil* sie eine unterschiedliche ökonomische Ausprägung haben. *2. Der Kapitalismus bringt nach Marx zwangsläufig als entwicklungslogische Konsequenz eine sozialistische Gesellschaft hervor, welche 3. durch das Proletariat in einer revolutionären Umwälzung hergestellt werde.* Wie Hobsbawm ausführt, leiten sich die unter 2. und 3. ausgeführten Aussagen „nicht aus der Analyse des Wesens und der Entwicklung des Kapitalismus ab, sondern aus einem philosophischen und letztlich eschatologischen[4] Argument über die Natur und das Schicksal des Menschen." (Hobsbawm 2012: 123 f.) Sie sind also vorempirische, utopische Behauptungen, die nicht aus der zuvor postulierten ökonomischen Analyse ableitbar sind.

Das Ausbleiben siegreicher antikapitalistischer Revolutionen (die russische Oktoberrevolution beendete ein Feudalregime, in dem Bauern, nicht Fabrikarbeiter die Mehrheit stellten) sowie das Aufkommen faschistischer Bewegungen lenkte die Aufmerksamkeit der Gründergeneration des Instituts für Sozialforschung[5] auf den „Überbaubereich". Max Horkheimer (1895–1973), ab 1930 Institutsleiter, sah die Etablierung einer sozialistischen Gesellschaftsordnung daher – abweichend von Marx – als historisch möglich, aber nicht zwingend an (Wiggershaus 1988: 63), was – siehe oben – zwar einen politisch-ideologischen Unterschied zu Marx (und vor allem Lenin), nicht aber einen erkenntnistheoretischen Widerspruch zum Dialektischen Materialismus bedeutet. Abhängig von der in den Focus genommenen Zeit (vor Ausbruch des Faschismus, Emigration, Nachkriegszeit) und der unterschiedlichen Personen, die hier kooperierten, lassen sich allerdings erkenntnistheoretische Positionen erkennen, die von einer „streng Marxschen" Haltung (Schmidt 1980: 42*) bis zu einem „Rückzug ins Spekulative [...] und zugleich attentistischen, aufs Überwintern angelegten Geschichtsphilosophie" (Habermas, Nachwort zu Horkheimer/Adorno 1986: 280) reichen.

3.10 Konstruktivistischer Strukturalismus

Pierre Bourdieu (1930–2002) versteht unter diesem doppelt bezeichneten Ansatz die Zusammenführung des „Objektivismus" (Untersuchung statistischer Regelmäßigkeiten, empirisch zustande gekommene Aussagen über Relationen in Sozialsystemen etc.) mit subjektivistischen Vorgangsweisen (Verstehen aus dem Handeln der Beteiligten heraus wie z. B. beim Symbolischen Interaktionismus). Sozialwissenschaft ist demnach in ihrem Erkenntnisprozess auch selbst sowohl von den objektiven Strukturen ihrer Profession wie auch von kulturellen Konstruktionen bei Theorie-, Themenwahl, und Interpretation beeinflusst. Insofern entspricht dies auch den Darlegungen von Kuhn (siehe Kapitel 3.8.1). Sozialwissenschaftler können nach Bourdieu aber

---

4 Eschatologie meint in der christlichen Theologie die Lehre vom Jenseits.
5 Dazu gehörten im wesentlichen Max Horkheimer, Erich Fromm, Friedrich Pollock, Leo Löwenthal, Theodor Wiesengrund-Adorno, Herbert Marcuse. „Keiner, der zum Horkheimerkreis Gehörenden war politisch aktiv; keiner kam von der Arbeiterbewegung bzw. vom Marxismus her; [...] nur bei Horkheimer bildete die Empörung über die Ausgebeuteten und Erniedrigten einen wesentlichen Stachel des Denkens, auf alle anderen wirkte die marxistische Theorie allein deshalb anziehend, weil sie Lösungen für festgefahrene Problemstellungen zu versprechen bzw. die einzige theoretisch anspruchsvolle und die Wirklichkeit nicht überspringende radikale Kritik der entfremdeten bürgerlich-kapitalistischen Gesellschaft darzustellen schien." (Wiggershaus 1988: 122 f.)

gleichwohl durch Selbstreflexion der Umstände des Forschungsprozesses „sowohl den objektiven Sinn der anhand messbarer Regelmäßigkeiten organisierten Verhaltensformen als auch die einzelnen Beziehungen [...], in denen die Individuen zu ihren objektiven Existenzbedingungen und dem Sinn ihres objektiven Verhaltens stehen" (Bourdieu 1991: 24) erfassen. Sozialwissenschaft bedarf demnach zur Erlangung wissenschaftlichen Wissens der begleitenden Reflexion ihrer eigenen Bedingungen.

Wir brechen die Darstellung wissenschaftstheoretischer Entwicklungstendenzen an dieser Stelle ab und nehmen damit Unvollständigkeit ebenso in Kauf, wie Brüche in der Chronologie der vorangegangenen Darstellung. Ohne Zweifel müsste noch auf Toulmins evolutionäre Auffassung von Theorienbildung und Wissenschaftswandel eingegangen werden, auch Sneed und Stegmüllers strukturalistische Auseinandersetzung mit dem Kritischen Rationalismus und Logischen Empirismus müsste Platz eingeräumt werden. Wie Heuermann (2000: 29) begründen wir den Abbruch in der Darstellung wie folgt: „denn würde man die Reihe fortsetzen [...] wäre für unseren Zweck nichts prinzipiell Neues gewonnen – außer einer zunehmenden Vertiefung der Einsicht, daß das pluralistische Konzert konkurrierender Modelle eine verbindliche Bestimmung der Voraussetzungen und Bedingungen einer wissenschaftlichen Erkenntnis des Wirklichen schlußendlich nicht zuläßt." (Heuermann 2000: 29) Es endet letztlich mit dem Befund des kapiteleinleitend referierten Zitats von Heuermann.

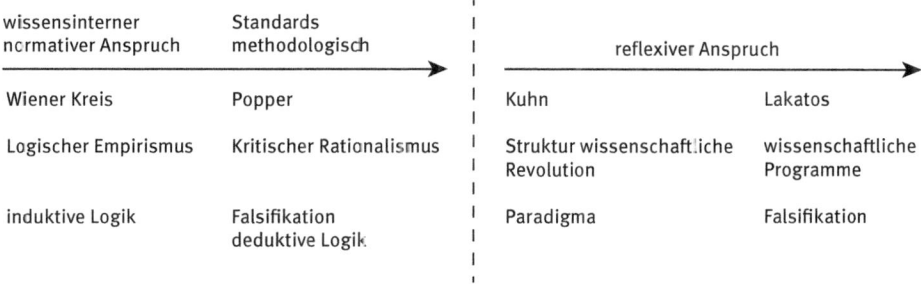

Abb. 3.7: Ansprüche und Ausrichtungen der Wissenschaftstheorie (eigene Darstellung)

Trotzdem dürfen wir an dieser Stelle auf einen unserer Meinung nach bedeutenden Bruch (vgl. Abbildung 3.7), der nicht einer bewussten Darstellungsstrategie der Autoren geschuldet ist, sondern dem Umstand, dass Kuhn die Normativität der Wissenschaftstheorie aufgegeben hat (Slunecko 1998: 26), hinweisen. Lässt sich der normative Poppersche Anspruch an Wissenschaft als methodologische Anleitung von Wissenschaftlern begreifen, ist dieser Anspruch Kuhn fern. Kuhn geht es nicht um eine „Basis aus sicherem Wissen und unzweifelhafter Methode" (Slunecko 1998: 28). Wenn Slunecko (1998: 28) die Aufgabe der Wissenschaftstheorie in der Kritik und Präzisierung jener Vorstellungen sieht, die sich Wissenschaftler als auch Wissenschaftspublikum von Theorien machen, trifft dies wohl den Punkt. Ohne Kenntnis der eigenen Theorie- und Methodengeschichte, ohne Berücksichtigung des Umfelds des Forschungsbetriebs (meint: Interessen, Bedingungen, Paradigmen, Prämissen, Vorannahmen), kann Wissenschaftstheorie diese Aufgabe nicht bewältigen. Vor dem Hintergrund dieser Neuausrichtung der Wissenschaftstheorie muss aber auf einen bedeutsamen Umstand hingewiesen werden. Sozialwissenschaften und Wissenschaftstheorie driften auseinander. Darauf verweist auch Slunecko, nicht ohne zu bemerken, dass dies mit Kuhn erklärbar ist:

> Infolge dieser drastischen Neuakzentuierung der Wissenschaftstheorie ist die kuriose (aus den Kuhnschen Argumenten heraus aber durchaus verständliche) Situation eingetreten, daß sich der Hauptstrom der Human- und Sozialwissenschaften auf ein wissenschaftliches Modell – den Kritischen Rationalismus – beruft, das von der Wissenschaftstheorie selbst bereits verlassen worden ist. (Slunecko 1998: 28)

Sehr wahrscheinlich zeichnet Slunecko hier ein zu homogenes Bild der aktuellen Wissenschaftstheorie und auch der Sozialwissenschaften, zu bedenken ist sein Befund aber allemal.

Fragen
1. Auf welche Philosophen geht die Wissenschaftstheorie zurück und wie lassen sich ihre erkenntnistheoretischen Positionen beschreiben?
2. Was ist mit „unendlichem Regress der Rechtfertigungen" gemeint?
3. In welchen Ausprägungen findet sich der „klassische Rationalismus" und was wird darunter verstanden?
4. Welche Schlagwörter sind nach Schnädelbach dem Positivismus zuzuordnen und welche Kritik äußerte er an dieser Denkrichtung?
5. Inwiefern unterscheiden sich der Rationalismus und der Empirismus?
6. Wodurch zeichnet sich der Logische Empirismus aus?
7. Wie lässt sich der Kritische Rationalismus nach Popper beschreiben?
8. Was kennzeichnet die US-amerikanische Kommunikationswissenschaft?
9. Was versteht man unter dem „Entfaltungskonzept" und dem „Great-man"-Konzept und welche Kritik gibt es an den beiden Konzepten?
10. Nennen Sie die drei Komponenten des Kuhnschen Paradigmas?
11. Welche Rolle spielen nach Kuhn Paradigmen in der Wissenschaft?
12. Inwiefern erweitert Lakatos Kuhns und Poppers theoretische Positionen?
13. Durch welche Ebenen der Wissenschaft wird nach Feyerabend Wissenschaftspraxis geprägt?
14. Was wird unter dem von Karl Marx und Friedrich Engels entwickelten System des „Dialektischen Materialismus" verstanden?

4 Theorieentwicklung in der Kommunikationswissenschaft

Inhalte und Lernziele

Dieses Kapitel hat zum Ziel, die Entwicklung der unterschiedlichen Theorien in der Kommunikationswissenschaft zu beleuchten und einen Theorienüberblick zu liefern. Diskutiert werden zu den etablierten Theorien auch die unterschiedlichen wissenschaftlichen Perspektiven und die zentral anerkannten Forschungsfelder. Zudem werden Schattenseiten des integrativen Selbstverständnisses aufgezeigt. Nach diesem Kapitel haben Sie sowohl einen Überblick über die Theorieentwicklung und die etablierten Theorien in der Kommunikationswissenschaft als auch das Können, Theorien zu systematisieren.

4.1 Ausgangspunkte der Theorieentwicklung

Will man sich einen Überblick über die unterschiedlichen Theorieansätze verschaffen, die in der Kommunikationswissenschaft verwendet werden bzw. wurden, ist es sinnvoll, dies von einem spezifischen Blickpunkt aus durchzuführen. Anderenfalls hätten wir es mit einer von der Darstellung her nur schwer bis gar nicht bewältigbaren und unübersichtlichen Materialfülle zu tun. Es besteht auch nicht die Absicht, alle oder auch nur „alle wesentlichen" Theorien der Kommunikationswissenschaft auf ihre erkenntnistheoretischen Voraussetzungen hin zu untersuchen, sondern vielmehr die Ausführungen anderer Teile dieses Buches anhand der „Praxis der Theoriebildung" zu verdeutlichen. Bei der Kommunikationswissenschaft stellt sich zudem das Problem unterschiedlicher Ausgangspunkte der jeweiligen Theorieentwicklungen:

- Historisch gerieten aufgrund der gesellschaftlichen und medialen Ausdifferenzierungen jeweils unterschiedliche Bereiche der medialen Produktion wie der gesellschaftlichen Kommunikation in den Blickpunkt. Zur Legitimation bestimmter Theorieansätze werden diese außerdem mitunter „retrospektiv verlängert".[1]
- Kommunikationswissenschaft wird von ihren Vertretern als „integrative Sozialwissenschaft" verstanden (DGPuK Selbstverständnispapier), wie dies auch das Modell von Pürer (2003: 20) skizziert (vgl. Abbildung 4.1). Kommunikationswissenschaft mit ihrem Gegenstandsbereich der Erforschung von Kommunikatoren, Aussagen, Medien und Rezipienten betreibt diese Forschung in unterschiedlichen, jeweils von anderen Wissenschaftsdisziplinen übernommenen Perspektiven. Da die Perspektivenwahl aber auch eine außerwissenschaftliche

---

[1] Z. B. beginnt Pürer (2003) die Fachgeschichte mit der Rhetorik der Antike. Der Medienphilosoph Flusser lässt die Entwicklung der Medien sogar mit den Höhlenmalereien von Lascaux einsetzen (vgl. Leschke 2003: 9).

Entscheidung der jeweiligen Forscherinnen und Forscher ist (in Abhängigkeit vom Wissenschaftsbetrieb in den sie eingebettet sind) haben wir es hier mit einer „Konkurrenz von philologisch, publizistikwissenschaftlich, konstruktivistisch, technikphilosophisch und systemtheoretisch ausgerichteter Kommunikations- und Medienforschung (samt allen erdenklichen Mischformen)" (Schmidt/ Zurstiege 2000: 28) zu tun. Außerdem ist die untenstehende Aufzählung (vgl. Abbildung 4.1) nicht erschöpfend: auch rechtliche oder technische Perspektiven wären etwa einzubeziehen.

Abb. 4.1: Publizistik- und Kommunikationswissenschaft (Pürer 2003: 20)

– Schließlich ist auch der Gegenstandsbereich der Kommunikationswissenschaft – aufgrund der unterschiedlichen Perspektiven, immanenter Umbrüche innerhalb der Disziplin, aber vor allem auf Grund der Entwicklung der Kommunikationstechnologie – alles andere als klar umrissen. Kommunikation taucht nicht nur „in verschiedenen Wissenschaften aus unterschiedlicher Perspektive als Erkenntnisobjekt auf" (Burkart 1998: 13), sondern als Schattenseite des integrativen Selbstverständnisses auch in der Kommunikationswissenschaft selbst. So kann Kommunikation beispielsweise als störungsfreier Signalaustausch in technischer Hinsicht verstanden werden (dann können etwa auch Maschinen untereinander oder Menschen mit Maschinen kommunizieren); Kommunikation kann als jegliche Art menschlichen Verhaltens interpretiert werden (wie in Watzlawicks Theorem man könne „nicht nicht kommunizieren"), ausschließlich als auf andere Menschen bezogenes absichtsvolles soziales Handeln (wie im Symbolischen Interaktionismus), als Ausdruck gesellschaftlicher Machtverhältnisse (Kritische Theorie) oder schließlich als Mechanismus welcher der Anpassung gesellschaftlicher Systeme an ihre Umwelt dient (Luhmann 1996: 150 f.), wobei dann auch Geld, Liebe, Macht etc. zu „Medien" einer solcherart verstandenen Kommunikation werden.

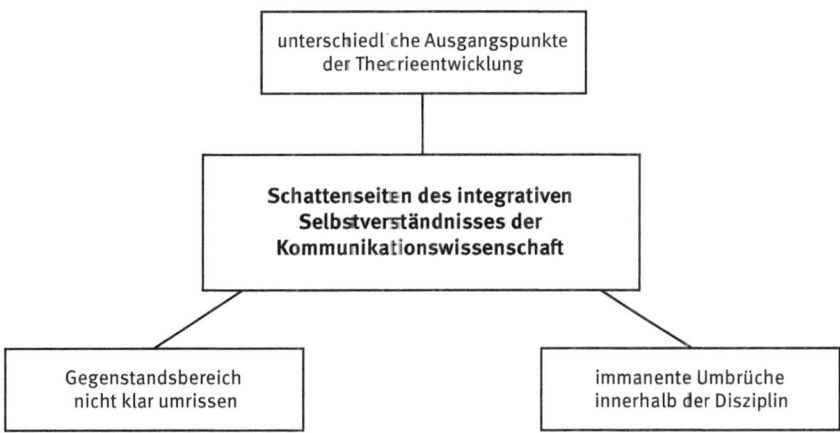

Abb. 4.2: Schattenseiten des integrativen Selbstverständnisses (eigene Darstellung)

Einen Überblick über die Theorien der Kommunikationswissenschaft kann man aus unterschiedlichen Perspektiven bewerkstelligen – und damit wenigstens implizit erkenntnistheoretische Kategorisierungen erstellen. Die erste Frage, die hier auf der Tagesordnung steht, betrifft den Gegenstandsbereich bzw. die Breite des Faches: Publizistik-, Kommunikations- und/oder Medienwissenschaft? Das Positionspapier der einschlägigen österreichischen Universitätsinstitute (N.N. 2013: 64) spricht von „Kommunikations- und Medienwissenschaft" und weist diesem Materialobjekt die „sozialen, kulturellen und ethischen Bedingungen, Bedeutungen und Folgen medialer, öffentlicher, organisationsbezogener, interpersonaler Kommunikation sowie medialer Darstellungen" zu. Der Fokus des Faches habe sich demnach in den letzten Jahren von der durch Massenmedien vermittelten öffentlichen Kommunikation auf teilöffentliche und private Kommunikation erweitert.

4.2 Erkenntnistheoretische Voraussetzungen der Theorieentwicklung

Neben der genannten Perspektive spielen in der Entwicklung der Theorien erkenntnistheoretische Voraussetzungen im engeren Sinn (aber auch wissenschaftspolitische Entscheidungen, vgl. Kapitel 3.8.1 dieses Buches) eine große Rolle. Krotz, Hepp und Winter (2008: 9 ff.) differenzieren drei Arten von Theorien, die in der aktuellen Medien- und Kommunikationswissenschaft etabliert seien:

1. *„mathematisch fassbare Theorien"*, mithin Aussagensysteme über ein Teilgebiet gesellschaftlicher Kommunikation, „die als gültig begriffen werden, bis sie über Hypothesenbildung mit quantitativ begründeten Verfahren [...] widerlegt sind" (ebenda: 13) – also auf dem Falsifikationsprinzip des Kritischen Rationalismus beruhen (vgl. Kapitel 3.6).

2. *„materiale Theorien"*, die „begrenzte Sachverhalte typisierend beschreiben" (ebenda: 12), meistens qualitativ orientiert seien und deren Akzeptanz bzw. Nichtakzeptanz vom Diskussionsprozess innerhalb der Fachgemeinschaft bestimmt sind – also erkenntnistheoretisch dem amerikanischen Pragmatismus[2] folgen.

3. *„Metatheorien"*, welche „tendenziell universelle Welterklärungen anbieten" (ebenda: 12), „aber in ihrer Gesamtheit nicht empirisch überprüfbar sind" (ebenda: 13) – also eine rationalistische, geisteswissenschaftliche, Position einnehmen (vgl. Kapitel 3.2 dieses Buches). Grundlegende Theorien der Kommunikationswissenschaft würden zumeist auf Metatheorien verweisen. Insgesamt bewähre sich in der Wissenschaft wie im gesellschaftlichen Alltag eine Pluralität divergenter Erklärungsmodelle (ebenda: 19 f.), was aufgrund ihrer empirischen Unüberprüfbarkeit auch gar nicht anders denkbar ist. Kontradiktorische sozialwissenschaftliche Aussagen können also demgemäß prinzipiell dann koexistieren, wenn sie den von Krotz et al. (2008) beschriebenen Typen 2 und 3 entsprechen.

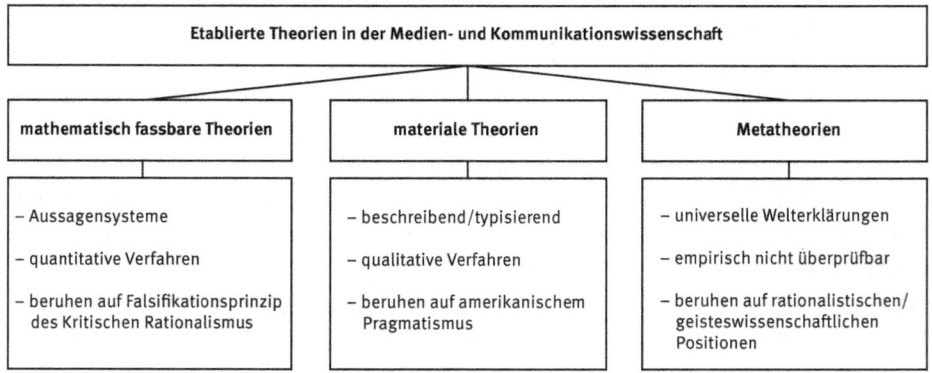

Abb. 4.3: Etablierte Theorien in der Medien- und Kommunikationswissenschaft (eigene Darstellung in Anlehnung an Krotz, Hepp, Winter 2008: 9 ff.)

---

[2] Hypothesen gelten in dieser Richtung dann als akzeptiert, wenn aus ihnen nützliche Konsequenzen für die Gemeinschaft resultieren und sie allgemein anerkannt sind. Der letztgültige Beweis für die Richtigkeit einer Theorie ist daher die soziale Akzeptanz.

Allerdings haben sich jene beiden großen Zäsuren in der Geschichte der deutschsprachigen Kommunikationswissenschaft zeit- und inhaltsgleich mit den Umbrüchen in der Soziologie ereignet: In den 1950er- bis 1960er-Jahren trat als (Re-)Import aus den USA eine Ablösung des bis dahin herrschenden „historischen und zeitdiagnostischen" (Kruse 2012: 255) Mainstreams in den Sozialwissenschaften des deutschen Sprachraums ein, also eine Abwendung vom rationalistischen Paradigma hin zu einem kritisch-rationalistischen bzw. positivistischen. Damit war auch eine empirisch-quantitative Ausrichtung verbunden.

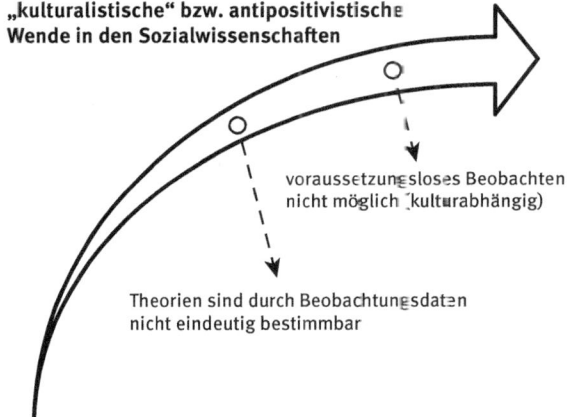

Abb. 4.4: Antipositivistische Wende in den Sozialwissenschaften (eigene Darstellung)

In den 1970er- bis 1980er-Jahren setzte dann eine weitere, diesmal „kulturalistische" bzw. antipositivistische Wende in den Sozialwissenschaften ein (vgl. Abbildung 4.4). Sie war von zwei wesentlichen Überzeugungen getragen: 1) Theorien seien durch Beobachtungsdaten nicht eindeutig bestimmbar, einander widersprechende Theorien seien mit den gleichen Beobachtungsdaten vereinbar[3]; 2) Beobachtung sei immer seinsgebunden, daher sei eine voraussetzungslose Beobachtung nicht möglich. Auch Beobachtung sei immer kulturabhängig (Kruse 2012: 303). Bourdieu (1992: 11) vertrat hingegen die Auffassung, „dass die Soziologie durchaus dem historizistischen oder soziologistischen Zirkel entkommen kann, und dass es dazu nichts weiter bedarf, als

---

[3] Gemeint ist hier, dass etwa die erhebbare Beliebtheit von Soap-Operas sowohl im Sinne der Manipulationsthese der Kritischen Theorie oder als Ideengeber für interpersonelle Kommunikation im Sinne der Cultural Studies oder auch als Bedürfnisbefriedigung im Sinne des Uses and Gratifications-Ansatzes interpretiert werden können. Tatsache ist aber, dass allein aufgrund von Reichweitenmessungen keine der genannten Theorien gestützt oder geschwächt wird, da der Grund für die Zuwendung unbekannt bleibt.

sich ihrer Erkenntnisse in Bezug auf die soziale Welt, in der Wissenschaft betrieben wird, zu bedienen und zu versuchen, den Einfluss der sozialen Determinismen unter Kontrolle zu bringen, die auf den wissenschaftlichen Diskurs selbst einwirken". Das soziologische Erkenntnisziel und ihre Methodik soll sich also nicht nur auf das jeweilige Untersuchungsobjekt richten, sondern auch selbstreflexiv im Sinne einer „epistemologischen Wachsamkeit" (ebenda) auf die Untersuchung der Voraussetzungen der eigenen Interessenslage und die Bedingungen des jeweiligen Forschungsprozesses angewandt werden.

Wir können auf dem gegenwärtigen Stand der Diskussion daher drei unterschiedliche Auffassungen über die Erkennbarkeit sozialer Tatbestände durch sozialwissenschaftliche Forschung feststellen und damit auch drei unterschiedliche Auffassungen darüber, was Theorien prinzipiell leisten können:

1. *Theorien als System thematisch und logisch widerspruchsfrei verbundener Aussagesätze über einen bestimmten Teilbereich der Wirklichkeit, die sich an eben dieser Wirklichkeit bewähren müssen* (von Krotz 2008 „mathematisch fassbare" Theorien genannt). Diese können daher (jedenfalls wenn man davon ausgeht, dass es auch im Sozialen allgemein generalisierbare und erfahrbare Wirklichkeiten gibt) in Folge von Beobachtungen als nichtzutreffend zurückgewiesen werden. (Der obsolete Stimulus-Response-Ansatz der Wirkungsforschung kann hier als Beispiel gelten.)
2. *Theorien als soziale Konstrukte, welche das Deuten sozialer Sachverhalte nach angebbaren Regeln ermöglichen.* Einzelne Beobachtungen werden – eigentlich in einem hermeneutischen Vorgang – aus dem jeweiligen Theorieverständnis erklärt. Damit ergibt sich einerseits das bekannte Problem des hermeneutischen Zirkels das „im Wesentlichen darin besteht, dass man einen Teil interpretiert, um das Ganze zu verstehen, doch um einen Teil zu verstehen das Ganze schon verstanden haben muss" (Knoblauch 2014: 177). Andererseits sind auf diese Weise konkurrierende Interpretationssysteme von einem wissenschaftslogischen Standpunkt aus nicht ausschließbar. (Ob Boulevardmedien etwa als Erscheinungsform kapitalistischer Massenproduktion im Sinne der Kritischen Theorie oder als Hervorbringung funktionaler Differenzierung zur Verringerung von Komplexität im Sinne der Systemtheorie aufzufassen sind, lässt sich in diesem Kontext nicht entscheiden.) Hier können nach dieser Einteilung sowohl die von Krotz (2008) so genannten materialen Theorien wie auch Metatheorien rubriziert werden.
3. *Theorien mit reflexiv-wissenssoziologischem Anspruch.* Knoblauch (2014: 245) beruft sich auf David Bloor in seiner Darlegung des „Starken Programms der Soziologie": Auch die Entstehung von Wissens- bzw. sogar Glaubenselementen sollte in den jeweiligen Untersuchungen mit thematisiert werden – also u. a. welche Institution hat ein Forschungsprojekt gefördert, was waren (auch außerwissenschaftliche) Beweggründe für das Forschungsdesign. Wissen sei immer sozial bedingt, dies bedeute jedoch nicht – wie in radikal-konstruktivistischen

Annahmen – „dass das, was sozial bedingt ist, nicht auch wahr sein könne". Ähnlich ist auch die (post)strukturalistische Herangehensweise von Pierre Bourdieu, der die „Struktur der objektiven Beziehungen der wissenschaftlichen Akteure" (Bourdieu 1998b: 20), das heißt die Positionen der Forscher im wissenschaftlichen Feld und ihren Grad an Autonomie, mit als Determinanten des Forschungsprozesses sieht. Sozialwissenschaft ist demnach in ihrem Erkenntnisprozess auch selbst sowohl von den objektiven Strukturen ihrer Profession wie auch von kulturellen Konstruktionen bei der Theorie-, Themenwahl und Interpretation beeinflusst. Sie könne aber gleichwohl durch Selbstreflexion der Umstände des Forschungsprozesses „sowohl den objektiven Sinn der anhand messbarer Regelmäßigkeiten organisierten Verhaltensformen als auch die einzelnen Beziehungen [...] in denen die Individuen zu ihren objektiven Existenzbedingungen und dem Sinn ihres objektiven Verhaltens stehen" (Bourdieu 1991: 24) erfassen.

„Es lohnt sich festzustellen, *welche* letzten Weltanschauungen der einen oder anderen Tendenz zugrunde liegen. *Nur dies* freilich, nicht eine Stellungnahme dazu, wäre unsere Aufgabe", schrieb Max Weber (1994: 25; Hervorhebung im Original) in Bezug auf eine von ihm geforderte Soziologie des Zeitungswesens. Es geht demnach in der Kommunikationswissenschaft u. a. um die Analyse medial verbreiteter Werturteile, nicht jedoch um die Bewertung dieser Werturteile. Dennoch sind normative Theorien hinsichtlich öffentlicher Kommunikation diejenigen mit einer längeren historischen Tradition und auch diejenigen mit einer größeren Anschlussfähigkeit an Alltagskommunikation (etwa: „Was ist guter Journalismus?", „Und für so was zahlt man Rundfunkgebühren!" etc.) (Christians et al. 2009). Bewertungen mag man teilen oder auch nicht, sie lassen sich jedenfalls nicht falsifizieren, daher müssen sich Vertreter gegenläufiger normativer Theorien zueinander letztlich wie bei interreligiöser Toleranz distanziert verhalten. Diese Koexistenz rivalisierender Paradigmata vor allem in der Kommunikationswissenschaft wird von Löblich (2010: 50) einerseits mit der geringen erkenntnistheoretischen Fundierung des Faches bei seiner Gründung, andererseits mit dem Fehlen eines „normalwissenschaftlichen Paradigmas" erklärt: Die Kommunikationswissenschaft, zitiert sie Brosius (ebenda: 314), sei daher stärker als andere Disziplinen von normativen Randbedingungen, die von außen an das Fach herangetragen werden (etwa von Werbeträgerforschung oder von Erwartungshaltungen an medienpraktische Ausbildung), abhängig. Dies ist auch teilweise der Gründungsgeschichte des Faches geschuldet, das sich Ende des 19. Jahrhunderts zuerst in den USA als akademische Journalistenausbildung angesichts differenzierter Berufsanforderungen im Rahmen der Massenpresse etabliert hatte (Mindich 1998: 115 f.).

Löblich (2010: 50) geht davon aus, dass die außerwissenschaftlichen politischen und praktizistischen Einflüsse auf die Kommunikationswissenschaft ein gemeinsames einheitliches Wissenschaftsverständnis des Faches verhindert haben und statt dessen eine „Koexistenz rivalisierender Paradigmen" zeitigten. Die Gründungsphase der deutschsprachigen universitären Kommunikationswissenschaft als „Zeitungskunde" 1916, mitten im Ersten Weltkrieg, bis zum Ende des Zweiten Weltkriegs war weitestgehend von einer normativen Herangehensweise (wie können „gute Zeitungen" bzw. „guter Journalismus" etabliert werden) geprägt (Koszyk/Pruys 1973: 12 ff.). Zusätzlich erschwerte die mangelnde Anerkennung durch andere Sozialwissenschaften die Herausbildung eines eigenen wissenschaftlichen Selbstverständnisses:

> 1930 erklärte Ferdinand Tönnies auf dem 7. Deutschen Soziologentag, so wie es nur eine Zoologie als Wissenschaft geben könne, allenfalls mit Spezialbereichen wie Ornithologie, keinesfalls aber eine selbständige Hühner- oder Entenwissenschaft, so könne es ernsthaft auch keine Zeitungswissenschaft geben. (Bruch 1987: 146)

4.3 Kommunikationswissenschaftliche Theorien

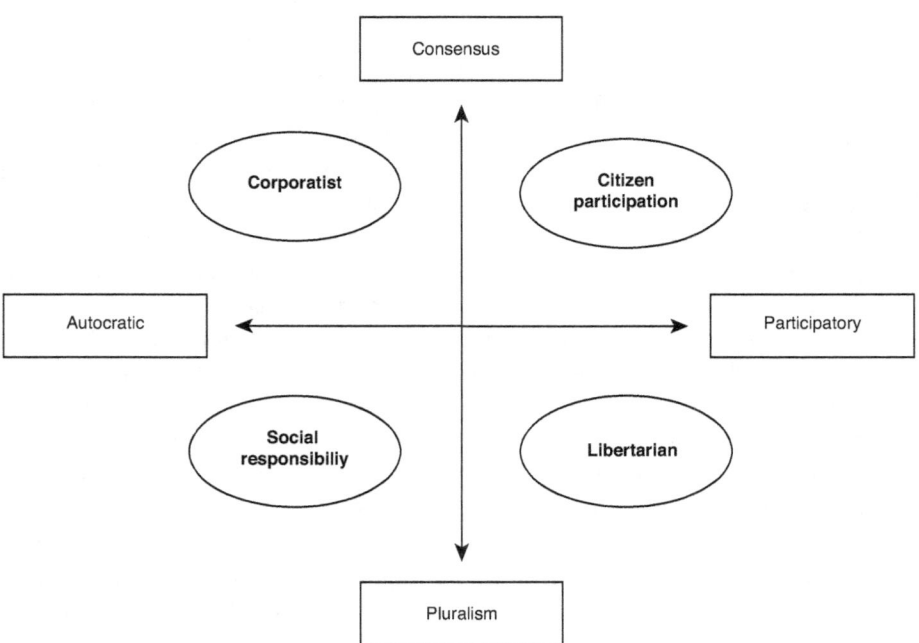

Abb. 4.5: Vierfeldermatrix kommunikationswissenschaftlicher Theorien (Christians et al. 2009: 21)

Eine Einteilung spezifisch kommunikationswissenschaftlicher Theorien kann daher zuerst einmal nach der Frage analytisch versus normativ vorgenommen werden und in einer weiteren Folge, wie dies Christians et al. (2009: 21) mit ihrer Vierfeldermatrix (vgl. Abbildung 4.5) tun, nach der politischen Ausrichtung dieser Normativität: Wird öffentliche Kommunikation nach ihrer Funktionalität für den gesellschaftlichen

Zusammenhalt (= Konsens) beurteilt (z. B. Systemtheorien) oder nach ihrer Repräsentationsfähigkeit unterschiedlicher sozialer Gruppen (= Pluralismus), wie z. B. in den Gender-Studies. Sollen öffentliche Kommunikatoren eine wie immer geartete öffentliche Aufgabe übernehmen (hier autokratisch genannt), wie z. B. in den meisten Öffentlichkeitstheorien oder sind allein die Publikumswünsche (hier partizipativ genannt) ausschlaggebend (wie z. B. in Homo-Oeconomicus-Ansätzen).

Grundsätzlich lassen sich nach McQuail (2011: 63 ff.) normative Ansätze trotz ihrer ideologisch-vorwissenschaftlichen Prägung in der Kommunikationswissenschaft nicht vermeiden, da ihr Objektbereich selbst in einen Werte- und Ideenrahmen eingespannt ist. Damit lassen sich aber allgemeine Aussagen über Funktionalitäten/Dysfunktionalitäten von Kommunikationsprozessen wissenschaftlich neutral nicht treffen (und hätten nach Weber 1994, siehe oben, daher zu unterbleiben). McQuail unterscheidet in Bezug auf die Normativität der Kommunikationswissenschaft ein Dominanz-Paradigma von einem Kritischen Paradigma. Während Ersteres als Forschungsziel die Effektivitätsverbesserung der Massenkommunikation im Sinne einer wie auch immer vorgestellten idealen Gesellschaft beinhalte (Konsens), gehe Zweiteres davon aus, dass aufgrund der Polysemie der Medieninhalte deren Wirkungen nicht vorhersehbar seien. Gleichwohl bestehe die Überzeugung, dass die symbolische Repräsentanz der Wirklichkeit deren Wahrnehmung (dies also im Sinne des „Linguistic Turn") wesentlich beeinflusse. Kommunikationswissenschaftliche Theoriebildung werde von zwei Dichotomien geprägt (vgl. Abbildung 4.6). Neben den Gegensatz Dominanz/Kritik trete noch die Entscheidung für eine soziozentrierte oder eine medienzentrierte Betrachtungsweise (ebenda: 107).[4] Für Letztere mag die „Geschichte der modernen Kommunikation" (Flichy 1994) als Beispiel dienen, in der der Bogen von der staatszentrierten Kommunikation im Rahmen der Entwicklung des optischen Telegrafen 1790 bis zum globalisierten und individualisierten Internet der Gegenwart gespannt wird. Für erstere Betrachtungsweise kann McQuails (1992) „Media Performance" exemplarisch angeführt werden, in dem Theorien, Normen und Methoden hinsichtlich ihrer Tauglichkeit für die Erklärung von „öffentlichem Interesse" systematisiert werden.

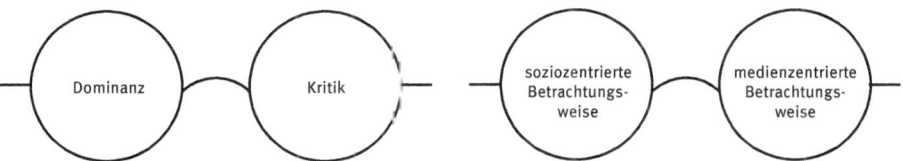

Abb. 4.6: Zwei Dichotomien kommunikationswissenschaftlicher Theorienbildung (Eigene Darstellung in Anlehnung an McQuail 2001: 107)

---

4 Folgt man spezifisch medienwissenschaftlichen Ansätzen, kann man – muss man aufgrund der tatsächlichen Theoriebildungen – auch noch zwischen Einzelmedienontologien (Film-, Radio-, Fernseh-, Internettheorien) und generellen Medientheorien unterscheiden (Leschke: 2003).

Eine andere, gerade zu klassische (und letztlich auch unproblematische) Form, den theoretischen Fundus der Kommunikationswissenschaft zu präsentieren, ist die Darstellung entlang einer Zeitachse. Dies kann entweder entlang der Wissenschaftsgeschichte des Faches erfolgen oder gemäß der Entwicklung der Medientechnik bzw. Medieninstitutionen. Wissenschaftssystematisierungen über den Verlauf der Fachgeschichte beziehen sich aus Darstellungsgründen häufig auf einen bestimmten eingegrenzten Sprach- oder Kulturkreis. Der Blick auf die Theorieentwicklung wird dadurch zwangsweise fokussiert. So eröffnet z. B. Pürer (2003) nach der Beschreibung des Fachgegenstandes (interpersonale Kommunikation, technisch vermittelte Kommunikation, Massenkommunikation, computervermittelte Kommunikation) einen Blick auf die „Fachgeschichte", die hier bereits mit der Rhetorik der Antike beginnt und sich über die Aufklärung, Zeitungswissenschaft, Publizistikwissenschaft bis zur gegenwärtigen Kommunikationswissenschaft unter deutsch(sprachig)em Blickwinkel spannt. Zusätzlich erfolgt hier noch eine Systematisierung im Sinne von als zentral anerkannten Forschungsfeldern: Kommunikator-, Aussagen-, Medien- und Rezipientenforschung, während eine dritte Einteilungsebene aus den einzelnen zuvor genannten Lehr- und Forschungsfeldern besteht. Daraus ergibt sich letztlich eine organische Sichtweise auf die Wissenschaftsentwicklung: Vorwissenschaftliche Betrachtungsweisen, Erkenntnisse anderer Disziplinen und Spezialisierungen im Fach ergeben im Zeitverlauf auf Grund des integrativen Paradigmas den Fortschritt kommunikationswissenschaftlichen Wissens.

Ebenfalls dem Zeitverlauf folgend sind Einteilungen (und mithin implizite oder explizite Erklärungen des wissenschaftlichen Outputs) entlang exogener Faktoren (vgl. Abbildung 4.7). Vom Buchdruck über die Industrialisierung der Zeitungsproduktion, die Entwicklung des Telegrafen, der Fotografie, von Film, Radio, Fernsehen bis zum Internet haben jeweils neue Medientechniken auch neue Kommunikationsprobleme hervorgebracht. Wissenschaftsentwicklung ist in dieser Sichtweise wesentlich von der Veränderung ihres Gegenstandsbereichs bestimmt (vgl. u. a. Hartmann 2008). In einer historisch-ideologiekritischen Sicht ist die Wissenschaftsentwicklung hingegen vor allem von politischen Faktoren bestimmt: „Indeed, university-level departments of journalism, communication and mass communication studies continue to respond to the need for expertise with professional programs that satisfy industrial clients and maintain a strong political base within academic circles." (Hardt 2005: 13) Für Mattelard (1999) ist die Kommunikationswissenschaft erstens durch die Technikentwicklung (Massenpresse, Telegrafie, Rundfunk etc.) als das die Wissenschaft herausforderndes Problem, weiters durch die öffentliche wie private Förderung (im Rahmen von Forschungsaufträgen und Stellenbesetzungen) und schließlich auch durch den jeweiligen Mainstream ideologischer Vorstellungen von Kommunikationsproblemen bestimmt. Politisch-ökonomische Parameter außerhalb der Wissenschaft sind demnach die treibende Kraft der Theorieentwicklung. So erklärt Mattelard beispielsweise die Entwicklung der ersten behavioristischen Wirkungsmodelle („Stimulus-Response") im Kontext der Angst vor den „Massen", welche die bürgerliche

Ordnung nach dem Ersten Weltkrieg bedrohen; die Entwicklung der funktionalistischen Systemtheorie von Parsons als von der Weltwirtschaftskrise induzierte Sozialsteuerungsmaßnahme der späten Dreißigerjahre, welche jegliches vom Mainstream abweichendes Verhalten als gesellschaftliche Dysfunktion sieht (ebenda: 7 f.); den Uses and Gratifications-Approach im Lichte der generellen Adressierung des Publikums als „aktive Konsumenten" ab den 1960er-Jahren.

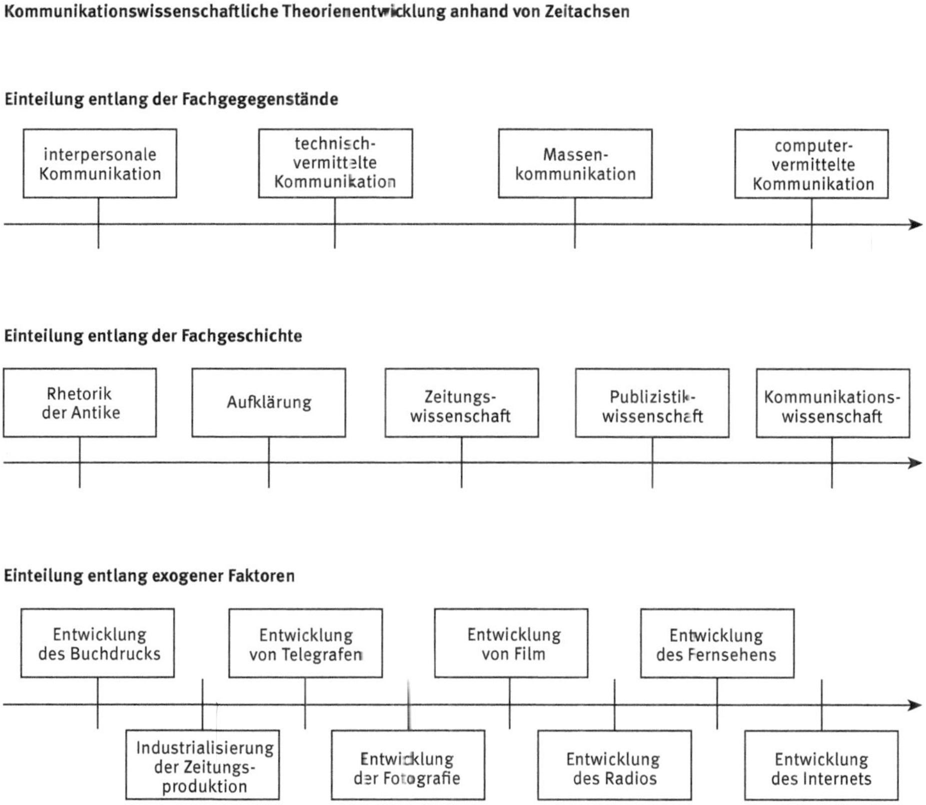

Kommunikationswissenschaftliche Theorienentwicklung anhand von Zeitachsen

Einteilung entlang der Fachgegenstände

interpersonale Kommunikation — technisch-vermittelte Kommunikation — Massenkommunikation — computervermittelte Kommunikation

Einteilung entlang der Fachgeschichte

Rhetorik der Antike — Aufklärung — Zeitungswissenschaft — Publizistikwissenschaft — Kommunikationswissenschaft

Einteilung entlang exogener Faktoren

Entwicklung des Buchdrucks — Entwicklung von Telegrafen — Entwicklung von Film — Entwicklung des Fernsehens

Industrialisierung der Zeitungsproduktion — Entwicklung der Fotografie — Entwicklung des Radios — Entwicklung des Internets

Abb. 4.7: Kommunikationswissenschaftliche Theorien entlang von Zeitachsen (eigene Darstellung in Anlehnung an Pürer 2003)

Der wesentliche Antrieb für Theorie- und Methodenentwicklungen beruht demnach also nicht auf immanentem kommunikationswissenschaftlichem Diskurs oder wissenschaftlicher Fortentwicklung. Diese Kritik der Sichtweise eines kontinuierlichen selbstinduzierten wissenschaftlichen Fortschrittes reicht also weit über die Darstellung von Kuhn (1993: 106 f.) hinaus, der zwar davon ausging, dass ein Paradigma in einer Wissenschaft nicht nur durch Logik und experimentelle Bestätigung gewinnt, sondern auch infolge von Positionskämpfen unterschiedlicher „Schulen".[5]

Auch aus den einzelnen bei Pürer (2003) dargestellten Forschungsfeldern heraus, lässt sich ein Theorieüberblick der Kommunikationswissenschaft, diesfalls aber spezifisch ausgerichtet, darstellen. Geht man von einer mediensoziologischen Darstellung aus (vgl. Schützeichel 2004), werden – wie in praktisch allen Theoriekompendien – der Symbolische Interaktionismus (Mead, Blumer), die Theorie des kommunikativen Handelns (Habermas), die Systemtheorie (Parsons bzw. Luhmann) und der Poststrukturalismus (Bourdieu) abgehandelt, Wirkungs- oder Kommunikatortheorien bleiben aber zugunsten anderer, im „Mainstream" der Kommunikationswissenschaft (vgl. Burkart 1998; Jarren/Bonfadelli/Siegert 2005; Schmidt/Zurstiege 2000) weniger verankerter Ansätze ausgespart (z. B. Ethnomethodologie). Ähnliches gilt für medienphilosophische (vgl. Hartmann 2000) oder spezifisch „medienwissenschaftliche" (vgl. Mersch 2006) Blickpunkte, welche etwa mit Bezug auf Flusser, Baudrillard, Kittler, Virilio dem Fach eine phänomenologische und damit anti-empirische Erkenntnisgewinnung zuweisen. Dies ist auch ein wesentlicher erkenntnistheoretischer Unterschied zu den zuvor genannten Darstellungsweisen. Hartmanns (2000: 13) Konzept, das er im Vorwort seiner Medienphilosophie beschreibt, mag hier als Darstellung des gesamten Ansatzes dienen: „Verschiedene Aspekte der philosophischen Moderne werden im Hinblick auf ihr Reflexionspotential der gesellschaftlichen Funktion von Sprache, von Texten und von Medien in einem nicht technischen Sinne rekonstruiert."

4.4 Systematisierung kommunikationswissenschaftlicher Theorien

Zusammenfassend könnten nach dem bisher Dargelegten kommunikationswissenschaftliche Theorien nach drei Gegensatzpaaren systematisiert werden, was sich in einer dreidimensionalen Kartierung (vgl. Abbildung 4.8) darstellen ließe:

---

[5] Allerdings hat Kuhn in seinen Ausführungen in erster Linie die Naturwissenschaften im Blick und geht davon aus, dass die Gültigkeitserklärung einer Aussage letztlich nur durch die jeweilige wissenschaftliche Gemeinschaft erfolgt (1993: 106) und neue Theorien nur dann entstehen, wenn erhobene Fakten sich mit den bestehenden Theorien nicht vereinbaren lassen. Sozialwissenschaften, bei denen einander widersprechende Theoriekonstrukte bestehen, sind demnach noch in einem unterentwickelten, frühwissenschaftlichen Stadium (ebenda: 30).

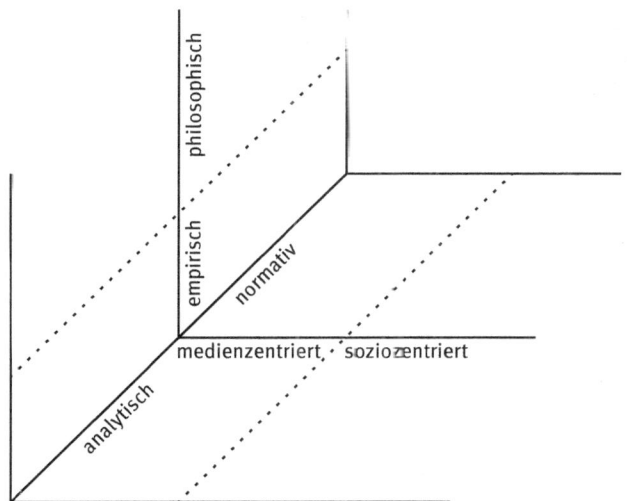

Abb. 4.8: Dreidimensionale Kartierung kommunikationswissenschaftlicher Theorienbildung (eigene Darstellung)

Theorien der Kommunikationswissenschaft können beispielsweise demnach als philosophisch/normativ/medienzentriert charakterisiert werden, das entspricht z. B. der These von McLuhan, Fernsehen als Medium schaffe ein Globales Dorf (Leschke 2003: 245 ff.). Eine Theorie kann umgekehrt empirisch/analytisch und soziozentriert ausgelegt sein, wie etwa eine poststrukturalistische Betrachtungsweise nach Bourdieu (Schützeichel 2004: 330 ff.). Gerade dieser Ansatz zeigt aber auch, dass theoretische Herangehensweisen durchaus ambig angelegt sein bzw. verwendet werden können: Bourdieus (1998a) Schrift „Über das Fernsehen" ist – obwohl seiner analytischen Systematik des Berufsfeldes und des durch Sozialisation erworbenen Habitus folgend – eindeutig normativ. Ähnliches gilt beispielsweise für die Cultural Studies (vgl. Schmidt/Zurstiege 2000: 117 ff.), die zwar eindeutig normativ und soziozentriert ausgelegt sind, aber sowohl in empirisch wie philosophisch orientierten Ausprägungen angewandt werden.

Da es kein Paradigma der kommunikationswissenschaftlichen Theoriebildung gibt, bleibt die Entscheidung für eine der aus obenstehender Abbildung möglichen Permutationen daher letztlich arbiträr. Auch wenn man als Kommunikationswissenschafter oder als Studierender der Kommunikationswissenschaft eine eindeutige (und seiner Meinung nach gut begründbare) Position hat, ob empirisch oder geisteswissenschaftlich, analytisch oder normativ zu verfahren ist, bleibt die Tatsache bestehen, dass innerhalb der anerkannten Regeln wie der geübten Praxis der Kommunikationswissenschaft jeweils alle Varianten möglich sind.

Kontrollfragen
1. Welche wissenschaftlichen Perspektiven der Publizistik- und Kommunikationswissenschaft unterscheidet Pürer in seinem Modell?
2. Welche drei Arten etablierter Theorien differenzieren Krotz, Hepp und Winter in der aktuellen Medien und Kommunikationswissenschaft?
3. Welche drei Auffassungen über die Erkennbarkeit von sozialen Tatbeständen und darüber was Theorien leisten können, können derzeit festgestellt werden?
4. Nach welchen Kriterien teilen Christians et al. kommunikationswissenschaftliche Theorien ein?
5. Welche Forschungsfelder sind die zentral anerkannten in der Kommunikationswissenschaft?
6. Nach welchen Gegensatzpaaren können kommunikationswissenschaftliche Theorien dargestellt werden?
7. Inwiefern lassen sich zugrundeliegende theoretische Positionen in der Kommunikationswissenschaft begründen? Gibt es ein dominantes Paradigma?

5 Anwendung der wissenschaftstheoretischen Analyseinstrumentarien auf zwei Teildisziplinen der Kommunikationswissenschaft

Inhalte und Lernziele
Ziel dieses Kapitels ist eine Näherung an den kommunikationswissenschaftlichen Erkenntnisprozess. Dafür werden wissenschaftstheoretische Analyseinstrumentarien auf die beiden kommunikationswissenschaftlichen Teildisziplinen Kommunikationssoziologie und Medienökonomik angewendet. Es wird die Geschichte der Soziologie vom Pragmatismus über die Kritische Theorie, die Systemtheorie bis hin zu den Cultural Studies und deren Anwendungsfeldern dargelegt. Für die Kommunikationssoziologie wie für die, vor allem aus Soziologie und Psychologie gespeiste Kommunikationswissenschaft lässt sich eine Vielzahl disparater Theorieansätze konstatieren. Vor dem Hintergrund des Wandels der Gesellschaft (und damit auch der Ökonomie), werden die einzelnen Schritte der wirtschaftswissenschaftlichen Schulen im historischen Verlauf aufgezeigt und deren Bedeutung für die Medienökonomik untersucht.
Nach diesem Kapitel können Sie Theorien in ihrer historischen Entwicklung aus den Bereichen
- Mediensoziologie und
- Medienökonomik wissenschaftstheoretisch beschreiben.

In diesem Kapitel geht es darum, die bislang dargestellten wissenschaftstheoretischen Analyseinstrumentarien auf zwei Teildisziplinen der Kommunikationswissenschaft anzuwenden.

Folgend geht es nicht bloß um die rekonstruktive Erklärung der Vergangenheit. Der Nachweis allgemeiner Gesetzmäßigkeiten des wissenschaftlichen Erkenntnisprozesses muss bis an die Gegenwart heranreichen, will man den realen Zustand eines Wissensgebietes darstellen. Die Kenntnis „alter" Theorien erspart unnötige Forschungswiederholungen. „Ohne Wissen um die geschichtliche Basis ihrer Disziplin laufen Wissenschafter Gefahr, die Gegenwart ihres Handelns verzerrt oder einseitig zu sehen" befundet Vanecek (1998: 3) zu Recht.

Wir haben uns an dieser Stelle für folgende Teildisziplinen entschieden: Mediensoziologie und Medienökonomik. Der Charakter der Medien als Wirtschafts- und Kulturgüter legt dies nahe. Die Befassung mit medienökonomischen Fragen ist für die Kommunikationswissenschaft nicht so selbstverständlich, wie es sich angesichts ihres Ursprungs in der Deutschen Historischen Schule/Nationalökonomie vermuten lässt. Die Kommunikationswissenschaft hat ihre Wurzeln vergessen. Die Mediensoziologie wird an dieser Stelle aufgegriffen, weil sie wie die Medienökonomik verdeutlicht, dass sich Wissenschaft entlang von Problemfeldern entwickelt (Industrialisierung, Ökonomisierung, Kommerzialisierung udgl.). Darüber hinaus entwickeln sich heterodoxe ökonomische Ansätze immer stärker in Richtung soziologischer Positionen, sodass die Zusammenschau dieser beiden Teildisziplinen zumindest einen tentativen Ausblick auf das gibt, was die beiden Autoren als Ausgangspunkt einer holistische Perspektive des Fachs Kommunikationswissenschaft favorisieren.

5.1 Kommunikationssoziologie

5.1.1 Kommunikationssoziologie als Teildisziplin der Publizistik- und Kommunikationswissenschaft

Soziologie kann als die wissenschaftliche „Untersuchung des menschlichen Sozialverhaltens in allen Bereichen der sozialen Wirklichkeit" (Prisching 1992: 16) definiert werden. Kommunikationssoziologie wäre demnach also eine Spezialisierung auf die – im Wesentlichen durch technische Medien vermittelte – Kommunikation „in ihrer gesellschaftlichen Bedeutung und Bedingtheit" (Pürer 2003: 20). Ob dieses Spezialgebiet „eigentlich" als eine der vielen Bindestrich-Soziologien (wie etwa Verwaltungs-, Religions-, Kriminal-Soziologie usw.) zu dieser gehört oder zur Kommunikationswissenschaft, ist letztlich eine müßige Frage: Sie ist in Forschung und Lehre Bestandteil beider Wissenschaften und stellt in der sich als Integrationsdisziplin verstehenden Kommunikationswissenschaft neben ökonomischen, psychologischen, historischen und anderen Teilbereichen einen Forschungsfokus dar, der sie seit ihrem Beginn begleitet.

Die Kommunikationswissenschaft ist nach dem Selbstverständnis im deutschen Sprachraum eine „theoretisch und empirisch arbeitende Sozialwissenschaft mit interdisziplinären Bezügen" (DGPuK 2008). – In dieser Definition ist nicht nur die gesamte Bandbreite wissenschaftlicher Herangehensweise an gesellschaftliche Kommunikationsprozesse verpackt, in ihr verbirgt sich auch eine jahrhundertealte erkenntnistheoretische Kontroverse, wie sich die Verhältnisse, die von den Menschen in ihren Beziehungen zueinander geschaffen werden, erforschen, verstehen und dadurch gestalten lassen: durch abstraktes logisches Nachdenken, durch systematische Beobachtung oder durch eine Verbindung von beidem, wobei sich hier wiederum die Frage stellt, ob es voraussetzungslose Wahrnehmung oder aber auch wahrnehmungsloses Denken geben kann.

5.1.2 Geschichte der Soziologie

Am Beginn jeglicher gesellschaftswissenschaftlicher Forschungstradition steht ein allgemeines Problem, das meist durch eine gesellschaftliche Umbruchsituation hervorgerufen wurde. Das gilt sowohl für die Soziologie wie auch für die wissenschaftliche Beschäftigung mit Massenmedien. Teilweise handelt es sich dabei sogar um die selben Probleme: Die Begriffsschöpfung „Soziologie" 1838 durch Auguste Comte (1798–1857), fällt in die Zeit der Neuordnung Europas nach den Napoleonischen Kriegen, der Entstehung des Nationalismus und der tiefgreifenden gesellschaftlichen Umgestaltung durch die „Erste industrielle Revolution": Der Industriekapitalismus entsteht, die bisher vorherrschenden ideologischen Weltordnungen von „Thron und Altar" werden in Frage gestellt, Urbanisierung breitet sich aus, die Dampfmaschine wird zum universellen Antriebsmittel, Alphabetisierung setzt sich durch. Das wirkt sich nicht zuletzt auch auf die Kommunikationsstrukturen im weiteren Sinne aus: Buch- und Zeitungsproduktion werden durch die erste Rationalisierung des Druckes seit Gutenberg fundamental umgestaltet und letztlich verbilligt.

1814 wird die Londoner „Times" als erste Zeitung der Welt durch eine dampfgetriebene Rotationsdruckmaschine hergestellt, was größere Auflagen zu geringeren Kosten ermöglicht. Wenig später verändert die Eisenbahn als Kommunikationsinfrastruktur sowohl die Beziehungen der Menschen zu Raum und Zeit wie auch ihre Beziehungen zueinander. Diese gesellschaftliche Dynamik wollte Auguste Comte mit Hilfe einer „physique sociale" begreifbar machen, einer nach den gleichen Regeln wie Physik, Chemie, Astronomie und Psychologie vorgehenden neuen Wissenschaft, welche die positive, d.h. tatsächlich vorhandene, Beschaffenheit der Gesellschaft erforscht und diese Erkenntnisse zur Verbesserung der allgemeinen Wohlfahrt bereitstellt. Seiner „positiven Methode" geht es darum, die einzelnen Phänomene gesellschaftlicher Entwicklungen zu beobachten und dadurch soziale Gesetze zu entdecken – wie bei der Entdeckung der Bewegung der Erde um die Sonne –, statt aufgrund des bloßen Augenscheins zu vermuten oder deren Folgen normativ zu behaupten (Comte 1982: 44, 140).

Als weitere Konsequenz sollten dann Politik und Erziehung auf den rationalen Analysen einer naturwissenschaftlich betriebenen *positiven* Soziologie basieren (ebenda: 25 f.). Unter dieser „positiven Wissenschaft", die später zur Benennung der Denkschule des Positivismus führte, verstand Comte, dass die systematisch erhobenen Fakten zur vernünftigen Erkenntnis der gesellschaftlichen Entwicklungsgesetze führen müssen. Allerdings wird in dieser Konzeption vorausgesetzt, dass einerseits das Zusammenleben der Menschen nach zeitunabhängigen kausalen Regeln funktioniert und andererseits, dass diese Regeln von den wissenschaftlichen Subjekten, die selbst wiederum Teil der Gesellschaft sind, voraussetzungslos erforscht werden können. Beides ist in reiner Form aber nicht möglich.

5.1.2.1 Soziale Bedingtheit soziologischer Erkenntnis
Erkenntnis ist immer durch die jeweiligen technischen und sozialen „Rahmen", die zum Erkenntniszeitpunkt bestehen, bedingt: Technisch tragen etwa verbesserte optische Geräte in der Astronomie ebenso zu einer besseren Beobachtungssituation bei, wie die Möglichkeit zu Film- und Tonaufnahmen bei der Analyse des Verhaltens von Menschen in bestimmten Situationen. Anderseits ist jede Wissenschaft auch

ein soziales System in dem neben systematischen Beobachtungen und Logik auch der Konsens der wissenschaftlichen Gemeinschaft darüber, was die wesentlichen Erkenntnisbereiche der Disziplin sind, eine große Rolle spielt. Eine gemeinsame Anerkennung sowohl von Problemschwerpunkten wie von grundlegenden Lösungsstrategien innerhalb der „scientific community" (Beispiel Biologie: Darwinsche Evolutionstheorie, Beispiel Physik: Einsteinsche Relativitätstheorie), Paradigma genannt, ist jedoch in den Sozialwissenschaften nicht gegeben (Kuhn 1993: 30). Dies hat vor allem damit zu tun, dass die Gesellschaftswissenschaften und ihre Methoden immer auch gleichzeitig Teil des von ihnen untersuchten Problembereichs – nämlich der Gesellschaft – sind. In den Sozialwissenschaften ist es im Unterschied zu den Naturwissenschaften daher auch nicht möglich, systematische empirische Beobachtungen zu Gesetzesaussagen zu verdichten (vgl. z. B. Schwerkraft), da soziale Vorgänge immer auch spezifische Bedeutungen für die daran Beteiligten haben und diese Vorgänge daher nicht eindeutig determiniert sind.

Als Konsequenz ergeben sich daraus im Vergleich zu den Naturwissenschaften allerdings weniger systematische und stärker augenblicksbezogene Orientierungen. Manche Autoren (Winter et al. 2008) sehen darin sogar den Vorteil der wissenschaftlich-pluralistischen Herangehensweise an pluralistisch verfasste Gesellschaften. Damit muss aber nicht nur eine Vermischung von Analyse (Darstellung was ist) und Bewertung (Darstellung was sein soll) in Kauf genommen werden – einander widersprechende Ansätze koexistieren unwidersprochen und ohne, dass die Grundlagen der Bewertungen in die Analyse miteinbezogen werden: „They are as often presented in a ‚progressive' as in a ‚reactionary' light, according to whether the dominant (pluralist) or alternative (critical, radical) perspective is adopted." (McQuail 2011: 82)

Um die Zuverlässigkeit unserer Vorstellungen von der Wirklichkeit beurteilen zu können, müssen wir also gleichzeitig über zwei Bereiche des Erkenntnisvorganges nachdenken: a) Wie ist Erkenntnis überhaupt möglich? – das ist der Bereich der Erkenntnistheorie und b) inwieweit ist der Erkenntnisvorgang durch soziale Bedingungen beeinflusst? – das sind Fragen der Wissenssoziologie.

Folgt man dem britischen Philosophen Bertrand Russell (1872–1970) müssen die Aufgabenstellungen der Erkenntnislehre in zwei Bereiche differenziert werden:
1. Fragen, die sich empirisch, also durch systematische, intersubjektiv überprüfbare Erfahrungen lösen lassen – dazu gehören jedenfalls alle naturwissenschaftlichen Probleme;
2. Fragen, die sich nicht durch Beweise lösen lassen – dazu gehören z. B. alle Probleme, die ein Sollen oder soziale Wünschbarkeiten implizieren, mit anderen Worten normative Feststellungen (Russell 2001: 794).

Die Wahrheit einer Aussage bemisst sich demnach an der Übereinstimmung ihrer Bedeutung mit den Fakten (Russell 2001: 828). Dennoch nehmen wir nicht die Fakten selbst wahr, sondern nur deren Eigenschaften und diese Wahrnehmung ist wiederum durch die Wahrnehmenden bedingt (ebenda: 657). Das Intersubjektivitätskriterium geht von Analogieschlüssen der Beobachtenden aus (etwa nach der Vermutung „ich bin nicht der einzige Mensch, dessen Organismus auf Mückenstiche mit Juckreiz antwortet"). Bezweifelt man, dass andere ähnlich wahrnehmen wie man selbst, wird Sozialwissenschaft in doppelter Weise sinnlos: Weder können wir Aussagen über Sachverhalte außerhalb unserer eigenen Befindlichkeit machen, noch lohnt es sich über die Befindlichkeit anderer nachzudenken.

5.1.2.2 Analyse und/oder wertende Herangehensweise
In den Naturwissenschaften lassen sich diese beiden Fragen leichter auseinanderhalten als in den Sozialwissenschaften: Wie funktioniert Kernfusion? gehört zur ersten Kategorie; in welchen Zusammenhängen deren Risiken akzeptabel sind, zur zweiten. Die Ansicht, die „öffentliche Meinung" werde durch die freie Presse zur Geltung gebracht und lasse sich als quasi-statistische Meinung der Mehrheit begreifen, wie dies der britische Empirist John Locke (1632–1704) statuierte (Habermas 1971: 114 f.), ist jedenfalls eine Vermischung der empirisch-analytischen mit der normativ-philosophischen Fragestellung. Auf die Frage, wie dies verhindert werden kann oder ob dies in den Sozialwissenschaften unvermeidlich sei, gibt es unterschiedliche Antworten.

Fragt man, unter welchen gesellschaftlichen und kulturellen Bedingungen Wissen überhaupt entsteht, geht man also wissenssoziologisch vor, wird man allerdings zu der Auffassung gelangen, dass in den Sozialwissenschaften sich diese beiden Herangehensweisen nur bedingt trennen lassen, da die Menschen, welche die Erforschung des Sozialverhaltens zu ihrem Beruf gemacht haben, selbst Teil dieser sozialen Wirklichkeit sind: Sie haben spezifische Werte und Normen der sie umgebenden Gesellschaft verinnerlicht und unterliegen damit spezifischen zeitlichen und kulturellen Beschränkungen ihrer Erkenntnisfähigkeit.

Die Verknüpfung von Analyse und Bewertung ist in der Auseinandersetzung mit sozialen Sachverhalten – und hier gerade auch mit öffentlicher Kommunikation – weitaus älter als die Kommunikationswissenschaft selbst. Positionen, die auf philosophisch-idealistische Traditionen (v.a. den deutschen Philosophen Georg Wilhelm Friedrich Hegel) zurückgehen, versuchen Wirklichkeit aus Ideen, die wiederum aus logischer Abstraktion gewonnen sind, zu erklären (vgl. Kapitel 3.2). Es sind „übergreifende Theoriegebilde, die in einzelnen Teilen auf konkreter Empirie beruhen (können; Anm. CSt/RH), aber in ihrer Gesamtheit nicht empirisch überprüfbar sind" (Winter et al. 2008: 13). Die Problematik derartiger nicht-empirischer normativer Beurteilung öffentlicher Kommunikation zeigte sich schon bei Hegel selbst, der den preußischen absolutistischen Staat – und damit alle Maßnahmen zu seiner Aufrechterhaltung – als vernünftig und damit Zensur als notwendig deduzierte. „Pressefreiheit, meint er, besteht nicht darin, dass jeder schreiben könne, was er wolle: das ist eine unreife und oberflächliche Auffassung. Es sollte der Presse beispielsweise nicht erlaubt sein, die Regierung oder die Polizei verächtlich zu machen." (Russell 2001: 743) Empirieferne

Aussagen führen gerade in der Beschreibung gesellschaftlicher Sachverhalte sehr leicht zur bloßen Bestätigung ideologischer Voreingenommenheit.

Auch Aussagen über Massenkommunikation mit wissenschaftlichem Anspruch, wie auch der Begriff der Massenkommunikation selbst, haben und hatten ihren Ursprung häufig eher in allgemeinen Vorurteilen und Ad-hoc-Theorien als in präziser Hypothesentestung:

> The early meaning of 'mass communication' and one that still lingers, derived much more from the notion of people as a 'mass' and from the perceived characteristics of the mass media than from any idea of communication. [...] the 'mass' was perceived primarily in terms of its size, anonymity, general ignorance, lack of stability and rationality, and as a result was vulnerable to persuasion or suggestion. It was seen to be in need of control and guidance by the superior classes and leaders, and the mass media provided the means for achieving this. When power was seized on behalf of the oppressed classes in the 1917 Russian Revolution, the mass media were recruited to the task of re-indoctrination on much the same basic assumption. (McQuail 2011: 540)

Durch die Nutzbarmachung der Elektrizität und die ökonomisch durch die Durchsetzung des Kapitalismus hervorgerufene „Zweite industrielle Revolution" im letzten Drittel des 19. Jahrhunderts entsteht in der sozialphilosophischen Betrachtung ein Schwerpunkt auf die „Massen". Ab den späten dreißiger Jahren des 19. Jahrhunderts beginnt der Siegeszug der „Penny-Presse", zuerst in den USA, dann auch in Europa. Gründe sind die fortschreitende Alphabetisierung, die wiederum der Industriearbeit geschuldet ist sowie die inhaltliche Ausrichtung auf Sensationsorientierung und formelle Überparteilichkeit (Mindich 1998: 39). 1890 hat der „Petit Parisien" weltweit als erste Zeitung die Millionenauflage mit Hilfe von darin abgedruckten Fortsetzungsromanen überschritten (Mattelart 1999: 27).

Von weitestgehend besitzlosen Arbeitern bevölkerte Großstädte entstehen, traditionelle Sozialbindungen werden durch neue ersetzt, hergebrachte, meist interpersonelle Kommunikationsstrukturen werden durch Massenmedien und politische Großkundgebungen überlagert, die gesellschaftliche Weltsicht wandelt sich rasch und radikal. Massenkommunikation entsteht in diesem Kontext überhaupt erst und verändert, wie und was über Ereignisse erzählt wird: „Was wird aus der Fama neben Printinghouse square? [...] Von einer anderen Seite: ist Achilles möglich mit Pulver und Blei? Oder überhaupt die Iliade mit der Druckerpresse, und gar mit der Druckmaschine? Hört das ‚Singen und Sagen' und die Muße mit dem Preßbengel nicht notwendig auf, also verschwinden nicht notwendige Bedingungen der epischen Poesie?" fragt sich Marx 1858 (Marx 1974: 30 f.). Heute könnte man die Fragestellung erweitern, „Wie hätte Homer über den Trojanischen Krieg geschrieben, wäre er Blogger gewesen?" Der Franzose Gabriel Tarde (1843–1904), der eine weltweite „Massenbeeinflussung durch Journalisten" konstatiert (Tarde 2003: 16), versucht in diesem Zusammenhang erstmals die Entstehungsbedingungen öffentlicher Meinung aus psychologischen Faktoren abzuleiten und wird mit dieser Herangehensweise stärker in den USA als in Europa rezipiert (Mattelart 1999: 47).

5.1.3 Theoretische Zugänge

Im deutschsprachigen Raum blieb die Auseinandersetzung mit Massenmedien allerdings von soziologischem Gedankengut bis in die sechziger Jahre des 20. Jahrhunderts hinein weitestgehend unberührt (Koszyk/Pruys 1973: 14): Neben staatswissenschaftlich-ökonomischen Analysen herrschten hier die historisch-deskriptiven bis – im weitesten Sinne von Hegel beeinflussten – idealistisch-spekulativen Ansätze vor: „Historisch-deskriptiv" bedeutet im Wesentlichen Quellensammlungen (z. B. Erscheinungszeiträume von Zeitungen, Namen von Herausgebern und andere bibliographische Daten), die für sich genommen durchaus interessant sein mögen, aber keinen gesellschaftserklärenden Bezug aufweisen. „Idealistisch-spekulativ" meint z. B. Versuche, mediale Produkte und deren Wirkungen aus dem „geistigen Anspruch" der jeweils Beteiligten heraus zu erklären oder die „Geformte Gesamtidee" der Zeitung im Sinne der Philosophie Hegels zu ergründen (ebenda). Max Webers (1864–1920) Anstöße zu einer soziologischen Untersuchung des „Zeitungswesens" konnten sich weder von der Sache noch von der soziologisch-erkenntnistheoretischen Ausrichtung her durchsetzen. In der Frage der Beeinflussung der Erkenntnismöglichkeit sozialer Zusammenhänge durch individuelle Normvorstellungen ging Max Weber (2006: 719–772) davon aus, dass

1. eine vollständig objektive Analyse der sozialen Welt deswegen unmöglich sei, weil die Auswahl der Analyseobjekte und die Gliederung der Durchführung der Analyse immer von Interessen und Werturteilen abhängig ist; es müssen daher die Wertmaßstäbe der jeweiligen Untersuchung dargelegt und das jeweilige Forschungsproblem in diesem Zusammenhang begründet werden;
2. die Suche einer Antwort auf die Frage, welche Werte prinzipiell gelten sollen, keine Aufgabe der Wissenschaft sei, sondern dem Bereich der Weltanschauung zuzuordnen sei („Eine empirische Wissenschaft vermag niemanden zu lehren, was er soll, sondern nur, was er kann – und unter Umständen was er will." (Weber 2006: 722)); und
3. es daher dennoch möglich sei auch in der Sozialwissenschaft allgemein gültige Erkenntnisse zu erreichen, da eine richtige Beweisführung der Analyse unabhängig von Wert- und Kulturhorizonten ist und daher auch von Vertretern anderer Weltanschauungen anerkannt werden muss.

5.1.3.1 Pragmatismus

In Nordamerika wird der gesellschaftliche Wandel gegen Ende des 19. Jahrhunderts zum Unterschied zu Europa nicht in erster Linie als Bedrohung durch „Vermassung" empfunden. Aufgabe der Sozialwissenschaft ist, herauszufinden, „what works best in the way of leading us, what fits every part of life best and combines with the collectivity of experience's demands" (Henry James zitiert nach Hardt 2005: 40). Der erkenntnistheoretische Ansatz dieser Pragmatismus genannten Philosophie, die in den USA etwa zeitgleich mit der Massenpresse entstand, hat, was Weltanschauung und Sozialwissenschaft anlangt, eine zu Max Weber gegensätzliche Position: Werthaltungen, Weltanschauungen sind insofern Bestandteil empirischer Forschung, als das Intersubjektivitätskriterium auf sie ausgedehnt wird: Hypothesen gelten dann als akzeptiert, wenn sich aus ihnen nützliche Konsequenzen für das soziale Leben ergeben und sie allgemein anerkannt sind. Eine Aussage ist wahr, wenn sie „im weitesten Sinne des Wortes befriedigt" – das gilt nach Henry James (1843–1916) auch für Aussagen über Gott. Bertrand Russell (2001: 824) kommentiert dies ironisch, dass dies dann wohl auch für die Existenz des Weihnachtsmannes zuträfe.

Mit anderen Worten: ob eine Aussage wahr ist, ergibt sich sowohl daraus, ob sie allgemein anerkannt wird, wie auch ob sich aus dieser Aussage nützliche Konsequenzen für das gesellschaftliche Leben ziehen lassen. Der letztgültige Wahrheitsbeweis einer Sozialtheorie sind die daraus sich praktisch ergebenden Konsequenzen für das Sozialsystem. Damit wird das was gelten soll – Normativität – zum Teil der empirischen Sozialforschung.

Wissenssoziologisch lässt sich die Entstehung des Pragmatismus als eine Reaktion der in den USA vorherrschenden gesellschaftlichen Strömungen des Protestantismus und Liberalismus auf die gesellschaftlichen Veränderungen um die Wende vom 19. zum 20. Jahrhundert interpretieren (Mead 1930). Zum Unterschied zu den mehrheitlich angstbesetzten europäischen Reaktionen auf die Entstehung mobiler urbanisierter Gesellschaften, erfolgte darauf in Nordamerika eine prinzipiell positivere Sichtweise des sozialen Wandels. Die entstehende Sozialwissenschaft erlangte die Rolle, Wissen als Hilfestellung für die Bewältigung dieses Wandels und für die Aufrechterhaltung der grundlegenden gesellschaftlichen Werte zu liefern. Damit stehen auch zum Unterschied zu Europa im Wesentlichen Fragen des Ablaufs sozialer Prozesse im Vordergrund der Sozialwissenschaft und nicht Fragen der Gesellschaftskonstitution, Legitimität von Macht bzw. der Verteidigung oder Ablehnung aufklärerischer Ideen.

Während es der europäischen Sozialwissenschaft am Beginn der Moderne (und im Wesentlichen bis heute) um Entwicklung genereller Theoriesysteme geht, verhält sich die US-Soziologie pragmatisch-diskursiv. Wissenschaftlich gültige Erkenntnis ist letztlich der – immer vorläufige – Konsens von Wissenschaftlern einer Disziplin über divergierende Befunde, deren Interpretation und der damit verbundenen Interessen (Hardt 2005: 56). Gerade dieser „Praktikabilitätsansatz" verleiht dem Pragmatismus eine große Offenheit gegenüber gesellschaftlichem Wandel, Modernität und Wirtschaftsliberalismus (ebenda: 64).

Die Betonung des Diskursiven bei der Wahrheitsfindung lässt den Pragmatismus aber auch zu einem erkenntnistheoretischen Ansatz werden, der speziell Fragen der öffentlichen Kommunikation in sein Zentrum rückt und damit notwendigerweise auch kommunikationssoziologische Forschung vorantreibt. Deren Aufgabe ist es, Wege aufzuzeigen, wie gesellschaftliche Probleme im Sinne eines „social engineering" durch Verbesserung von Kommunikationsmaßnahmen gelöst werden können (Hardt 2005: 73 f.). Die erste im engeren Sinne kommunikationswissenschaftliche Analyse wird erst 1927 von Harold D. Lasswell verfasst und befasst sich – auf empirisch-psychologischer Grundlage – mit Propaganda und Gegenpropaganda im Ersten Weltkrieg: „Propaganda Techniques in the World War" (Mattelart/Mattelart 2004: 18). Propaganda und Public Relations werden auf ihre Tauglichkeit zur Aufrechterhaltung und Verfestigung von Gemeinsinn hin untersucht, da in aus der empirischen Psychologie entlehnten naturalistischen Vorstellungen von übermächtigen Medienwirkungen auf das Publikum ausgegangen wird (kommunikative Botschaften wirken kausal wie etwa Schmerzempfinden durch eine Nadel, die die Haut durchdringt).

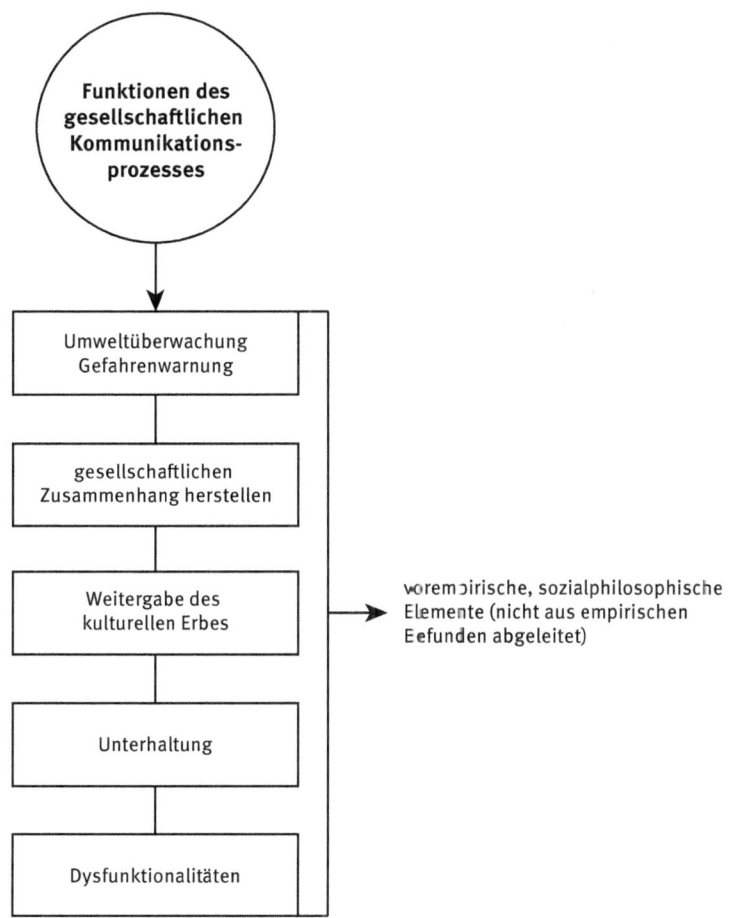

Abb. 5.1: Funktionsweisen des gesellschaftlichen Kommunikationsprozesses (eigene Darstellung angelehnt an Mattelart 2004: 21)

Nachdem spätere Untersuchungen den Nachweis erbrachten, dass es keinen (Medien-)Reiz-(Wirkungs-)Reaktionszusammenhang gibt, ging man in den späten vierziger Jahren zu funktionalistischen Modellen über, die als erste wirklich kommunikations*soziologische* Forschungen gelten können (Burkart 1998: 206). Als wesentliche Funktionsweisen werden dem gesellschaftlichen Kommunikationsprozess von Harold D. Lasswell (1902–1978) sowie von Robert K. Merton (1910–2003) und Paul F. Lazarsfeld (1901–1976) unterstellt (Matellart 2004: 21): a) Umweltüberwachung, Gefahrenwarnung, b) Herstellung eines gesellschaftlichen Zusammenhangs als Antwort auf Bedrohungen von außen, c) Weitergabe des kulturellen Erbes, d) Unterhaltung sowie e) Dysfunktionalitäten. Hier handelt es sich aber um vorempirische, sozialphilosophische Elemente, also um axiomatische Setzungen[1] und nicht um Ableitungen (Deduktionen) aus zuvor erhobenen empirischen Befunden (vgl. Abbildung 5.1).

Diese Denkrichtung brachte einerseits eine langsame Entfernung von den ursprünglichen Erkenntnisansätzen des Pragmatismus und führte mit systemtheoretischen Ansätzen (auf die etwas später eingegangen wird) zu einem quasi naturalistischen Konzept von Kommunikation in der Gesellschaft: Es ist die Aufgabe von Kommunikation, die Gesellschaft in einem dynamischen Gleichgewicht zu halten (Hardt 2005: 82 ff.). Andererseits wurden funktionalistische Elemente in die bestehende pragmatische Erkenntnislehre integriert: Für bestimmte Zwecke erweisen sich bestimmte Kommunikationsfunktionen als vorteilhaft. Es gilt durch spezifische Versuchsanordnungen diese gewünschten Zusammenhänge herauszufinden. Den „Gründervätern der nordamerikanischen Kommunikationswissenschaft", Paul F. Lazarsfeld, Harold D. Lasswell, Kurt Lewin und Carl I. Hovland ging es darum, sich in ihren Aussagen darauf zu beschränken, was durch empirisch erhobene Daten geklärt erscheint und Theorien nur induktiv aus diesen Testergebnissen zu entwickeln (Schramm 1973). Der aus Österreich in die USA mit einem Rockefeller-Stipendium gekommene promovierte Mathematiker Lazarsfeld, der an der Universität Wien zuvor am Institut für Psychologie gearbeitet hatte (und aufgrund der Dollfuß- und später der Hitler-Diktatur nicht mehr zurückkehren konnte), hatte einen erheblichen Anteil an der Entwicklung einer „administrativ" verfahrenden empirischen Kommunikationswissenschaft, die sich erst in den sechziger Jahren des 20. Jahrhunderts in Europa vollständig durchsetzte.

> Behind the idea of such research is the notion that modern media of communication are tools handled by people or agencies for given purposes. The purpose may be to sell goods, or to raise the intellectual standard of the population, or to secure an understanding of governmental policies, but in all cases, to someone who uses a medium for something. It is the task of research to make the tool better known, and thus to facilitate its use. (Lazarsfeld 1980: 2 f.)

„Kritische Forschung", im Gegensatz hierzu, hat ein normatives Ziel: die Aufrechterhaltung und Durchsetzung „kultureller Grundwerte" (ebenda: 12 f.) bzw. der Ideale

---

[1] Setzungen, die beweislos vorausgesetzt werden.

der Aufklärung. „Administrative" wie „kritische Forschung" sind aber in Lazarsfelds Verständnis beide induktiv: Sie setzen keine Gesellschaftsmodelle voraus, sondern entwickeln ihre Theorien aus der Verallgemeinerung systematischer Beobachtungen, die „hauptsächlich die Reaktionen auf und die Ansichten über soziale Erscheinungen, differenziert nach den sozialen Gruppierungen der Befragten" (Neurath 1996: 18) zur Grundlage haben.

5.1.3.2 Rückkehr des Normativen

Für die „Kritische Theorie" im engeren Sinn war allerdings auch Lazarsfelds kritische Forschung nur eine Spielart der administrativen. Diese soziologische Schule ging aus dem 1924 gegründeten Institut für Sozialforschung der Frankfurter Universität hervor, das sich im Wesentlichen die Erforschung der Geschichte der Arbeiterbewegung vor dem Hintergrund der sozialen Verwerfungen nach dem Ersten Weltkrieg in Deutschland zum Ziel gesetzt hatte. An der Entwicklung dieser Denkrichtung waren vor allem Max Horkheimer und Theodor W. Adorno sowie Erich Fromm, Friedrich Pollock, Leo Löwenthal und Herbert Marcuse beteiligt (Wiggershaus 1988). Für Horkheimer und Adorno, jene beiden Vertreter, welche den kultur- und mediensoziologischen Fragestellungen in ihrem Forschungsrepertoire breiten Raum einräumten, waren empirische Untersuchungen keine notwendigen Voraussetzungen für Theoriebildung: Es genüge auch eine kleine Zahl von wesentlichen Anhaltspunkten um gesellschaftliche Vorgänge klassifizieren zu können. „Ob nun aber die höchsten Prinzipien durch Auswahl, durch Wesensschau oder durch bloße Festsetzung gewonnen werden, macht im Hinblick auf ihre Funktion im idealen theoretischen System keinen Unterschied." (Horkheimer 1980a: 249) Dennoch wird empirische Forschung – im Rahmen des Gültigkeitsanspruches des theoretischen Rahmens – akzeptiert, da sie „für jeden Zweck, auch für die kritische Theorie ihre Wichtigkeit" (Horkheimer 1980a: 281) habe.

In seiner Antrittsrede bei Übernahme des Lehrstuhls für Sozialphilosophie und der Leitung des Instituts für Sozialforschung in Frankfurt (das über privates Mäzenatentum finanziert wurde) bekannte sich Horkheimer 1931 zu einem Nebeneinander von Philosophie und Empirie in der Gesellschaftswissenschaft und verband dies mit einer „Absage an alle Spekulationen über einen vorgegebenen Weltsinn" (Wiggershaus 1988: 52 f.). Im Anspruch der Herangehensweise an die „konkrete Totalität der Welt" rekurrierte die Kritische Theorie auf die „ökonomischen Kategorien der Marxschen Theorie. Diese beansprucht, die gesamte Menschen- und Güterwelt aus dem gesellschaftlichen Sein der Epoche abzuleiten" (Schmidt 1980: 29* f.).

Erkenntnistheoretisch bedeutet das 1. die Grundannahme, die Geschichte der Menschheit folge bestimmten Regeln, die 2. prinzipiell durch dialektisch-materialistische Herangehensweise erkennbar sind, was dadurch 3. sich als ökonomische Bedingtheit aller Gesellschaftsformationen im Verlauf der Menschheitsgeschichte offenbart. „Die kritische Theorie", so Horkheimer in seinem Aufsatz über traditionelle und kritische Theorie, beginnt ihre Analyse „mit der Kennzeichnung einer auf

Tausch begründeten Ökonomie. [...] Die Konzeption des Prozesses zwischen Gesellschaft und Natur, die hier schon mitspielt, die Idee einer einheitlichen Epoche der Gesellschaft, ihrer Selbsterhaltung usf. entspringen bereits einer gründlichen, vom Interesse an der Zukunft geleiteten Analyse des geschichtlichen Verlaufs." (Horkheimer 1980a: 277) Zum Unterschied zu Marx (bzw. allen Spielarten von „Marxismus-Leninismus"[2]) ist aber nicht das Proletariat als Klasse (oder eine Partei als deren angebliche Avantgarde) Agens gesellschaftlicher Transformation, sondern die *Theorie als Gesellschaftserklärung* (ebenda: 272, 291). Kritische Theorie wird so programmatisch vor allem in ihrer gesellschaftspolitischen Haltung anderen zeitgenössischen konkurrierenden Theorien gegenübergestellt: „Die kritische Theorie erklärt: es muss nicht so sein, die Menschen können das Sein ändern, die Umstände sind jetzt vorhanden." (ebenda: 279, 1 FN)

Einlassungen zur wissenschaftlichen Erkenntnis fehlen in Horkheimers Aufsatz, sieht man von der Abgrenzung zu anderen Wissenschaftsauffassungen ab. Als *Positivismus*[3] abgelehnt werden „rein registrierende Betrachtung" (ebenda: 281), Theorieferne (ebenda: 283), welche die historischen Entwicklungen ausblendet sowie eine unmittelbare Verwertungsabsicht bezüglich der Ergebnisse sozialwissenschaftlicher Forschung[4]. Ein, wenn man so will, dialektisches Verhältnis zwischen Theorie und Beobachtung wird von Horkheimer als traditionelles Wissenschaftsverständnis apostrophiert: „Zeigen sich [...] Widersprüche zwischen Erfahrung und Theorie, so wird man diese oder jene revidieren müssen. Entweder man hat schlecht beobachtet, oder mit den theoretischen Prinzipien ist etwas nicht in Ordnung." (ebenda: 245) Das kritische Denken hat hier einigermaßen abstrakt „die Herbeiführung des vernünftigen Zustands" zum Ziel (ebenda: 270), ohne dass dafür ein spezifisches Wahrheitskriterium angegeben wird.

---

2 Burkart (1998: 445) schrieb bereits vor Jahren, dass Analysen dieser Art zwar die publizistik- und kommunikationswissenschaftliche Fachdiskussion in den späten 1960er-Jahren dominiert hätten. „In jüngerer Zeit ist es um diesen Ansatz eher still geworden".
3 Interessanterweise wurde der Positivismusvorwurf umgekehrt auch von jenen Strömungen, die sich im Einklang mit der orthodoxen marxistischen Erkenntnistheorie wähnten, gegen die Kritische Theorie erhoben: Horst Holzer (Holzer 1973: 49 f.) warf der Kritischen Theorie vor, die historisch notwendige Auseinandersetzung zwischen Kapitalismus und real möglichem Sozialismus nicht anzuerkennen, wodurch sie es unterlasse, die hinter den positivistischen Wissenschaftskonzeptionen stehenden Interessen aufzuzeigen. Noch deutlicher wurde Wulf D. Hund (Hund 1976: 105), der ausführt: „In diesem Zusammenhang entspringt Rettung auch nicht einer Verfahrensweise, die methodischen Positivismus mit epistemologischem Materialismus verbindet. Die strukturalistische Parallelisierung von Arbeit und Kommunikation wird nicht dadurch marxistisch, dass man ihr unermüdlich Marxzitate zur Seite gesellt. Vielmehr müsste sie grundlegend umgekrempelt werden, um auf der Einsicht in den Widerspiegelungscharakter der Erkenntnistätigkeit zu einer zutreffenden Bestimmung der gesellschaftlichen Produktion und Distribution von Wissen zu gelangen."
4 Daher zeigte sich im weiteren Verlauf der Arbeit des Instituts, auch nach der Emigration in die USA, eine gewisse „Lustlosigkeit hinsichtlich der Veröffentlichung empirischer Forschungsresultate" (Wiggershaus 1988: 201).

Die spezifisch marxistisch inspirierte Kulturanalyse speiste sich vor allem aus dem Subkapitel „Der Fetischcharakter der Ware und sein Geheimnis" aus dem 1. Band des „Kapital" von Karl Marx (1955: 76 ff.). Marx konstatiert, dass Waren sowohl einen konkreten Gebrauchswert – für den Käufer –, als auch einen Tauschwert – für den Produzenten – haben. Ersterer bemisst sich am konkreten Nutzen für den Verwender, Letzterer an der für die Herstellung der Waren aufgewendeten Arbeitszeit. Durch den Tauschwert werden die Güter zu abstrakten „Wertdingen", die miteinander über Geld tauschbar sind. Die kapitalistische Ökonomie „fetischisiert" in der Ware den Tauschwert, – also das Geld, das mit dem Verkauf erlöst wird –, während der Nutzwert in den Hintergrund tritt. Der Tauschwert der Produkte erscheint so als etwas Natürliches mit der Konsequenz, dass Arbeitsresultate – eben auch in der Kulturproduktion – in erster Linie nach ihrem Tauschwert beurteilt werden (wie zum Beispiel wenn als Argument für Studiengebühren behauptet wird, „was nichts kostet, hat auch keinen Wert").

Walter Benjamin, kein Gründungsmitglied aber späterer Mitarbeiter des Frankfurter Instituts, und Theodor W. Adorno bezogen sich auf den Begriff des Warenfetisch, um damit ein durch die Produktionsverhältnisse hervorgerufenes „falsches Bewusstsein" in der Kulturproduktion- und -rezeption darzustellen. Verkäuflichkeit des Kulturgutes wird zur alleinigen Motivation es herzustellen. Musik als Ware wird zur „Schablone des Anerkannten", der Hörer wird „in den akzeptierenden Käufer verwandelt", weshalb die „Macht des Banalen sich über das Gesellschaftsganze erstreckt" (Adorno 1938: 324 ff.).

Betrachtet man die Methodologie des Frankfurter Instituts für Sozialforschung, so wäre es in den ersten Jahren der Emigration in den USA „fast ein empirisch forschendes Institut einzelwissenschaftlich qualifizierter marxistischer Gesellschaftstheoretiker" (Wiggershaus 1988: 171) geworden, das aber letztlich doch sowohl den Einzelwissenschaften wie der Empirie skeptisch gegenüberstand (ebenda: 173).[5] Im dialektischen Denken geht es nach Horkheimer darum, „auf Grund fortschreitender Erfahrung" „die analytisch gewonnenen Begriffe zueinander in Beziehung zu setzen und die Wirklichkeit durch sie zu rekonstruieren" (Horkheimer 1980: 350, 351). Erfahrung ist aber hier nicht als Empirie zu verstehen, sondern als das Prinzip, „jede Einsicht erst im Zusammenhang mit der gesamten theoretischen Erkenntnis als wahr zu nehmen und sie daher begrifflich so zu fassen, dass in der Formulierung die Verbindung mit die Theorie beherrschenden Strukturprinzipien und praktischen Tendenzen gewahrt bleibt" (Horkheimer 1980: 350).

---

5 Wiggershaus (1988: 283) zitiert in diesem Zusammenhang aus einem schriftlichen Statement Horkheimers von 1943: „When we became aware that a few of our American friends expected of an Institute of Social Sciences that it engage in studies on pertinent social problems, field work and other empirical investigations, we tried to satisfy these demands as well as we could, but our heart was set on individual studies in the sense of Geisteswissenschaften and the philosophical analysis of culture."

Wenn aber Erfahrung immer erst aufgrund der bereits akzeptierten „gesamten theoretischen Erkenntnis" als wahr gelten kann, ist eine Falsifikation dieser forschungsleitenden Theorie aufgrund der schieren Faktenlage nicht möglich. Darin lag im Grunde die wesentliche Kontroverse („Positivismusstreit") zwischen Karl Popper – der ebenfalls vom Vorrang der Theorie bei der Erkenntnis ausging, der Empirie aber korrektive Funktionen zumaß und damit näher bei der Kritischen Theorie stand, als bei den eigentlichen Positivisten (Wiggershaus 1988: 632) – und Adorno. Letzterer hatte grundsätzlich weniger Interesse an der Entwicklung einer umfassenden Gesellschaftstheorie als Horkheimer (Wiggershaus 1988: 212), sondern mehr an einer „Deutung des Kapitalismus, bei der die theologische Kategorie der dinghaft entstellten Welt übersetzt war in die marxistische Kategorie des Warenfetischs, eine Deutung, die dem dialektischen Materialismus nicht widersprach, sondern ihn radikalisierte durch die Entschlüsselung der Warenwelt als mythische Urlandschaft und höllisches Gegenbild der wahren Welt" (Wiggershaus 1988: 221). Von diesem Standpunkt aus, aber wohl in gleicher Weise auch von dem des Musiktheoretikers der Komposition bei Alban Berg studiert hatte, wird Populärmusik „zum Vorwand, vom Denken des Ganzen zu entbinden, dessen Anspruch im echten Denken enthalten ist, und der Hörer wird auf der Linie seines geringsten Widerstandes in den akzeptierenden Käufer verwandelt." (Adorno 1938: 324) Dies gilt in gleicher Weise für Sport, Reklame, Radioshows, Film und vergleichbarer Unterhaltung mit Warencharakter. „Lichtspiele und Rundfunk brauchen sich nicht mehr als Kunst auszugeben. Die Wahrheit, dass sie nichts sind als Geschäft, verwenden sie als Ideologie, die den Schund legitimieren soll, den sie vorsätzlich herstellen." (Horkheimer/Adorno 1986: 129) Daraus entsteht ein „Zirkel von Manipulation und rückwirkendem Bedürfnis, in dem die Einheit des Systems immer dichter zusammenschließt" (ebenda).

Hier wird das Konzept des „Warenfetisch" – das bei Marx im Wesentlichen noch als Erklärung dafür dient, weshalb der Wert von Waren (und vor allem der Ware Arbeit) von den Beteiligten so schwer zu durchschauen ist – zu einer kulturkritischen Anklage, die den Beweis ihrer Richtigkeit nicht erbringen will. Weder eine empirische Überprüfung, ob Konsum von Kulturprodukten mit Warencharakter zwangsläufig, daher immer und bei allen, dazu führt, dass man dem Denken entfremdet wird und schließlich nur mehr wie ein Insekt[6] handelt (Adorno 1941: 47), noch eine logische Ableitung, dieses unterstellten Sachverhaltes findet hier statt. Feststellungen aus singulären Situationsbeurteilungen können nach dieser Auffassung offensichtlich ohne Überprüfung durch ein erfahrungswissenschaftliches Instrumentarium getroffen werden, denn, wie Horkheimer und Adorno (1986: 135) 1944 in der „Dialektik der Aufklärung" schreiben: „Jedem beliebigen Tonfilm, jeder beliebigen Radiosendung lässt sich entnehmen, was keiner einzelnen, sondern allen zusammen als Wirkung zuzuschreiben wäre." Wirkung –

---

6 Es handelt sich hier um ein Wortspiel im Englischen: In Amerika wurde der „Swing"-Musikstil auch Jitterbug (bug = Käfer) genannt.

und das widerspricht jedenfalls dem früher bekundeten dialektischen Wissenschaftsverständnis – wird hier als einseitige und eindeutige Beeinflussung der Rezipienten durch die Verhältnisse der Kulturproduktion konstatiert. Jürgen Habermas interpretiert im Nachwort zu dieser Schrift (ebenda: 285 f.) Adornos Haltung, dass diesem zur Erlangung von Weltverständnis nur die philosophische Deutung und als deren Ausdrucksform der Aphorismus angemessen erschienen.

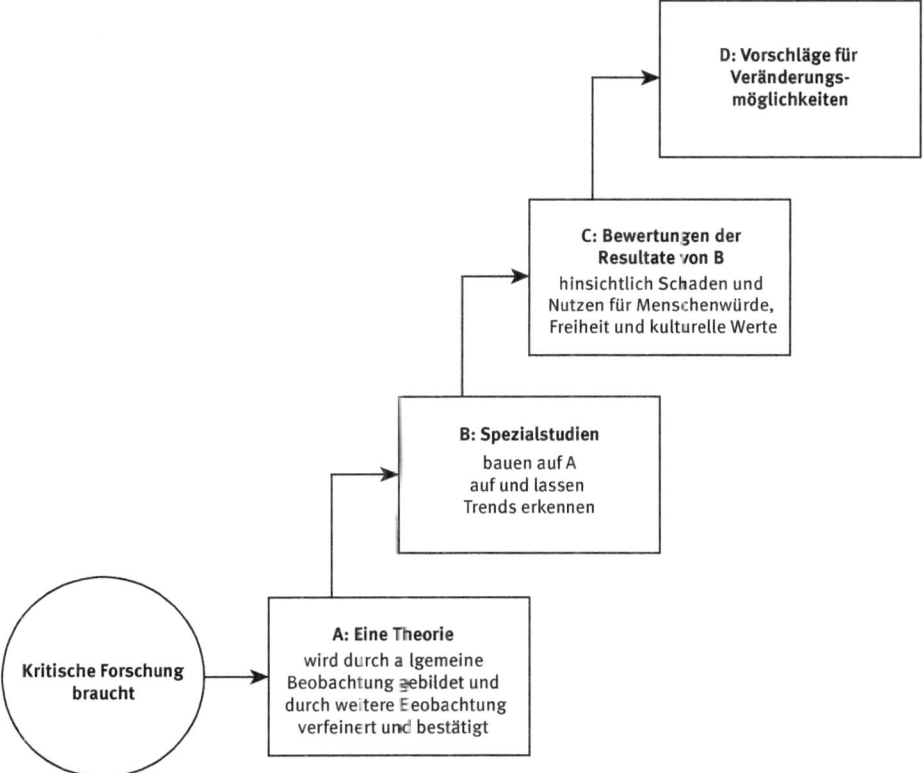

Abb. 5.2: Kritische Forschung nach Lazarsfeld (eigene Darstellung angelehnt an Lazarsfeld 1941: 12 f.)

Diese Empirieferne Adornos führte letztlich zum Konflikt mit Paul Felix Lazarsfeld[7], der ihn zum Princeton Radio Research Project geholt hatte, und zu dessen Klarstel-

---

[7] Lazarsfeld schrieb in einem Brief im September 1938 an Adorno unter anderem (zitiert nach Wiggershaus 1988: 272): „I am sorry to say that in many parts your memorandum is definitely below the standards of intellectual cleanliness, discipline and responsibility which have to be requested from any one active in the academic world. [...] My objections can be grouped around three statements: I.) You don't exhaust the logical alternatives of your own statements and as a result much of what you

lung in Remarks on Administrative and Critical Communications Research (Lazarsfeld 1980). Kritische Forschung braucht Lazarsfeld zufolge a) eine Theorie, welche durch allgemeine Beobachtungen gebildet wird und durch weitere Beobachtungen verfeinert und bestätigt wird; b) Spezialstudien, die auf a) aufbauen und Trends erkennen lassen; c) Bewertungen der Resultate von b) hinsichtlich des Schadens und Nutzens für Menschenwürde, Freiheit und kulturellen Werten; d) Vorschläge für Veränderungsmöglichkeiten (ebenda: 12 f.) (vgl. Abbildung 5.2).

Dies widersprach zwar nicht den wissenschaftsprogrammatischen Vorstellungen der Frankfurter Schule (Horkheimer 1980a), wohl aber deren Agenda, für welche Theorieentwicklung und hier vor allem die theoretisch-ökonomische Analyse der Kulturanalyse zentral war und an der sie letztlich scheiterte (Wiggershaus 1988: 560 f.). Die Beschreibung des Rezeptionsprozesses von Kulturprodukten ausschließlich aus der Perspektive ihrer ökonomischen Produktionsweise (Warenfetischismus) führte, so könnte man sagen, zwangsweise zur Auffassung über die Ausweglosigkeit gesellschaftlicher Manipulation und wie das Göttlich in Bezug auf Löwenthal ausdrückt, „zu einer zunehmend pessimistischen Haltung, die schließlich in einer Anklage gegen das Publikum und die massenliterarischen Produkte mündet" (Göttlich 1996: 147).

Die Intention der Kritischen Theorie, durch philosophische Kritik am Status quo zu einer Gesellschaftstheorie zu gelangen, welche die Aufklärung vorantreibt, damit das Bekenntnis zu einem normativen Wissenschaftsverständnis, den Bezug des Begriffs des „Warenfetisch" von Marx vor allem auf die Kulturindustrie und einem daraus entwachsenden Manipulationsvorwurf sowie die – gerade auch durch ihren aphoristischen Stil – beeindruckende Sprachgewalt der Mehrheit der Veröffentlichungen haben ihre Ideen in eine Vielfalt unterschiedlicher kulturwissenschaftlicher Ansätze mit zum Teil unterschiedlichem wissenschaftstheoretischen Selbstverständnis eingehen lassen.

Wir fassen an dieser Stelle zusammen: Horkheimer und Adorno rekurrieren in ihrer Theoriebildung auf Karl Marx, der seinerseits von Hegel erkenntnistheoretisch geprägt war. Die Beziehung des Menschen zur Existenzsicherung durch Arbeit, die Produktionsweise, ist für Marx die treibende Kraft der Gesellschaftsentwicklung. Erkennen ist bei Marx nicht eine ausschließliche Tätigkeit des Erkennenden, sondern Subjekt und Objekt befinden sich in einem permanenten wechselseitigen, d.h. „dialektischen" Anpassungsprozess. Wobei Marx von Hegel die Auffassung übernimmt, die Welt entwickle sich aufgrund einer logischen Gesetzmäßigkeit. Nur ist nicht wie bei Hegel der Weltgeist, sondern sind die Widersprüche der Produktionsweise die treibende Kraft (Russell 2001: 789 ff.). Die Erkenntnismöglichkeit ist daher durch die jeweilige gesellschaftliche Situation wesentlich bestimmt.

---

say is either wrong or unfounded or biased. II.) You are uninformed about empirical research work but you write about it in an authoritative language, so that the reader is forced to doubt your authority in your own musical field. III.) You attack other people as fetishist, neurotic and sloppy but you show yourself the same traits very clearly."

Das Erkennen von Realität ist aber möglich: Die Bedingtheit der Erkenntnis ist durch die „dialektische Kritik der politischen Ökonomie" (Horkheimer 1980a: 261) überwindbar. Damit ist gemeint, dass in der Gesellschaftstheorie insgesamt deduktiv von dem „Existentialurteil" (ebenda: 279) ausgegangen werden muss, dass die kapitalistische Wirtschaftsform eine widersprüchliche Gesellschaft erzeugt, welche daher durch eine neue, humanere zu ersetzen ist. Kritische Wissenschaft ist daher als Wissenschaft an sich parteiisch-normativ (und nicht etwa nur wie bei Max Weber im Sinne von politisch agierenden Wissenschaftlern) und hat das Ziel, durch ihre Kritik zu einer grundlegenden Gesellschaftstranszendierung zu führen. Denn, so die These, die Horkheimer und Adorno (1986) durch die Existenz von Faschismus und Stalinismus bestätigt sehen, die kapitalistische Gesellschaftsordnung mündet zwangsläufig in die Barbarei. Im US-amerikanischen Exil, in das viele der Mitarbeiter des Frankfurter Institutes vor dem Nazi-Faschismus fliehen, wird in Richtung der kommerziellen Massenmedien dann apodiktisch von der „Barbarei der Kulturindustrie" (Horkheimer/Adorno 1986: 149) ausgegangen. Die Nachfrage nach Kulturgütern wird durch die Medien als „Verblendungszusammenhang" erzeugt.

Die „Kritische Theorie" ist somit eher pessimistische Kulturphilosophie als Kultursoziologie. Gegenüber dem Pragmatismus unterscheidet sie sich vor allem dadurch, dass sie die Organisation der Gesellschaft innerhalb derer Kommunikation stattfindet, in ihren zentralen Blickpunkt rückt. Ihre weiterführende Bedeutung in der Erkenntnistheorie der Mediensoziologie liegt vor allem in ihrem Einfluss auf einen breiten Bogen von Theorieansätzen, die sich einem „kritischen Paradigma" und damit einem „Public-Service-Modell" verpflichtet fühlen, ohne notwendigerweise den Kulturpessimismus der „Frankfurter Schule" zu teilen.

Jürgen Habermas, der ab 1956 Forschungsassistent bei Horkheimer und Adorno im nach Deutschland zurückgekehrten Institut für Sozialforschung gewesen war, versuchte ausgehend vom normativen Standpunkt der Frankfurter Schule Karl Poppers Wissenschaftstheorie zu radikalisieren (Wiggershaus 1988: 634 ff.): Die empirischen Einzelbeobachtungen können nur aus dem jeweiligen Lebensbezug des Forschungsprozesses – mithin sozial normierten Verhaltenserwartungen an die daran Beteiligten – ihre Geltung ableiten. Da die Festlegung der Gültigkeit wissenschaftlicher Aussagen auch nach Popper nur durch den Konsens der beteiligten Beobachter erfolgen kann, dafür aber das Medium der Sprache unumgänglich ist, können wissenschaftliche Aussagen nach Habermas weder wertfrei sein, noch das Monopol rationaler Erkenntnis beanspruchen (ebenda). Herstellung von Intersubjektivität als Prüfkriterium schließt demnach handlungsorientierte Verständigung via Hermeneutik notwendigerweise mit ein (Habermas 1969: 158).

Ende der sechziger Jahre des 20. Jahrhunderts entsteht in Birmingham, Großbritannien, ein neuer kulturwissenschaftlicher Ansatz, getrieben in den Anfängen vor allem von der Suche nach Verbesserungen der Erwachsenenbildung: die Cultural Studies. Wesentliche Namen sind in diesem Zusammenhang Richard Hoggart, Stuart Hall und Raymond Williams. Kultur wird im Wesentlichen als soziale Praxis definiert.

Dieser Ansatz wurde und wird vor allem, aber nicht nur, in der Geschlechter- und Migrationsforschung angewandt. Über die Analyse der kulturellen Praxis soll ein „empowerment" für sozial Benachteiligte möglich werden. Die erkenntnistheoretischen Grundlagen dieses kommunikationssoziologischen Ansatzes sind uneinheitlich: Teilweise wird auf den generellen Manipulationsverdacht der Frankfurter Schule zurückgegriffen, Medien insgesamt als Verursacher kultureller Uniformität gesehen. Großteils wird aber auch auf den klassischen amerikanischen Pragmatismus Bezug genommen: Kriterium für Richtigkeit von Aussagen ist das „shared belief" (Hardt 2005: 187). Die Realität wird letztlich durch Sprechakte, durch Kommunikation gebildet. Es geht um „communication as community that produces and reproduces society, offering opportunities for participation as inquirers, and reflecting on the process of sharing in a democratic experience" (Hardt 2005: 202).

Die Cultural Studies haben andererseits die philosophisch-hermeneutische Form der normativen Deutungen von Kulturprodukten in ihren jeweiligen historischen Konstellationen übernommen. Dies allerdings unter Absehung vom Marxschen Basis-Überbau-Axiom, sodass „die im Bereich der gesellschaftlichen Arbeit angesiedelten Produktivkräfte und Produktionsmittel nicht weiter in ihrer Rolle für die gesellschaftliche Produktion erfasst werden" (Göttlich 1996: 253). „Überbauphänomene" werden somit nicht mehr, wie noch bei der Kritischen Theorie, als Resultat der kapitalistischen Produktionsverhältnisse sondern als Strukturdifferenzen unterschiedlicher Symbolsysteme analysiert: Gesellschaftliche Positionen, Attribuierungen zum biologischen Geschlecht, die spezifische Identität der Beteiligten usw. strukturieren Wahrnehmungen und Interpretationen von Wirklichkeit (Krotz 1999: 124).

Cultural Studies vollziehen damit in der Kommunikationswissenschaft einen Auffassungswechsel, der auf soziolinguistischen Untersuchungen des 20. Jahrhunderts fußt, den sogenannten „linguistic turn": Die symbolische Darstellung der Wirklichkeit ist gesellschaftlich einflussreicher und daher wissenschaftlich untersuchenswerter als die Realität selbst (McQuail 2011: 67). Aufgrund dieser Verträglichkeit mit dem Pragmatismus einerseits und des Umstandes, dass die Texte der Cultural Studies von Beginn an in Englisch vorlagen andererseits – in gewisser Weise eine Bestätigung dieses erkenntnistheoretischen Ansatzes – haben sich Cultural Studies zu einem weit verbreiteten Ansatz der zeitgenössischen Kommunikationssoziologie entwickelt.

Durch die Cultural Studies ist auch eine Mischung aus normativen und analytischen Ansätzen in der Kommunikationssoziologie – die vor allem im Kalten Krieg eine große Rolle gespielt hatte – wieder zu einem akzeptablen Paradigma geworden. McQuail (2011: 69) sieht dies als eine notwendige Folge des Gegenstandsbereichs dieser Disziplin, „which has to deal in ideology, values and ideas and cannot escape from being interpreted within ideological frameworks". Damit gerät Wissenschaft allerdings in die Gefahr, in der Aussagengewinnung selbst Teil ideologischer, vorwissenschaftlicher Weltsichten zu werden bzw. ihre Bedeutung für die gültige Beschreibung sozialer Sachverhalte einzubüßen. Positiv lässt sich diese Offenheit aber als

Wissenschaftspluralismus deuten, der unterschiedliche Perspektiven auf die Untersuchungsgegenstände zulässt (Winter et al. 2008: 12).

Kritische Theorie, so kann mit Dröge und Kopper (1991: 15) zusammengefasst werden, ist in ihrer Konzeption in der heutigen Kommunikationswissenschaft nicht mehr anschlussfähig, wohl aber hinsichtlich ihres Problemverständnisses.

5.1.3.3 Systemtheorie als „Supertheorie"

Der Funktionalismus, im Gegensatz zur „Frankfurter Schule', begreift Gesellschaft ähnlich einer biologischen Einheit: Sie versucht ihr Überleben gegen alle Kräfte abzusichern, die sie bedrohen, strebt daher nach Stabilität und versucht ein Gleichgewicht der Kräfte herzustellen.[8] Jeder Teil der Gesellschaft – also etwa auch die Medien – hat eine spezifische Funktion für die Aufrechterhaltung des Systems und kann daran gemessen werden, wie gut er diese Rolle erfüllt. Anfang der sechziger Jahre des zwanzigsten Jahrhunderts erlangte diese vom US-Amerikaner Talcott Parsons (1902–1979) formulierte ganzheitliche Sichtweise auf die Gesellschaft durch Robert K. Merton und Charles Wright erhebliche Bedeutung in der Kommunikationswissenschaft (Mattelart 1999: 76). Später, als Parsons unter Einbeziehung der Kybernetik die strukturfunktionalistische Systemtheorie als eine Gesamttheorie der Gesellschaft verstand, aus der Erklärungen sozialer Phänomene deduktiv abzuleiten seien, kritisierte Merton diese Vorstellung und setzte dem die induktiv zu gewinnenden „Theorien mittlerer Reichweite" entgegen (Mattelart 2004: 24).

„Auf Massenkommunikation bezogen, rücken damit die Leistungen in den Mittelpunkt, welche die Massenmedien (bzw. das Massenkommunikationssystem für das jeweils ins Auge gefasste Gesellschaftssystem erfüllen" (Burkart 1998: 369). Dies ersetzt die in den dreißiger Jahren vorherrschende Betrachtungsweise, die auf individuelle Medienwirkungen abzielte und sich, wie erwähnt, in dieser Form empirisch nicht halten ließ. Worin aber diese Funktionserfüllungen im Konkreten bestehen, ob sie empirisch messbar sind oder nur normativ zugeschrieben werden, bleibt unklar. Parsons versucht mit der Formulierung seiner struktur-funktionalistischen Systemtheorie eine sozialwissenschaftliche Gesamttheorie zu entwickeln. Funktionelle Gesetze, welche Stabilität und Gleichgewicht der sozialen Systeme bedingen sind allerdings nicht aus Empirie abgeleitet, sondern Setzungen (Mattelart 1999: 75 f.) und damit letztlich rationalistisch. Dieser kategoriale, empirischer Forschung nicht zugängliche Bezugsrahmen ist ein wesentlicher Kritikpunkt v.a. von Seiten der pragmatischen Soziologie, deren Vertreter die Systemtheorie als spekulativ zurückweisen (Mattelart 2004: 23 f.). Ab den siebziger Jahren des 20. Jahrhunderts ist die Bedeutung der Systemtheorie im angelsächsischen Sprachraum nur mehr gering.

Die entgegengesetzte Entwicklung zeigt sich in den deutschsprachigen Ländern, möglicherweise als Reaktion auf den ab den sechziger Jahren erfolgten (Re-)Import

---

[8] In der Tat stammt die Systemtheorie aus der Biologie (Burkart 1998: 447).

empirischer Sozialforschung, der die dort bisher vorherrschenden spekulativ-idealistischen Massenkommunikationsbeschreibungen wiederum ablöste. So hatte der Nürnberger Ordinarius Franz Ronneberger sich beispielsweise 1964 beklagt, man habe aus der „historisch-philologisch, gelegentlich auch philosophisch orientierten Publizistikwissenschaft eine Sozialwissenschaft gemacht oder wenigstens zu machen versucht" (Schreiber 1980: 32). Der Deutsche Niklas Luhmann (1927–1989), Schüler Parsons, entwickelt dessen Erkenntnistheorie weiter. Systemtheorie wird als „Supertheorie" begriffen, die alle anderen Erkenntniszugänge mit einschließt (Brunkhorst 1991: 315).

Luhmanns Erkenntnistheorie ist strikt konstruktivistisch: „Der Beobachtung und Beschreibung steht immer nur der Weg durch das Selbst, das eigene System und seine strukturellen Möglichkeiten offen." (Brunkhorst 1991: 312) Dadurch ist letztlich nur ein Beobachten der Umwelt der Systeme, nicht aber ein Erkennen der Welt möglich. Alle Aussagen sind Aussagen eines Beobachters und haben „insofern ihre eigene Realität in den Operationen des Beobachters" (Luhmann 1996: 13). Als Grundvoraussetzung, als „ontologische Setzung" dieser Erkenntnisphilosophie, existiert die Behauptung, dass es Systeme gibt. Systeme (darunter auch Recht, Wirtschaft, Politik usw.) entstehen nach dieser Auffassung als evolutionäre Ausdifferenzierung des jeweiligen gesellschaftlichen Gesamtsystems (Luhmann 1996: 33). Gesellschaftliche Systeme – auch dies eine aus der Biologie entlehnte Zuschreibung – sind autopoietisch, d.h. sie reproduzieren sich als System immer wieder selbst. Systeme, so wird von Luhmann weiters postuliert, erfüllen ihre Aufgabe gemäß einem binären Code. Das System der Massenmedien selektiert seine Umwelt dergestalt nach dem Prinzip Information/Nicht-Information. Informationen sind nach Luhmann „Unterschiede, die einen Unterschied machen" (ebenda: 100), daher sind auch Fiktionen bzw. Unterhaltung vom Massenmedien-System als Information selektierbar. Die Funktion der Massenmedien ist nach Luhmann, die Selbstbeobachtung des Gesellschaftssystems zu dirigieren (ebenda: 173) und damit einen wichtigen Beitrag zur Realitätskonstruktion der Gesellschaft zu leisten (ebenda: 183). Normatives Herangehen ist damit für Luhmann in der theoretischen Betrachtungsweise absurd, da „die Funktion der Massenmedien in der ständigen Erzeugung und Bearbeitung von Irritation besteht – und weder in der Vermehrung von Erkenntnis noch in einer Sozialisation oder Erziehung auf Konformität mit Normen" (ebenda: 174).

Luhmanns Gedankengebäude liegt somit quer zu fast allen anderen kommunikationswissenschaftlichen Sozialtheorien. Trotzdem war dieser Ansatz in der deutschsprachigen Kommunikations- und vor allem in der Journalismusforschung fast so etwas wie ein Paradigma (Löffelholz 2000: 31 ff.). Die Nichtintegrierbarkeit handelnder Subjekte (u. a. die Kategorie „Geschlecht"), die kontraempirische Festlegung einer Autonomie der Systeme (Ökonomie kann demgemäß für Journalismus nur Umwelt niemals Systembestandteil sein) und schließlich die sich durch das Aufkommen interaktiver Medien erweisende Obsoleszenz des Autopoiesiebegriffs des Mediensystems haben die Bedeutung der Systemtheorie für die Kommunikationswissenschaft seit der Jahrtausendwende stark reduziert.

5.1.4 Was bleibt: Vielfalt der Ansätze

Während mit August Comte in Frankreich rund ein halbes Jahrhundert vor dem Zeitpunkt, zu dem man von den Anfängen der Kommunikationswissenschaft sprechen kann, ein empiristisch-positivistisches, gleichsam naturwissenschaftliches Verständnis von Wissensaneignung in der Sozialwissenschaft etabliert wurde, sind die ersten akademischen Verankerungen in den USA als praktische Journalistenausbildung noch frei von Erkenntnistheorie. Der Brite Herbert Spencer (1820–1903) hingegen, wie Comte Empirist, sieht Kommunikationsmedien (Presse, Telegraf) wie später die Systemtheoretiker als Quasi-Organe der Gesellschaft (Mattelart 2004: 7). Der Belgier Adolphe Quételet (Astronom und Mathematiker), der Mediziner Gustave Le Bon, der Soziologe Gabriel Tarde versuchen in der 2. Hälfte des 19. Jahrhunderts die Wirkungsweise der Massenmedien unter Anwendung des naturwissenschaftlichen Forschungsparadigmas zu untersuchen.

In Deutschland plädiert Max Weber am Soziologentag 1910 für die Untersuchung der Presse, „ganz banausisch […] zu messen, mit der Schere und mit dem Zirkel", in wie weit sie den modernen Menschen präge und in wie weit sie die überindividuellen Kulturgüter beeinflusse (Weber 1994: 29). Dennoch ist die erste Phase Zeitungs-/Medien-/Kommunikationswissenschaft im deutschen Sprachraum, die sich bis in die sechziger Jahre des 20. Jahrhunderts hineinzieht, im Wesentlichen geisteswissenschaftlich-phänomenologisch geprägt. Erst dann setzt sich als (Re-)Import aus den USA empirisch-sozialwissenschaftliches Denken durch, das dort bereits seit den zwanziger Jahren vor allem aus Psychologie und Soziologie gespeist, dominierte. Die „empirisch-sozialwissenschaftliche Wende" (Löblich 2010: 17) in der Kommunikationswissenschaft hat sich im deutschsprachigen Raum ab den späten sechziger Jahren zwar etabliert und mit der Formulierung, das Fach sei eine empirisch arbeitende Sozialwissenschaft[9], Eingang in das Selbstverständnispapier der Deutschen Gesellschaft für Publizistik- und Kommunikationswissenschaft gefunden, aber dennoch nicht als Forschungsparadigma durchgesetzt. Die rund zehn Jahre später – wiederum als Import einlangende „antipositivistische Wende" hat vielmehr dazu geführt, dass eine Vielzahl auch wissenschaftstheoretisch disparater Ansätze nebeneinander existieren, ohne dass eine Verdichtung auf ein Paradigma erkennbar wäre (vgl. Abbildung 5.3).

---

[9] Schmidt/Zurstiege (2000: 27) sehen diese Formulierung eher als Wunschvorstellung denn als Situationsbeschreibung an.

	Pragmatismus	Kritische Theorie	Systemtheorie	Cultural Studies
Grundannahme	Thesen gelten als akzeptiert, wenn sie für das soziale Leben nützlich und allgemein anerkannt sind. Wahrheit ist Ergebnis von Diskurs einer Gemeinschaft	von der Frankfurter Schule etablierte Verbindung von Marxismus, Psychoanalyse und Kulturphilosophie. Gesellschaftsanalyse auf Basis der Analyse der dominierenden ökonomischen Verhältnisse	Gesellschaft gilt als biologische Einheit, die nach Stabilität strebt und versucht das Gleichgewicht der Kräfte herzustellen. Jeder Teil der Gesellschaft hat eine spezifische Funktion für die Aufrechterhaltung des Systems	Kultur wird als soziale Praxis definiert. Kultur wird nicht natürlich, sondern als sozial konstruiert aufgefasst. Die erkenntnistheoretischen Grundlagen sind unheitlich: teilweise wird auf die Frankfurter Schule zurückgegriffen, großteils wird auf den klassischen amerikanischen Pragmatismus Bezug genommen
Vertreter	Henry James, Charles S. Peirce, John Dewey	Max Horkheimer, Theodor Adorno, Erich Fromm, Friedrich Pollock, Leo Löwenthal, Herbert Marcuse	Talcot Parsons, Robert K. Merton, Charles Wright, Niklas Luhmann	Richard Hoggart, Stuart Hall, Raymond Williams
Forschungsfelder	empirische Sozialforschung, kommunikationssoziologisch, pragmatisch-diskursiv	Kapitalismus (dialektischer Materialismus)	Analyse von Strukturen, Dynamiken, Funktionen und Prozessen	Geschlechter- und Migrationsforschung, Analyse der kulturellen Praxis
Einfluss	Anschlussfähigkeit an konstruktivistische Positionen	Theorieansätze, die sich kritischem Paradigma verpflichtet fühlen	ab den 1970er-Jahren ist die Bedeutung im angelsächsischen Raum nur mehr gering, die entgegengesetzte Entwicklung zeigt sich im deutschsprachigen Raum	haben in der Kommunikationswissenschaft einen Auffassungswechsel vollzogen, der auf dem „linguistic turn" fußt; die symbolische Darstellung der Wirklichkeit ist gesellschaftlich einflussreicher und daher wissenschaftlich untersuchenswerter als die Realität; weitverbreiteter Ansatz der zeitgenössischen Kommunikationssoziologie
Kritik	Kritik seitens Kritischer Theorie, vor allem von Max Horkheimer in seiner „Kritik der instrumentellen Vernunft"	Pessimistische Kulturphilosophie empfiefern ist in ihrer Konzeption in der heutigen Kommunikationswissenschaft nicht mehr anschlussfähig, wohl aber hinsichtlich ihres Problemverständnisses	als wesentlicher Kritikpunkt an der Systemtheorie gelten funktionelle Gesetze, die nicht aus der Empirie abgeleitet werden	Wissenschaft gerät in Gefahr, in der Aussagengewinnung selbst Teil ideologischer, vorwissenschaftlicher Weltsichten zu werden bzw. ihre Bedeutung für die gültige Beschreibung sozialer Sachverhalte einzubüßen

Abb. 5.3: Vielfalt theoretischer Zugänge soziologischer Forschung (eigene Darstellung)

5.2 Medienökonomik

5.2.1 Medienökonomik als Teildisziplin der Publizistik- und Kommunikationswissenschaft

Medienökonomik[10] ist (zumindest) im deutschsprachigen Raum keine wohldefinierte Teildisziplin der Kommunikationswissenschaft (Kiefer/Steininger 2014). Letztere widmet ökonomischen Fragestellungen wenig Aufmerksamkeit. Anders die Wirtschaftswissenschaften: Hier finden zunehmend betriebswirtschaftliche und Fragen des Medienmanagements Beachtung (Beyer/Carl 2008; Brösel/Keuper 2003; Dreiskämper et al. 2009; Gläser 2008; Scholz 2006; Schumann/Hess 2006; Wirtz 2011). Wenige dieser Arbeiten versuchen interdisziplinäre Bezüge zur Publizistik- und Kommunikationswissenschaft herzustellen. Fragen des Managements werden dabei oftmals mit Aspekten des Marketings verbunden.

Dieser starke Fokus auf das Medienunternehmen erschwert den Anschluss an die kommunikationswissenschaftliche Forschung. Medienökonomische Diskurse sind vielfältig und laufen getrennt voneinander ab, die Akteure nehmen einander kaum zur Kenntnis (Kopper 2006). Auch für den englischsprachigen Raum ist eine Schwerpunktsetzung bei Betriebswirtschaft und Management zu konstatieren, aktuellere Lehrbücher differenzieren dabei kaum zwischen Medienökonomie und -management (Albarran et al. 2006) bzw. zwischen Medienökonomie und Medienbetriebswirtschaft (Alexander et al. 1998).

Man muss also befunden, dass der heterogene Etablierungsprozess der Medienökonomie als Teildisziplin der Publizistik- und Kommunikationswissenschaft in Reaktion auf Bedürfnisse der Medienwirtschaft bzw. der -produzenten geschieht und nicht einem wissenschaftsintern entwickelten interdisziplinären Forschungsprogramm folgt. Sind sich manche nicht ganz sicher, was man unter Medienökonomie verstehen soll (Siegert 2002), liefern andere Definitionen (Weischenberg 1992), die oft als Schnittmengenbeschreibungen enden. Immer wieder betonen auch angelsächsische Autoren (Alexander et al. 1998; Doyle 2002), dass es sich bei „Media Economics" um ein neues Forschungsfeld handle, das Kommunikationswissenschaft und Ökonomie verbindet.

Kopper (1982a, b) verwies jedoch früh darauf, dass man Medienökonomik als Teildisziplin der Publizistik- und Kommunikationswissenschaft nur als Bearbeitungs-

---

[10] Medienökonomik meint folgend bei Kiefer und Steininger (2014: 11) das theoretische Analyseinstrumentarium, Medienökonomie den Gegenstandsbereich ökonomischer Analysen. Andere Autoren folgen dieser Differenzierung zumeist nicht und bezeichnen mit Medienökonomie beide Bereiche. Die jeweilige Bedeutung ergibt sich damit erst aus dem Kontext.

ebene einer speziellen politischen Ökonomie betreiben könne. Obgleich nicht explizit so benannt, legen Definitionen von medienökonomischen Forschungsprogrammen und Aufgabenzuweisungen eine solche Verortung auch nahe (Schenk 1989; Meier et al. 2005). Von einem konsentierten Konzept, was denn Medienökonomik sei und tun solle, ist man noch immer weit enfernt, sieht man von Vertretern ab, die in der Tradition der neoklassischen Wirtschaftstheorie argumentieren und solchen, die Medienökonomie als spezielle Betriebswirtschaft sehen. Mit Altmeppen (1996) lässt sich der Stand medienökonomischer Forschung als vielfältig, unsystematisch und theoretisch unverbunden, beschreiben. Diesen Befund stützt auch Kopper (2006).

5.2.2 Theoretische Zugänge

Welche theoretischen Zugänge einer Medienökonomik können festgemacht werden? Es sind durchaus Bemühungen um analytische Distinktion im Rahmen zahlreicher Systematisierungsversuche zu konstatieren (Kiefer/Steininger 2014: 46). Oftmals führen diese Bemühungen aber zu weiterer Verwirrung. So unterscheiden etwa Meier et al. (2005: 208 ff.) folgende theoretische Zugänge:
a. *Neoklassisch:* hier stünde das Problem der Allokation knapper Ressourcen im Mittelpunkt, Markt wird als effizienter Steuerungsmechanismus begriffen;
b. *Betriebswirtschaftlich*: Planung, Organisation, Personal, Leitung, Kontrolle, Beschaffung, Produktion und Absatz werden fokussiert. Es geht um das Handeln in Medienorganisationen unter Berücksichtigung wirtschaftlicher Zielsetzungen;
c. *Neue Politische Ökonomie* und *Neue Institutionenökonomik*: wirtschaftliche und publizistische Phänomene des Mediensystems kapitalistischer Marktwirtschaften werden hier mit Hilfe ökonomischer Theorien untersucht;
d. *Wirtschaftsethisch*: die Rede ist hier von einem „transdisziplinären Lehr- und Forschungsprogramm mit einer Medientheorie als Basis, die sozial und kulturwissenschaftlich fundiert ist" (ebenda: 213);
e. *Industrieökonomisch*: Zusammenhänge zwischen Marktstruktur, -verhalten und -ergebnis werden in den Mittelpunkt gerückt;
f. *Soziologisch* bzw. *politökonomisch*: das Verhältnis von kommerziellen Massenmedien und der Gesellschaft wird thematisiert;
g. *Kapitalismus-kritisch*: marxistisch fundierte Medienökonomie kritisiert die kapitalistische Verwertungslogik und ihre Folgen für die öffentliche Kommunikation.

Man mag die Darstellung als willkürliches Potpourri abtun und Meier et al. als in Sachen Distinktion gescheitert betrachten. Das wäre aber falsch. Denn obige additive Aneinanderreihung gibt durchaus Auskunft über die vorhandenen Zugänge, manchmal handelt es sich um Fremdzuschreibungen (Marxist versus Neoklassiker), manchmal um auf Wording bedachte Eigenzuschreibungen (sehr beliebt ist hier die attributive Ergänzung „kritisch"), die sich in vielen Bereichen überschneiden oder widersprechen (mitunter ohne Wissen der Vertreter der jeweiligen Zugänge).

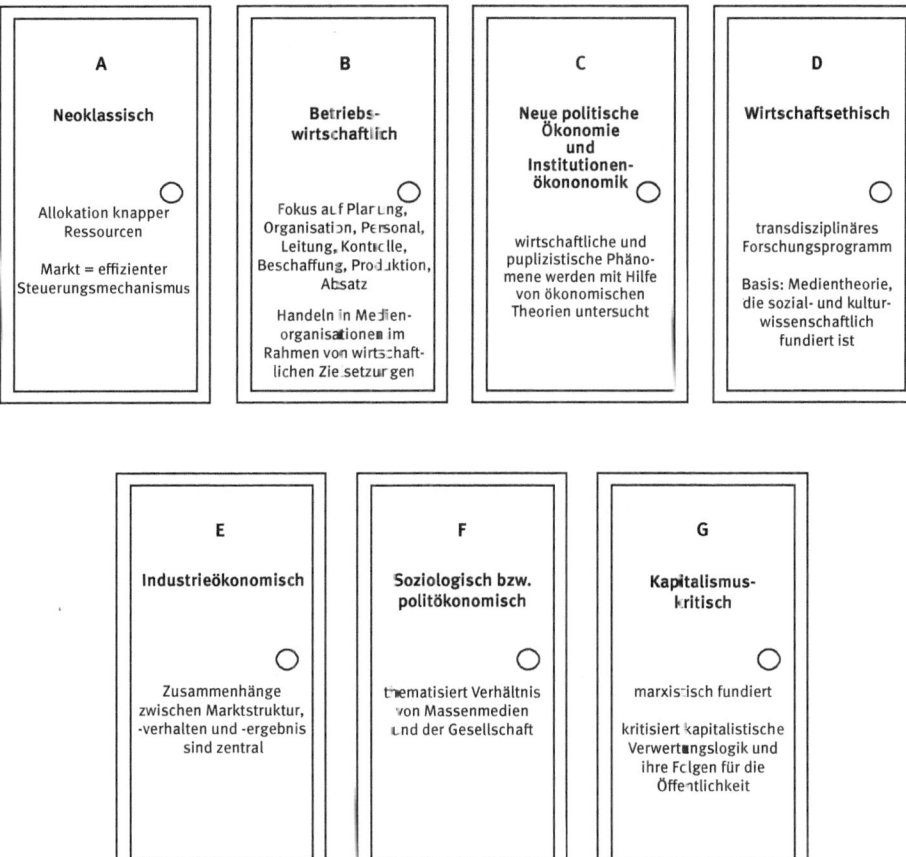

Abb. 5.4: Theoretische Zugänge einer Medienökonomik (eigene Darstellung angelehnt an Meier et al. 2005: 208 ff.)

Just und Latzer (2010: 74) betonen im Rahmen ihres Systematisierungsversuchs zu Recht Unterschiede zwischen neoklassischer Ökonomie und Politischer Ökonomie. Wir werden diese Unterschiede im Rahmen dieses Kapitels mit Rückgriff auf Seufert nochmals aufgreifen und präzisieren, um historische und aktuelle Entwicklungen der Medienökonomik sinnvoll kontextualisieren zu können. So verweisen Just und Latzer auf die Berücksichtigung von (politischen) Institutionen durch Politische Ökonomie, auch auf die thematische Nähe zwischen kritischen und (neo)marxistischen Ansätzen sowie den Cultural Studies. Alle politökonomischen Zugänge der Medienökonomie werden von Just und Latzer (ebenda: 77) der Volkswirtschaftslehre zugerech-

net, davon unterscheiden sie betriebswirtschaftliche Ansätze. Man kann Justs und Latzers Versuch einer Systematisierung möglicher theoretischer Zugänge zu einer Medienökonomik, Knoche (1999: 75) und Steininger (1998) folgend, wohl wie folgt zusammenfassen:
– *neoklassische/neoliberale Ansätze*
– *Ansätze der Neuen Institutionenökonomik und Neuen Politischen Ökonomie*
– *Ansätze der Kritischen und der Marxistischen Politischen Ökonomie*
– *Betriebswirtschaftliche Ansätze*

Im englischsprachigen Raum wird die Entwicklung der Medienökonomie zumeist entlang dreier Traditionen beschrieben: (a) theoretical tradition, (b) applied tradition und (c) critical tradition (Albarran 2010: 20). Dabei wird die theoretische Tradition zumeist mit der Neoklassik gleichgesetzt, die angewandte Tradition mit Forschung von mediennahen Organisationen und Medienorganisationen, die kritische Tradition wird als Kontrastprogramm zu den theoretischen und angewandten Traditionen begriffen, das marxistische Ansätze ebenso umfasst wie die „British cultural studies" und unter dem Terminus „political economy of the media" subsumiert wird (Albarran 2010: 20). Die Systematik Albarrans verdeutlicht, dass die Neoklassik nach wie vor das Paradigma der Wirtschaftswissenschaften und darauf zurückgreifender medienökonomischer Ansätze ist, wobei betriebswirtschaftliche Zugänge in der Medienökonomie wie diskutiert eine große Rolle spielen.

Betriebswirtschaftliche Zugänge fordern eine Übertragung des Marktmodells auf alle sozialen Beziehungen (Kiefer/Steininger 2014: 48). Steht Markt als Therapie fest, so besteht auch hinsichtlich der Diagnose kein Zweifel: „Mangel an Marktförmigkeit" (Bröckling 2000: 133). Das war nicht immer so, die alteuropäische Ökonomik war nicht am Markt, sondern am Haus, oder vielmehr der Haushaltung orientiert. „Wir haben also die interessante Tatsache zu verzeichnen, daß die Ökonomik früher ein soziales Gebilde vom Charakter der Organisation behandelt hat, während sie sich heute – d.h. seit der Klassik – vor allem mit sozialen Gebilden vom Charakter des Marktes beschäftigt" (Albert 1998: 147 f.). Abstrahierte die alte Ökonomik bei der Analyse ihrer Objekte von Marktbeziehungen, so konzentrierte sich die klassische und nachklassische Ökonomik gerade auf diese und negierte weitestgehend die „Eigenart der Träger dieser Beziehungen" (ebenda: 148 ff.). Man kann festhalten, dass die neoklassische Volkswirtschaftslehre die Organisation in die Betriebswirtschaftslehre als von der Praxis auch nachgefragten Ableger exportiert hat (Kiefer/Steininger 2014: 48 f.).

5.2.3 Aktuelles Paradigma

Auch wenn die Sozialwissenschaften zumeist kein wissenschaftliches Paradigma – also eine gemeinsame Sicht der Grundprobleme (vgl. Kapitel 3.8.1) – hervorbringen konnten, gilt dies für die Ökonomie nicht. Als das aktuell herrschende Paradigma muss die Neoklassik begriffen werden. Die Neoklassik ist eine Weiterentwicklung der Klassik (Kiefer/Steininger 2014: 48). Warum hält sich die Neoklassik als Paradigma? Schmid und Maurer (2003) nennen dafür drei Gründe: Im Rahmen von (1) Endogenisierungsbestrebungen verteidigt die Neoklassik ihre Annahmen, indem sie diese mit den Wirkgrößen und Erklärungsfaktoren der Kritik definitorisch und mit Brückenhypothesen in das Forschungsprogramm integriert (Schmid/Maurer 2003: 19). Im Rahmen des (2) ökonomischen Imperialismus wird das eigene Erklärungsprogramm überall angewandt, wo „Tauschvorgänge nur bedingt zu beobachten sind" (ebenda: 20). Darüber hinaus verspricht die Neoklassik eine Förderung des Gemeinwohls, die mit dem Steuerungsmechanismus Markt einher gehen soll (Weiß 1999: 131 f.). Markt kann solche Versprechen nicht einlösen, deshalb werden diesem Institutionensets zur Seite gestellt, die Gemeinwohl garantieren sollen (ebenda: 132). Als dieses Institutionenset umsetzende Akteure bleiben letztlich nur staatliche Akteure über, die „informational und motivational beschränkt" in Ermangelung eines gehaltvollen Begriffs des Gemeinwohls Partialinteressen sich artikulierender Akteure fördern (ebenda). Dabei werden einzelwirtschaftliche Interessen als Gemeinwohlinteressen konstruiert, auch von der Wissenschaft. Seufert (2007: 24) konstatiert mit Verweis auf Riese (1975: 14 f.) zu Recht, dass Paradigmenwechsel in der Geschichte der ökonomischen Theorie nicht allein Ergebnis von Erkenntnis- oder methodischen Fortschritten in der Wissenschaftsdisziplin sind.

Ein neues Paradigma setzt sich nicht auf Grund von Erkenntnis- oder methodischen Fortschritten durch, insbesondere deshalb weil „[z]wei Paradigmata schon von ihrer Konstitution her inkommensurabel, unvergleichbar" (Poser 2001: 150) sind. Legt man diesen Befund auf das Verhältnis von Neoklassik und Sozialismus um, so wird deutlich, dass es keinen rationalen Diskurs hinsichtlich eines Wechsels von einem Paradigma zum anderen geben konnte. Zwangsläufig verwendet jede Gruppe von Paradigmen-Vertretern nur Argumente des je eigenen Paradigmas zu dessen Verteidigung; damit aber war jedes dieser Argumente zirkulär. Es handelte sich mithin nicht um eine Begründung, sondern zwangsläufig um einen „Überredungsversuch"! (ebenda: 151)

Wir müssen demnach mit Seufert (2007) die sozialgeschichtliche Entwicklung der Gesellschaft als treibende Kraft begreifen. „Diese verändere das in allen ökonomischen Theorien enthaltene zentrale normative Element, nämlich die Antwort auf die Frage, was den Reichtum einer Gesellschaft ausmacht und wie er zustande kommt" (Seufert 2007: 24). Riese lehnt die „Trennung von positiver Theorie, die Phänomene beschreibt und deren Ursachen ‚wertfrei' erklärt, und normativer Theorie, die optimale Zustände definiert und Handlungsempfehlungen formuliert", ab (ebenda: 25) und spricht in diesem Zusammenhang von einer „wissenschaftstheoretischen Fiktion". Wissenschaft und deren Entwicklung lassen sich demnach nur im Kontext der jeweils herrschenden Ideologie (vgl. North folgend in diesem Kapitel) begreifen. Tatsächlich unterlagen die Vorstellungen von ökonomischen Problemlösungen historisch starken

Veränderungen (Kolb 1999). Verwiesen sei hier auf den Wechsel vom Fordismus[11] zum Postfordismus und die Rolle der Medien im Rahmen dieses wirtschaftlichen Strukturwandels (Kiefer/Steininger 2014: 35 ff.): Die Krise des Fordismus wurde Mitte der 1970er-Jahre unübersehbar. Produktionsreserven waren erschöpft, unternehmerische Rationalisierung durch sozialstaatliche Schutzbestimmungen begrenzt. Die politische Antwort darauf war neoliberal: Umstrukturierung und Globalisierung. Die den Fordismus auszeichnende Arbeitsorganisation, die Massenproduktion standardisierter materieller Konsumgüter als auch deren Massenverbrauch (und die mit diesen Entwicklungen bislang einhergehenden enormen Produktivitätsgewinne) erreichten ihre Grenzen. Fernsehen und Hörfunk waren und sind nicht nur Konsumgüter, sie gelten noch heute als Medien des Fordismus, stabilisieren publizistisch das System und fungieren als werbliche Absatzsteuerer. Postfordistische Schlüsselindustrien waren nebst der Bio- und Gentechnologie im Bereich der Informations- und Kommunikationstechnologie zu finden. Insbesondere letztere Industrien bedurften der radikalen Öffnung nationaler Märkte um volle wirtschaftliche Effizienz erreichen zu können. Sowohl Fordismus als auch Postfordismus waren demnach durch Wachstumsschemata geprägt, die ihre Existenz Medien und ihrem Wandel verdanken.

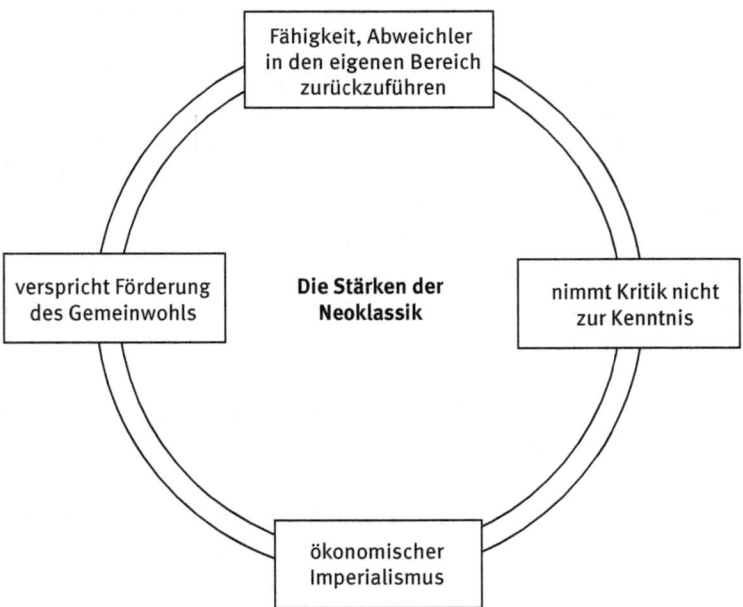

Abb. 5.5: Stärken der Neoklassik (eigene Darstellung angelehnt an Schikora 1992: 17, Weiß 1999: 131 f.)

---

[11] Der Fordismus hat sich durch auf Arbeitsteilung und hierarchischer Organisation aufbauende Massenproduktion durch Maschinenparks ausgezeichnet (Kiefer/Steininger 2014: 36).

Wir haben bereits einige Gründe für die Dominanz des neoklassischen Paradigmas dargelegt. Schikora (1992: 17) weist ergänzend darauf hin, dass die neoklassische Ökonomie gerade als Legitimationswissenschaft durchaus praxisrelevant agiert. Die Stärke der Neoklassik liegt vielmehr in ihrer Fähigkeit, Abweichler in den eigenen Bereich rückzuführen, und in ihrer Strategie, Kritik nicht zur Kenntnis zu nehmen (ebenda). Als Stärke der Neoklassik haben wir bereits deren Imperialismus angeführt: Als davon betroffen gelten Disziplinen wie Soziologie und Politikwissenschaft, Geschichtswissenschaft sowie Ökologie (vgl. Abbildung 5.5). Die Übertragung des neoklassischen Ansatzes zieht immer monetäre Zielgrößen nach sich (König 2003: 101).

Welche Alternativen zur Neoklassik gibt es für die Kommunikationswissenschaft? Vereinzelt wurde der kommunikationswissenschaftliche Rückgriff auf politökonomische Theorieansätze angeraten. Was aber ist Politische Ökonomie? Nähern wir uns der Antwort auf diese Frage über einen notwendigen historischen Exkurs.

5.2.4 Geschichte der Wirtschaftstheorie: Richtungen und Ansätze der Ökonomik

Die Geschichte der Ökonomik ist nicht so orthodox, wie sie heute scheint (Steininger 2007b): Ökonomische Problemlösungen unterlagen starken Veränderungen (Kolb 1999): Etwa die Betonung der Gerechtigkeit in der griechischen Antike sowie der Scholastik, das Handelsbilanztheorem des Merkantilismus, die Laissez-faire-Problemlösung der Physiokraten und der Klassischen Schule, die Betonung von Staat und assoziativen Organisationsformen der „Frühsozialisten", die Marxsche Prognose der Selbstaufhebung der Gesetze der kapitalistischen Warenproduktion und die Etablierung einer sozialistischen Gesellschaftsordnung, das Vertrauen auf korporatistische Lösungen im Historismus, die Nachfrageorientierung John M. Keynes' (1883–1946) sowie die Angebotsorientierung Joseph Schumpeters (1883–1950).

Bemerkenswert ist der Umstand, dass der Begriff der Ökonomie in der Neuzeit einen Bedeutungswandel erlebte: Ökonomie ist aktuell eine Wissenschaft, welche sich der Erwerbswirtschaft widmet, wohingegen die „alteuropäische Ökonomik" als Haushaltslehre die Erwerbswirtschaft berücksichtigte, ohne sich an ihr zu orientieren (Schweitzer 1991: 51). So betonte auch die „Oikonomia" des Aristoteles obige Maßstäbe für haushälterisches Handeln. Interessant ist jedoch die Einsicht Aristoteles' in den Umstand, dass „Erwerbskunst losgelöst von der sie begrenzenden Haushaltungskunst keine Grenzen mehr kennt." (ebenda: 56) Hedonismus und Eigennutz wurden „Antriebsprinzipien des ökonomischen Rationalverhaltens des Menschen der Neuzeit." (ebenda)

Noch im Mittelalter prägte das wirtschaftliche Denken Griechenlands die katholische Morallehre, beeinflusste dessen Rezeption die christliche Theologie (Scholastik). Die alteuropäische Ökonomik wurde bereits in diesem Kapitel kurz beschrieben. Den Übergang zu den modernen Wirtschaftswissenschaften prägten im 16. und 17. Jahrhundert die Staaten beratenden Merkantilisten und Kameralisten, die Zusammenhänge zwischen umlaufender Geldmenge, Zinssatz und Wirtschaftsaktivität sahen. Als Begründer einer theoretischen Volkswirtschaftslehre kann man jedoch weder Merkantilisten noch Kameralisten begreifen. Es waren vielmehr die sich in Frankreich im 18. Jahrhundert etablierenden Physiokraten, die eine naturwissenschaftliche Lehre der Wirtschaftsentwicklung propagierten, die Naturrechtsphilosophie mit der Analyse der Wirtschaftsentwicklung zu verbinden suchten. „Die Naturrechtslehre, die sich nicht zuletzt auch gegen den Feudalismus und das Gott-Gnadentum der Herrscher richtete, war getragen von der Idee eines ‚ewig wahren Rechts', das der Natur des Menschen und seinen Lebensverhältnissen und damit dem positiven Recht urbildlich als Vorbild vorweg gegeben war für eine Ordnung des sozialen Seins." (ebenda: 63 f.) Hier war nicht Eigennutz der Ursprung gesellschaftlicher Wohlfahrt, sondern eine natürliche Seinsordnung. Das sollte sich mit den englischen ökonomischen Klassikern ändern.

In weiterer Folge hat das ökonomische Denken kritische Reaktionen auf das klassische Denken gezeitigt. Verwiesen sei etwa auf den Historismus, welcher die historische Problematik der Entstehung und Entwicklung des Kapitalismus betonte und damit die von den Klassikern postulierte natürliche Ordnung hinterfragte (Albert 1998: 147 ff.). Insbesondere Karl Marx wandte sich gegen Gleichgewichtstendenzen, wandelte diese in antagonistische Kräfte um, die „auf ein Auseinanderbrechen des Systems hinarbeiteten." (Pribram 1998a: 1147) Eine gegenläufige Reaktion war die Suche nach Gesetzen, „die mathematisch formulierbar normativ festlegen, wie ökonomisches Rationalverhalten abzulaufen hat." (Schweitzer 1991: 65)

Befasste man sich im Rahmen der klassischen Ökonomie mit dem langfristigen Wachstum einer Volkswirtschaft vor deren institutionellem Hintergrund, so bezieht sich die Neoklassik, deren Aufkommen von König (2003) für die Jahrzehnte von etwa 1850 bis 1900 konstatiert wird, er spricht deshalb auch von einem Paradigmenwechsel, auf das einzelne Wirtschaftssubjekt. Drei zentrale Elemente kennzeichneten die Neoklassik: (1) die Bildung und Optimierung von Zielfunktionen (Nutzen, Gewinn und Kosten) auf mathematischer Grundlage bei gleichzeitiger Ausblendung normativer Aspekte und Berücksichtigung von Nebenbedingungen wie Einkommen, Budget, Faktorausstattung oder Produktionsmenge; (2) Die Zentralsetzung von aus der Mechanik „entlehnten" Gleichgewichtszuständen von Angebot und Nachfrage. Produzieren Anbieter immer so effizient wie möglich, fragen Konsumenten immer das Günstigste nach, bleiben alle Rahmenbedingungen identisch (ceteris-paribus) und funktioniert der Markt ungehemmt, so führt dies zu einem dauerhaften Marktgleichgewicht (König 2003: 9 f.) sowie (3) die Suche nach einem Maßstab für den Wert eines Gutes, den Preis. Sah die klassische Ökonomie den Wert eines Gutes durch die Kosten seiner Produktion bestimmt, so betont die Neoklassik die Determiniertheit des Preises durch den Grenznutzen des Gutes (ebenda: 10). „Nach dem Prinzip des Grenznutzens fragt der Ökonom nicht mehr nach absoluten Kosten und Nutzen, sondern nach der Veränderung beider Größen beim Hinzufügen einer zusätzlichen Einheit. Gleichgewichtspreis und -menge stellen sich dort ein, wo sich Nachfrage- und Angebotskurve, die den jeweiligen marginalen Nutzen und die marginalen Produktionskosten ausdrücken, schneiden." (Heinemann 1999: 19)

Ein so beschriebenes Gleichgewichtsmodell stützt sich also auf Annahmen wie vollständigen Wettbewerb, vollständige Informiertheit und Rationalität der Akteure. Sowohl Unternehmer als auch Konsumenten können demnach langfristig ihre Präferenzen ordnen und jene Entscheidungen treffen, die ihren höchsten Präferenzen entsprechen. Ökonomische Gleichgewichtsanalysen wurden hinsichtlich ihrer Prämissen durchaus modifiziert. Schmid und Maurer (2003: 15 ff.) weisen darauf hin, dass etwa das Maximierungsprinzip vor dem Hintergrund nicht vollständiger Informiertheit der Akteure durch Satisfying ersetzt wurde. In Frage gestellt wurden die Annahmen, dass Akteure ohne Zeitverzögerung reagieren können, die Beschaffung von Informationen kostenfrei sei und Präferenzen als konstant begriffen werden können. Die Spieltheorie führte letztlich zur Einsicht, dass Tauschtransaktionen auch durch kollektive Verträge zustande kommen können und dass Vertrauen, Reputation und moralische Selbstverpflichtung diese effizient gestalten können. Die Bereitstellung öffentlicher Güter ist durch marktgesteuerte Tauschakte nicht möglich. Schmid und Maurer konstatieren, dass stabile Allokationsverhältnisse letztlich nur „durch kollektiv wirksame Wert- und Legitimationsvorstellungen garantiert werden können" (ebenda: 17 f.). Die orthodoxe neoklassische Ökonomie weiß über deren Entstehung kaum etwas, will aber den vereinfachenden Annahmen des Kernmodells treu bleiben und trotzdem wissenschaftstheoretisch unumgängliche Kernerweiterungen zulassen. Sie reagiert bislang mit den schon beschriebenen Strategien.

Was versteht man nun unter Politischer Ökonomie und in welchem Verhältnis steht sie zur Neoklassik? Um diese Frage beantworten zu können, ist eine Unterscheidung in *Neue Politische Ökonomie* und *Politische Ökonomie* sinnvoll: Beide stehen zwar in einem Gegensatz zum heute vorherrschenden wirtschaftstheoretischen Paradigma der Neoklassik (Seufert 2007), unterscheiden sich jedoch hinsichtlich ihres Wissenschaftsverständnisses (empirisch-analytisch vs. normativ-ontologisch), Erkenntnisobjekts (Wirtschaft vs. Gesamtgesellschaft), ihrer Definition eines Optimums (Wohlfahrtsmaximierung vs. Minimierung von gesellschaftlicher Ungleichheit) wie ihrer Erkenntnismethodik (mathematisch formalisiert vs. historische Gesellschaftsanalyse) voneinander. Seufert (2007) verdeutlicht dies in tabellarischer Form in Abbildung 5.6:

	(kritische) PE	Klassik	Neoklassik	NIE/NPE
Wissenschaftsverständnis	kritisch-dialektisch	**normativ-ontologisch:** „gute Ordnung" erkennen (liberale PE) oder **kritisch-dialektisch:** Gesellschaft gerechter gestalten (marxistische PE)	**empirisch-analytisch:** allgemeine Zusammenhänge erkennen (positive Theorie) und **normativ-ontologisch:** Wege zu optimalen Zuständen aufzeigen (normative Theorie)	
Erkenntnisobjekt (positive Theorie)	„politische" Ökonomie: „actor and situation"		„reine" Ökonomie: „actor in situation"	
	primär Makro-(Gesellschafts-)Theorie		primär Mikro-(Handlungs-)Theorie	
	Wirkung gewinnmaximierenden Verhaltens und ökonomischer Strukturen auf Politik und Gesellschaft und deren Dynamik	Produktion und natürliche Verteilung des Reichtums; Rolle des Staates für das Wohlstandsniveau und die wirtschaftliche Dynamik einer Gesellschaft	Individuelles Optimierungsverhalten der Wirtschaftssubjekte auf Märkten unter gegebener Ressourcenausstattung (Homo Oeconomicus)	Ergebnis anreizkonformen und durch (informelle) Institutionen beschränkten Verhaltens politischer Akteure auf politische Entscheidungen und deren Umsetzung (RREEMM-Modell)
Definition optimaler Zustände (normative Theorie)	Höhe des Reichtums (Wohlfahrt) bestimmt sich über die Summe der produzierten und konsumierten Güter			
	„objektive Wertbestimmung" (Produktionstheorie)		„subjektive Wertbestimmung" (Nachfragetheorie)	
	Minimierung gesellschaftlicher Disparitäten: Gerechter Anteil aller Gesellschaftsmitglieder an den Arbeits- und Vermögenseinkommen, den politischen Entscheidungen, am Sozialprestige usw.	maximale Güterproduktion durch effiziente Arbeitsteilung und technischen Fortschritt als Folge freier Kapitalakkumulation plus gerechte Einkommensverteilung entsprechend des individuellen Beitrags zur Güterproduktion: **liberale PE:** Arbeit und Kapital als gleichwertige Produktionsfaktoren **marxistische PE:** Arbeit als alleiniger Wertfaktor	Gesellschaftliches Wohlfahrtsmaximum = effiziente Ressourcen-Allokation durch präferenzgesteuertes Angebot (Voraussetzung: Anbieterwettbewerb)	Gesellschaftliches Wohlfahrtsmaximum = effiziente Ressourcen-Allokation plus Durchsetzung von gesellschaftlichen Konsenszielen (politische Präferenzen) zur öffentlichen Güterproduktion (Voraussetzung: Politikerwettbewerb)
Erkenntnismethodik	**verbale Analyse komplexer interdependenter Zusammenhänge** zwischen interessengeleitetem individuellen Verhalten (Mikrotheorie) und aggregierten gesellschaftlichen Strukturen (Makrotheorie)		**mathematisch formalisierte Situationslogik:** Interaktion zwischen rational handelnden Wirtschaftssubjekten/politischen Akteuren mit Optimierungskalkülen unter gegebenen Restriktionen	
	historische Gesellschaftsanalyse: Systematisieren und Erkennen ökonomischer und gesellschaftlicher langfristiger Veränderungsprozesse (Tendenzen) auf Makroebene		**komparativ-statische Gleichgewichtsanalyse:** kurzfristige Anpassung an veränderte Restriktionen; Gleichgewicht als Zustand, bei dem die Akteure keinen weiteren Handlungsbedarf mehr haben	
	Kritik der herrschenden Gesellschaftstheorie			

Abb. 5.6: Politische Ökonomie, Klassik, Neoklassik und NPE/NIE (Seufert 2007: 34)

Die *Neue Politische Ökonomie* (NPE) wird als Teil der Neuen Institutionenökonomie (NIE) verortet, wir werden letztere an späterer Stelle noch genauer systematisieren. Die Neue Institutionenökonomik, dies eint die heterogenen Ansätze, die ihr zugeschlagen werden, kritisiert zentrale Prämissen der Neoklassik, etwa die vollkommene Markttransparenz sowie deren Staatsverständnis (ebenda: 28 f.). „Alle Tauschprozesse auf Märkten sind aus der Sicht der Institutionenökonomie mit Kosten vor (Informations- und Suchkosten, Vertragskosten) und nach (Kontrollkosten, Anpassungskosten) einer Transaktion verbunden." (ebenda: 28) Das ist für das Verhalten der Konsumenten folgenreich. Diese Kosten führen aber auch dazu, dass sich Marktinstitutionen (wie etwa Industriestandards) als auch politische Institutionen (etwa Rechtsnormen als Folgen gesellschaftlicher Aushandlungsprozesse) bilden. Solche Institutionen reduzieren Transaktionskosten und verengen die Spielräume wirtschaftlicher Akteure weiter, als die Restriktionen des neoklassischen Modells (etwa Ressourcenknappheit) (ebenda). Darüber hinaus wird das Staatsverständnis der Neoklassik (wohlfahrtsmaximierendes Verhalten) von der Institutionenökonomik als naiv erachtet. Die Ausgestaltung des politischen Institutionensets wird zum bedeutsamen Faktor. All diese Unterschiede sollen aber nicht vergessen lassen, dass sich die Neue Institutionenökonomik zentraler Elemente der neoklassischen Methodik bedient, etwa des methodologischen Individualismus, die Annahme, dass sich individuelle Akteure rational und situationsabhängig anreizgemäß verhalten (ebenda: 29 f.).

Vertreter einer *Politischen Ökonomie* haben, wie die Vertreter einer Neuen Politischen Ökonomie, bislang keinen geschlossenen Theorienansatz entwickelt. Golding und Murdock (1991) meinen Gemeinsamkeiten gefunden zu haben: (a) ein umfassendes gesellschaftstheoretisches Erkenntnisziel (erinnert an die Klassik). Verhalten auf Märkten steht hier nicht im Mittelpunkt, es geht vielmehr um gesellschaftlichen Wandel im Kontext politischer und wirtschaftlicher Macht. Wer so ein Erkenntnisziel hat, muss sich notwendigerweise (b) einer historischen Analyse bedienen, um etwa Fragen wie jene nach gerechter Verteilung beantworten zu können. Seufert findet bei Golding und Murdock auch noch einen dritten Hinweis, der als Gemeinsamkeit gelten kann: (c) das Selbstverständnis und die Rollendefinition der Wissenschaft Treibenden. „Ziel wissenschaftlichen Erkenntnisgewinns sei für die aktuellen Vertreter einer Politischen Ökonomie die unmittelbare Umsetzung gewonnener Erkenntnisse in die politische Praxis mit dem Ziel, Machtunterschiede im Interesse der strukturell Benachteiligten auszugleichen" (Seufert 2007: 31).

Das alles entbehrt aber einer gewissen Systematik, die erst entwickelt werden kann, wenn man sich Frey (1977) bedient, um aus dem Wirrwarr der Ansätze und Begrifflichkeiten ausbrechen zu können. Dieser bietet in gewisser Weise institutionelle Anknüpfungspunkte, um obige Ziele erreichen zu können. Und die gibt es. Man kann mit Seufert in gewisser Weise von einer institutionellen Politischen Ökonomie sprechen. Frey nennt hier ausgehend von Veblen unterschiedliche Vertreter, die Wirtschaft als Teil eines sozio-kulturellen Gesamtsystems begreifen, das von mächtigen Institutionen (Wirtschaftsunternehmen) dominiert wird, nicht von Konsumenten, wie dies die Neoklassik annimmt. Bei Thorstein B. Veblen (1857–1929) werden Macht und Konflikte als das Wirtschaftssystem konstituierende Elemente begriffen. Das Wirtschaftssystem wird als evolutionär begriffen, d.h. kumulative Prozesse können zu wachsenden Ungleichgewichten führen. Die neoklassische Annahme einer natürlichen Tendenz zum Gleichgewicht wird der Dynamik von Wirtschaft und Gesellschaft nicht gerecht, insbesondere nicht vor dem Hintergrund technischen (medialen) Fortschritts und jenem von Wissenszuwächsen (Seufert 2007: 32).

Obgleich ein Vergleich unterschiedlicher Bereiche der Wirtschaftstheorie mit Seufert (2007) bereits unternommen wurde, werfen wir folgend einen Blick auf die geschichtlichen Wurzeln der Wirtschaftstheorie, um verstehen zu können, wo die Wurzeln der Befassung mit Institutionen liegen. Dabei sollten wir uns den Hinweis von Frey in Erinnerung rufen, der das Wirtschaftssystem als evolutionär begreift.

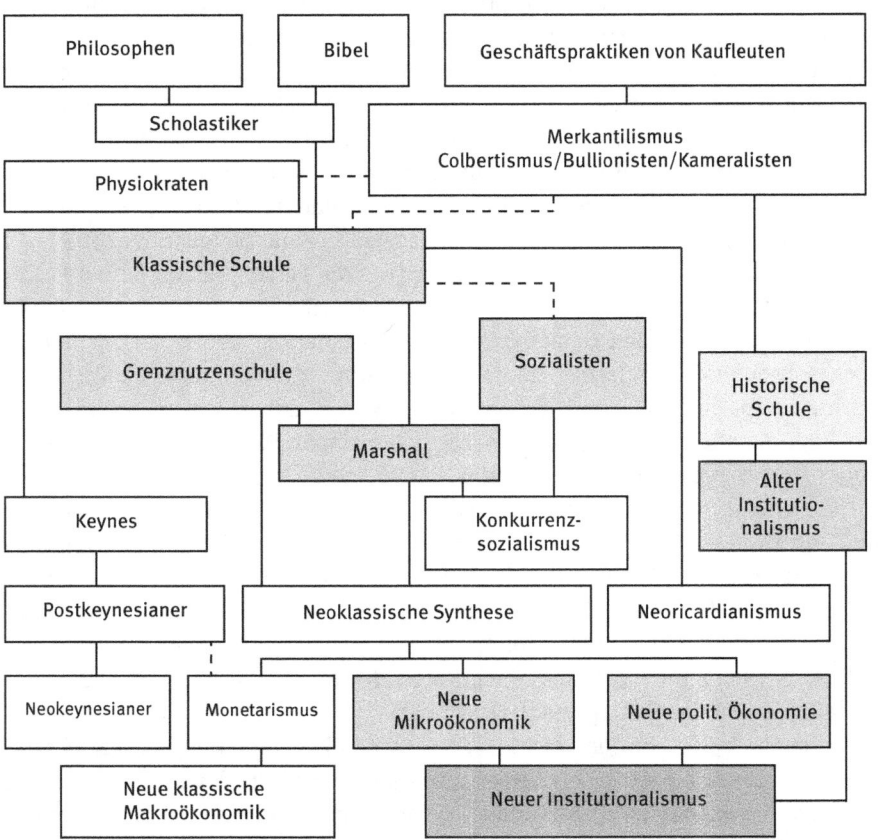

Abb. 5.7: Geschichtliche Wurzeln der Wirtschaftstheorie (Schumann 1990, mit Ergänzungen versehen von Hannerer/Steininger 2009: 26)

Evolutorischer Charakter wird jenen Bereichen der Wirtschaftstheorie zugeschrieben, die in Abbildung 5.7 grau unterlegt wurden. Die in Klammern angeführten Ökonomen sind nicht die typischen Vertreter der jeweils benannten Schule/Richtung, sondern jene, deren Arbeiten eben diesen evolutorischen Charakter haben. Schon Arbeiten der ökonomischen Klassiker Adam Smith (1723–1790) (1991, insb. zu Wettbewerb) und Marx (1955, insb. zu Abfolgen der Gesellschaftsformationen) wird dieser Charakter zugeschrieben.

Veblen (1998; 1997) forderte eine evolutorische nach-darwinistische Wirtschaftstheorie. Er gilt als Vertreter des Alten/Amerikanischen Institutionalismus, sein Forschungsprogramm kann als eine Verbindung von Politischer Ökonomie, Kulturantrophologie und institutionellen Ansätzen beschrieben werden. Veblen lehnte die Klassik ab und verwies darauf, dass sich wirtschaftliches Handeln durch physiologische, soziologische, rechtliche und historische Faktoren erklären lässt. Bei ihm ist auch eine Betonung von Konflikten und Institutionen evident. Auch Schumpeter (1952) gilt auf Grund seiner Arbeit über Wettbewerb als wesentlicher Impulsgeber für eine evolutorische Ökonomik, Hayeks (1976) Rückgriff auf biologische Vorbilder trägt dazu bei, dass zumindest Teilen der Grenznutzenschule evolutorischer Charakter zugeschrieben wird. Kein Vertreter der Neoklassik fällt durch evolutionäre Zuschreibungen auf. „Evolutorische Theorien heben die Vereinfachung auf, dass der Wissensstand in einem Planungszeitpunkt als von außen vorgegeben gilt. [...] Während in nicht-evolutorischen Theorien das frühere als erledigt gilt, allenfalls in Anfangsbedingungen eingeht, trifft für evolutorische Theorien das Gegenteil zu: ‚history matters'." (Schneider 2002: 158)

Witt (2004: 32) befundet zu Recht, dass die moderne Wirtschaftstheorie „wie von den Spuren der Geschichte ‚gesäubert' wirkt". So sei Wirtschaften doch ein historischer Prozess, der durch permanente Veränderungen geprägt wird, konstatiert Witt, der ein zunehmendes Interesse von Institutionen- und Evolutionsökonomik an der historischen Dimension bemerkt. Tatsächlich fordern heterodoxe Ökonomen von der Evolutorischen Ökonomik einen Fokus auf historische Strukturphänomene. Pascha (1994: 3) sieht ökonomisches Handeln in „wider-ranging frameworks" eingebettet. Diese Frameworks bezeichnet er als Institutionen. Bei aller Heterogenität der oben genannten evolutorischen Ansätze, kommt diesen das Verdienst zu, uns zu den Institutionen hinzuleiten.

Nach Seifert und Priddat (1995) bildete sich die (moderne/Neue) Institutionenökonomik in Anlehnung an den Alten Institutionalismus (sie beziehen sich hier vornehmlich auf Vertreter der Deutschen Historischen Schule sowie John R. Commons) und an den Amerikanischen Institutionalismus Veblens (vgl. Abbildung 5.8). Die Lehre Veblens bildete die Grundlage für zwei unterschiedliche Richtungen des ökonomischen Institutionalismus: die (Neo-)Evolutionäre Ökonomik und den Neo-Institutionalismus (Seifert/Priddat 1995: 22 ff.). Die sich auf Marx und Keynes stützende (Neo-)Evolutionäre Ökonomik, geht von der naturgegebenen Entwicklung der Wirtschaft – und damit von einer allgemeingültigen und kollektiven Entwicklung – aus (ebenda: 23). Sie nimmt damit eine Gegenposition zu dem an individuellen Handlungen orientierten Neo-Institutionalismus ein, der auf anthropologisch-psychologische Wirkungsfaktoren setzt, wodurch das Wesen des Menschen als Auslöser für institutionellen Wandel und Entwicklung fungiert (Plumpe 1999: 270). Wesentliche Vertreter der (Neo-)Evolutionären Ökonomik sind Kenneth Boulding und Geoffrey Hodgson, jene des Neo-Institutionalismus sind John K. Galbraith und Gunnar Myrdal. Vertreter beider Richtungen fordern im Unterschied zum Alten Institutionalismus nicht nur eine Beschreibung von Institutionen, sondern eine Analyse unter Einbeziehung des technischen Fortschritts (Seifert/Priddat 1995: 26 f.; Hannerer/Steininger 2009: 28).

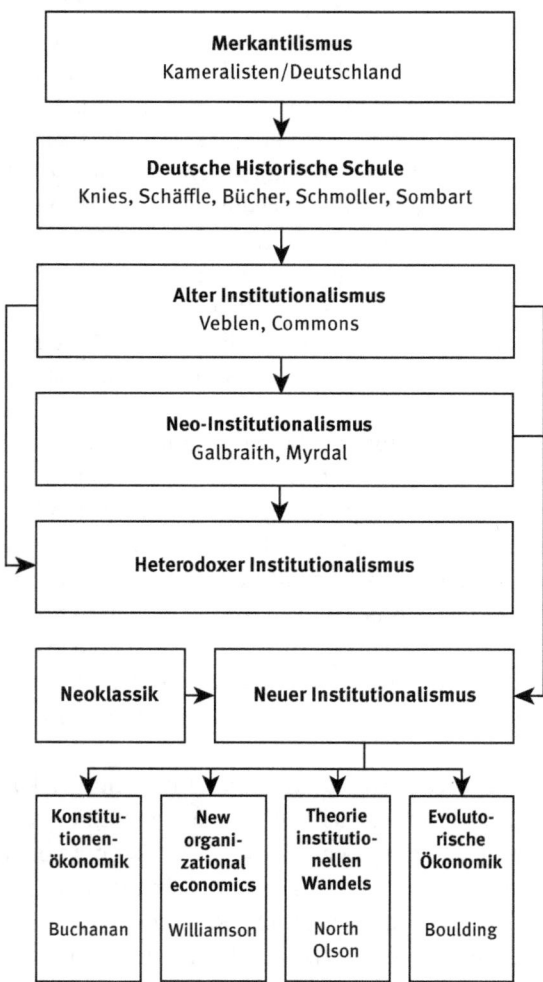

Abb. 5.8: Ökonomischer Institutionalismus im Wandel (Hannerer/Steininger 2009 in Anlehnung an Seifert/Priddat 1995)

Abbildung 5.8 verdeutlicht, dass sowohl der Neo-Institutionalismus, als auch die Neoklassik den Neuen (ökonomischen) Institutionalismus beeinflussen, der hier wie folgt untergliedert wird: Konstitutionenökonomik, New Organizational Economics, Theorie institutionellen Wandels und Evolutorische Ökonomik (Seifert/Priddat 1995: 29). Diese vier Bereiche lassen sich nur teilweise auf Veblen zurückführen, da sie ihren Anfang mitunter als institutionenökonomische Ergänzung der Neoklassik nahmen. Demnach sind sie laut Seifert und Priddat (1995) über weite Strecken nicht als Gegenposition zur Neoklassik zu sehen, sondern als eine Verallgemeinerung der neoklassischen Theorie (Hannerer/Steininger 2009: 28 ff.).

Sehen wir uns Abbildung 5.8 genauer an, erkennen wir Erstaunliches: Wir stoßen auf die nationalökonomischen Wurzeln der Kommunikationswissenschaft, die *Deutsche Historische Schule*. Diese wurde von den Kameralisten beeinflusst, die betonten, dass das Wohl des Staates von der Größe der Bevölkerung und geordneten Finanzen abhängt (Schumann 1990). Vertreter der jüngeren Historischen Schule sind Schmoller und Sombart. Knies, Schäffle und Bücher zählen zur älteren Historischen Schule (vgl. Kapitel 1.2).

Vor allem Bücher ist aus kommunikationswissenschaftlicher Perspektive von Interesse, gilt er doch als Gründervater der Zeitungskunde. In seiner *Entstehung der Volkswirtschaft* beschreibt er die Zeitung als eine kapitalistische Unternehmung (Bücher 1922; 1926). Knies erkannte die Bedeutung einer nationalen institutionellen Infrastruktur für die ökonomische Entwicklung und befasste sich schon 1857 mit dem Medium Telegraf (Schmidt-Fischbach 1996: 27–59). Schäffle befasste sich wie Bücher mit dem Zeitungswesen (Schäffle 1873). Sombart unternahm wissenschaftstheoretische Systematisierungsversuche der Ökonomik (Sombart 2003), Schmoller (1900) forderte eine Verbindung von Institutionenlehre und -geschichte, stellte sich dem Liberalismus entgegen und interpretierte den Merkantilismus als Formationsprozess des Nationalstaats. Die genannten Autoren beeinflussten Veblen und Commons, beide gelten als Vertreter des Alten (Amerikanischen) Institutionalismus. Der auf dem Alten Institutionalismus aufbauende Neo-Institutionalismus wurde schon beschrieben. Der auf diesem aufbauende *Heterodoxe Institutionalismus* ist äußerst heterogen (er reicht von der Skepsis gegenüber staatlicher Planung der „Generals" bis zu der revolutionären Überwindung des Kapitalismus der „Radicals"). Der *Neue Institutionalismus* lässt sich in die schon genannten vier Bereiche untergliedern (Kiefer/Steininger 2014: 62–68; Hannerer/Steininger 2009: 29 f.).

5.2.5 Wissenschaftstheorie und Ökonomik

5.2.5.1 Paradigmen des Merkantilismus, der Klassik und der Neoklassik

Heinrich und Lobigs (2003: 246) unterscheiden zwei sich aktuell gegenüberstehende Hauptparadigmen der Ökonomik: Neoklassik und Neue Institutionenökonomik. Die von den beiden Autoren diagnostizierte Koexistenz zweier Paradigmen würde Kommunikationswissenschaftler nicht verwundern, da in ihrem interdisziplinär angelegten Fach verschiedene Theorieansätze nebeneinander existieren, ohne dass diese jemals in Berührung kämen, geschweige denn in einem Konkurrenzverhältnis stünden. Folgt man aber Seuferts (2007) und Kuhns (1993) Verständnis von Paradigma, so sind zwei Paradigmen zeitgleich gar nicht möglich. Mit dem Begriff des Paradigmas sieht Kuhn ja einen theoretischen Ansatz verbunden, der für einen längeren Zeitraum von der *Mehrheit der Mitglieder* einer Disziplin zur Beschreibung und Erklärung eines Gegenstandsbereichs herangezogen wird. So versteht Seufert (2007: 24) unter Paradigmenwechsel denn auch einen Vorgang „bei dem ein theoretischer Ansatz, der lange Zeit von der Mehrheit einer Disziplin zur Beschreibung und Erklärung ihres jeweiligen Gegenstandsbereiches verwendet wurde, aufgrund zunehmender Diskrepanzen zwischen erwarteten und tatsächlichen Beobachtungen durch einen neuen ‚herrschenden' Theorieansatz abgelöst wird." Wir können dies folgend mit Riese (1975) verdeutlichen, der die von Oeser eingeforderte Wissenschaftsgeschichte berücksichtigt. Wie sonst sollte man ein Paradigma über einen längeren Zeitraum beobachten können?

Riese unterscheidet im Rahmen seiner Befassung mit der ökonomischen Theorie (der Wirtschaftspolitik) drei Paradigmen, die seit Herausbildung der kapitalistischen Produktionsweise bestanden: die Paradigmen des Merkantilismus, der Klassik und der Neoklassik (Seufert 2007). Demnach gab es zwei Paradigmenwechsel in der Geschichte der ökonomischen Theorie. Diese Paradigmenwechsel waren aber, wir haben an früherer Stelle schon darauf hingewiesen, nicht das alleinige Ergebnis von Erkenntnisfortschritt oder methodischen Fortschritten in der Ökonomik. Sie sind vielmehr der sozialgeschichtlichen Entwicklung einer Gesellschaft geschuldet. Diese Entwicklung verändert das in ökonomischen Theorien enthaltene normative Element: „die Antwort auf die Frage, was den Reichtum einer Gesellschaft ausmacht und wie er zustande kommt." (Seufert 2007: 24) Riese begreift ökonomische Theorie als Wohlfahrtstheorie und deren Antwort auf obige Frage beeinflusst sowohl die Preis- und Werttheorie von Gütern, als auch das Verständnis von Staat und dessen Funktionen im Wirtschaftsprozess. Wir haben in diesem Zusammenhang ja schon gehört, dass die strikte Trennung von positiver Theorie und normativer Theorie als „wissenschaftstheoretische Fiktion" (ebenda: 25) bezeichnet werden kann.

5.2.5.2 Ideale Zustände, Maßstäbe und Ordnungen der Ökonomik

Zurück zur Frage, was den Reichtum einer Gesellschaft ausmacht. Merkantilisten befassten sich mit Gold, die Klassiker mit Gütern und die Neoklassiker mit Menschen, konstatiert Seufert (2007) und bezieht sich hier auf Robbins (1968: 174). Diese drei Fokussierungen lassen schon unterschiedliche Antworten auf obige Frage erahnen. *Merkantilisten* maßen den Reichtum eines Staates an dessen Einkünften bzw. der Größe des Staatsschatzes. „Dabei herrscht eine statische Vorstellung über den Umfang des zwischen einzelnen Staaten zu verteilenden Reichtums vor." (Seufert 2007: 25) Um diesen Reichtum zu bewahren, sollten Exporte forciert und Importe erschwert werden. Der Staat fuhr hier eine Politik der Vergabe von Monopolrechten an nationale Produzenten, die mit Zollschranken gekoppelt wurde. „Der absolutistische Staat ist deshalb in der Vorstellung der Merkantilisten zentraler wirtschaftlicher Akteur." (ebenda)

Die *Klassik* bemaß den Reichtum einer Gesellschaft „über die Summe des Wertes aller in einem Land hergestellten Güter" (ebenda). Arbeitsteilung und Spezialisierung führen in industrialisierten Produktionsprozessen zu Kapitalakkumulation und Produktionsfortschritt. Märkte ermöglichen durch freie Tauschprozesse eine optimale Arbeitsteilung. Die Rolle des Staates wurde in der Sicherung von Gewerbefreiheit und Freihandel gesehen. Auch die Kritiker Adam Smiths, etwa Karl Marx und David Ricardo, blieben diesem Denken treu, unterschieden sich jedoch von Smith hinsichtlich ihrer Vorstellung von gerechter Verteilung des Reichtums. Güter haben in der Klassik einen sog. „natürlichen Wert" (bemessen etwa an der eingesetzten Arbeitszeit bei Marx, oder den Produktionskosten bei Smith). Die Preise dieser Güter können kurzfristig um diesen „natürlichen Wert" schwanken.

Auch die *Neoklassik* bemisst nach Seufert (2007) den Reichtum einer Gesellschaft wie die Klassik. Es gibt einen wesentlichen Unterschied: „Ihr Verständnis über die Wertbestimmung ist jedoch fundamental anders. Tauschwert (Preis) und Gebrauchswert (Nutzen) fallen zusammen, d.h. der Wert von Gütern wird nicht „objektiv" sondern „subjektiv" durch die Nutzenpräferenzen der Nachfrager bestimmt. Diese lassen sich in Abhängigkeit vom zur Auswahl stehenden Güterangebot als individuelle Zahlungsbereitschaften ausdrücken und aggregiert in Nachfragekurven abbilden, die Preis und Nachfragemengen in Beziehung setzen." (ebenda: 26). Präferenzen können sich demnach verändern (weshalb interessiert die Neoklassik nicht, Präferenzänderungen fallen „vom Himmel") und Knappheiten bei den Produktionsfaktoren verändern die Preise für Güter. Die Konsumentennachfrage wird in der Neoklassik als zentrale Steuerungsfunktion für die optimale Allokation von Produktionsfaktoren begriffen. Wohlfahrtsmaximierung braucht hier nur eine Laissez-Faire-Politik des Staates. „Die Neoklassik ist [...] im Vergleich zur Klassik ahistorisch und reduziert ihr Erkenntnisinteresse auf die Allokation knapper Ressourcen d.h. auf ‚reine Ökonomie'." (ebenda: 27) Ihr geht es um das Problem der Knappheit, ihr Maßstab für die Bewertung, ob ein Mechanismus sich mehr oder weniger zur Lösung des Knappheitsproblems eignet, ist Effizienz.

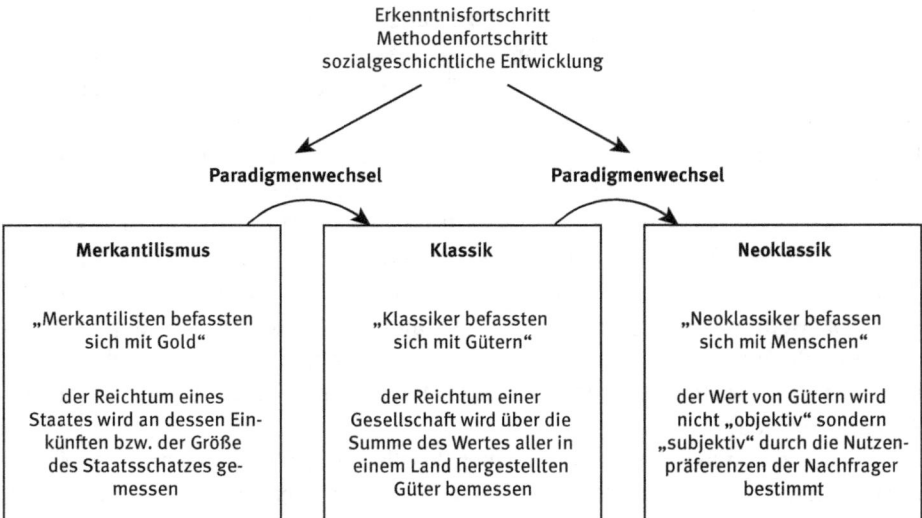

Abb. 5.9: Entwicklung ökonomischer Theorien (eigene Darstellung angelehnt an Seufert 2007: 25 f.)

Kritik an diesem Effizienzmaßstab besteht stetig. Insbesondere im Rahmen des Vergleichs von Institutionen verdeutlicht sich die Begrenztheit dieses Maßstabs. Für die Institutionenökonomik sind, anders als für die Neoklassik, Rationalität und ökonomisches Prinzip nicht deckungsgleich. Es gibt aus ihrer Sicht mehrere Rationalitäten, denn man kann „Rationalität grundsätzlich nicht system-unabhängig definieren" (Herder-Dorneich 1992: 11). Auch reicht Effizienz als Maßstab nicht aus, da es zur Beurteilung von Lösungen „definierter gesellschaftlicher Ziele, Ziele, denen von möglichst vielen Mitgliedern der Gesellschaft ein positiver Wertgehalt beigemessen wird, und die als Grundlage der Bewertung einer Lösung dienen" (Kiefer/Steininger 2014: 68 f.) bedarf. So haben Medien in vielen demokratischen Gesellschaften eine verfassungsrechtliche Sonderstellung, woraus jenseits der betriebswirtschaftlichen eine gesellschaftliche Aufgabenstellung ableitbar ist. „Es sind gesellschaftliche Ziele, die mit diesen Funktionen beschrieben werden und diese gesellschaftlichen Ziele sind Ursache und Rechtfertigung der verfassungsrechtlich garantierten Presse- und Rundfunkfreiheit." (Kiefer/Steininger 2014: 70)

5.2.6 Ergebnisse der wissenschaftstheoretischen und -historischen Analyse

Politische Ökonomie und Neue Institutionenökonomik lassen sich als Rückbesinnung auf die klassischen Anfänge der Disziplin begreifen. Im Gegensatz zu der neoklassischen Wirtschaftstheorie abstrahieren beide Ansätze bei ihren Analysen wirtschaftlicher Phänomene nicht von gesellschaftlichen und politischen Zusammenhängen, sie beziehen diese explizit ein. „Sie betrachten das Wirtschaftsgeschehen, zu dem ja auch die Medienunternehmen und die Informations- und Kulturindustrie gehören, also nicht wie die Neoklassik als isolierten gesellschaftlichen Bereich, dessen institutionelle Rahmenbedingungen außer Betracht bleiben können, sondern versuchen Gesamtzusammenhänge von politischen, soziologischen und ökonomischen Faktoren zu erklären." (Kiefer/Steininger 2014: 62)

Anders als Marxismus oder Amerikanischer Institutionalismus knüpfen politische und institutionelle Ökonomik heute bewusst an die vorherrschende neoklassische Wirtschaftstheorie an, versuchen sie jedoch weiterzuentwickeln. Die neuen ökonomischen Ansätze werden nach Frey (1977: 92) von verschiedenen Zweigen der Wirtschaftswissenschaften beeinflusst: der (a) mikroökonomischen Theorie, von der das ökonomische Verhaltensmodell übernommen wird, von der Finanzwissenschaft wird (b) die Theorie der öffentlichen Güter und der externen Effekte übernommen. Auf der (c) Wohlfahrtsökonomik fußt die Auseinandersetzung über die Existenz einer gesellschaftlichen Wohlfahrtsfunktion.

Die Einbeziehung institutioneller Aspekte, die Berücksichtigung von Transaktionskosten[12] sowie die Annahme eingeschränkter Rationalität und von Opportunismus hat demnach zu einer Weiterentwicklung des ökonomischen Instrumentariums geführt. Es entstand eine Reihe von Ansätzen, die der Neuen Institutionenökonomik zugerechnet werden (Richter/Furubotn 1996; Feldmann 1995). Seifert und Priddat (1995) sehen die Entwicklung dieser durch den Alten Institutionalismus der Deutschen Historischen Schule und dem Amerikanischen Institutionalismus Veblens geprägt.

Die Entwicklung eines Neuen (ökonomischen) Institutionalismus, von Joas und Knöbl (2011: 747) als interdisziplinäre Bewegung beschrieben, die seit den 1980er-Jahren immer aktiver wurde, besann sich der Kritik des Alten (Amerikanischen) Institutionalismus an den klassischen Annahmen der Ökonomie. Betont wurde dabei früh die „Eingebundenheit von Individuen in Institutionen [...], eine Eingebundenheit, welche das von der klassischen Ökonomie unterstellte nutzenmaximierende Verhalten der Individuen (auf dem Markt) bricht." (ebenda) Die dieser Rückbesinnung vorausgehende Negierung der Institution durch die Ökonomik war von einer ebensolchen in der Soziologie flankiert, deren Klassiker auch als „Institutionalisten" bezeichnet werden müssen (Joas/Knöbl 2011: 747 f.). Gründe für die jeweilige Negierung waren nach Joas und Knöbl (2011: 747): (a) der mit dem Vordringen empirischer Forschungsmethoden einhergehende Behaviorismus in der Politikwissenschaft; (b) das utilitaristische Denkmodell der Organisationstheorie und -soziologie sowie (c) die mikroökonomische Engführung der Wirtschaftswissenschaften. Für die anhaltende Dominanz der Neoklassik haben wir ja schon zahlreiche wissenschaftstheoretisch ableitbare Ursachen benannt. Allein die obig benannten Gründe waren für sich

---

12 Transaktionskosten sind Kosten, die bei der marktmäßigen Abwicklung wirtschaftlicher Aktivitäten anfallen. Es kann sich dabei um Such-, Informations-, Aushandlungs- und Kontrollkosten handeln (Kiefer/Steininger 2014: 65 f.).

folgenreich und ließen einige Fragen erst gar nicht aufkommen bzw. beantwortbar werden.

Wir sprechen hier aber von keinem Neuen Institutionalismus, verstanden als geschlossenes theoretisches Gebäude, vielmehr von einer Reihe von Ansätzen mit spezifischen Gemeinsamkeiten und Grundüberzeugungen. Etwa jener, dass sich der institutionelle und organisatorische Rahmen, in dem sich Wirtschaften heute vollzieht, so grundlegend geändert habe, dass eine sinnvolle Wirtschaftswissenschaft ohne dessen Berücksichtigung nicht mehr vorstellbar erscheint. Im weitesten Sinne befassen sich alle diese Ansätze mit der Analyse von Institutionen (Holl 2004: 29). Das ökonomische Erklärungsprogramm muss um *Institutionen* erweitert werden, Verbindungen zu Nachbardisziplinen müssen hergestellt werden.

Institutionen sind Beschränkungen menschlicher Interaktion, die Anreize im zwischenmenschlichen Tausch gestalten und den Wahlbereich des Einzelnen definieren und limitieren (North 1992: 4 ff.). Sie sind die „Spielregeln einer Gesellschaft", die sich Menschen selbst ausgedacht haben. Institutionen gestalten Anreize im zwischenmenschlichen (politischen, gesellschaftlichen, wirtschaftlichen) Tausch. Da Institutionen Präferenzen von Individuen beeinflussen, steht der Ansatz in Opposition zur Neoklassik, die Bedürfnisse und das institutionelle Umfeld konstant setzt (Küssner 1995: 25 ff.). Institutionen ermöglichen unter der Rahmenbedingung unvollständiger Information die Realisierung von Tausch, je komplexer der Tausch umso kostspieliger sind Institutionen (North 1992: 67 ff.). Organisationen sind nach Douglass C. North transaktionskostensparende (Richter/Furubotn 1996: 62), zweckgerichtete Gebilde, die wie Institutionen Ordnung in menschliche Interaktion bringen. Formale, formgebundene Organisationen sind durch zentrale Koordination, Hierarchie, Funktionsregeln und Kontrollstrukturen gekennzeichnet. Institutioneller Wandel ist durch die Wechselwirkung zwischen Institutionen und Organisationen bestimmt. So bestimmt der institutionelle Rahmen die Maximierungsmöglichkeiten von Organisationen, deren Ausgestaltung von den Gewinnaussichten (Produktionskosten- und Transaktionskostenvorteilen) abhängig ist (North 1988: 39 f.). Das Verhältnis von Institution und Organisation beschreibt North wie folgt: Chancen die eine Gesellschaft bietet, werden durch Institutionen bestimmt, Organisationen werden geschaffen, um diese Chancen wahrnehmen zu können. Organisationen entwickeln sich und verändern so auch Institutionen (North 1992: 8). Deutlich sollte werden, dass aus institutionenökonomischer Perspektive Marktprozesse nicht automatisch optimale institutionelle Lösungen nach sich ziehen, mächtige Akteure institutionellen Wandel in Richtung ihrer Eigeninteressen beeinflussen und steuern können, und Ideologien ihnen dabei dienlich sein können (Kiefer 2003: 201).

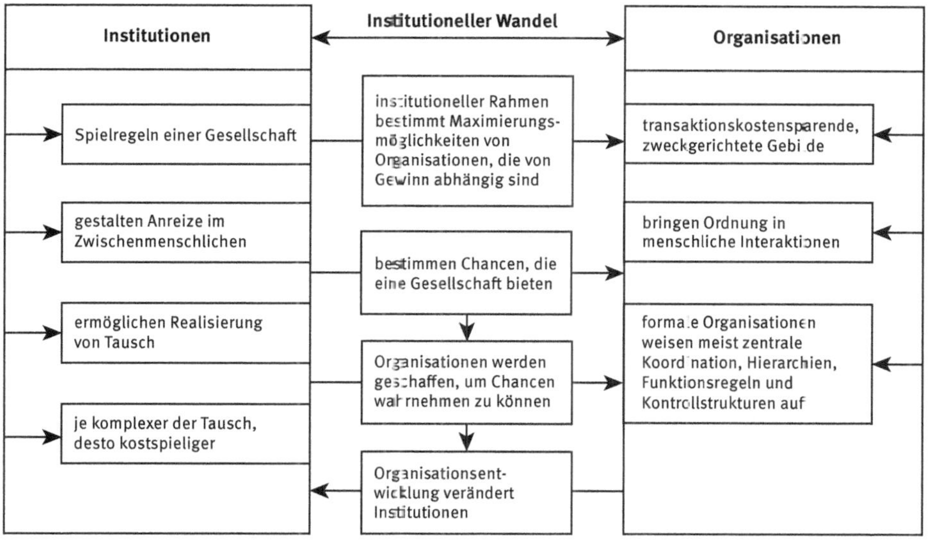

5.2 Medienökonomik — 141

Abb. 5.10: Verhältnis zwischen Organisation und Institution (eigene Darstellung angelehnt an North 1988: 39f, 1992: 8, Richter/Furobotn 1996: 62)

Durch Erweiterungen des ökonomischen Erklärungsprogramms lassen sich zahlreiche Verbindungen zu Nachbardisziplinen herstellen. Folgend soll dies mit North, dem wichtigsten Vertreter einer Theorie institutionellen Wandels, verdeutlicht werden: Als Ausgangsproblem lässt sich bei North Unsicherheit begreifen: „Unsicherheit über die Handlungsmöglichkeiten als auch über den Erfolg von Handlungen lassen [...] soziale Regeln vorteilhaft werden, weil sie Transaktionskosten senken und Informationen zur Verfügung stellen." (Maurer 2009: 251) Nach North bedarf wirtschaftliches Handeln formaler und informeller Regeln. Er erklärt die Bewältigung von Transaktionen durch Interessen und Pflichten vor dem Hintergrund formaler (Gesetze, Verfassungen) und informeller Regeln (Konventionen). North erkennt „zufällige historische Übereinstimmungen" zwischen Ideen und Interessen als „dynamische Kraft", „die materiellen Wohlstand bzw. wirtschaftliches Wachstum generiert" (ebenda: 252). Hier stellt sich die Frage nach dem Wechsel zwischen Vorteilsüberlegungen und Richtigkeitsvorstellungen bzw. jene nach der gegenseitigen Stützung von Ideen und Interessen.

Abb. 5.11: Theorie institutionellen Wandels (eigene Darstellung angelehnt an Maurer 2009: 251 f.)

North zeigt, „dass Akteure angesichts der Begrenztheit ihres Wissens und der Beschränkung ihrer Informationsverarbeitungsmöglichkeiten Ideologien akzeptieren müssen, um ihren Handlungszwecken und Erwartungen eine handhabbare Form zu geben" (Schmid 2009: 110). Unsicherheit zwingt Akteure zur Aneignung von „mentalen Modellen" im Sinne kreativer Interpretationen von Handlungssituationen. Akteure können nicht, wie in der Neoklassik angenommen, immer richtig und vollständig informiert sein, da die Welt von Individuen subjektiv wahrgenommen und gedeutet wird.

Diese mentalen Modelle werden „per Imitation, Sozialisation und Kommunikation" gebildet und im Rahmen eines „kommunikativ gesteuerten Prozess kollektiven Lernens" (ebenda: 110) verbreitet. Die Arbeiten Norths sind durch die Erkenntnistheorie von Hayeks beeinflusst. Friedrich August von Hayek (1899–1992) begriff die menschliche Wahrnehmung als „Interpretation im Sinne der versuchten Zuordnung von Eindrücken zu einer oder mehrerer Klassen eines vorgedachten, komplexeren, ordnenden Systems" (Holl 2004: 64). Wahrnehmung ist demnach Interpretationsarbeit im Wechselspiel zwischen Mensch und Institutionen. Persönliche Interpretationsarbeit geschieht auf Basis gemachter und klassifizierter Erfahrungen. Neue Erfahrungen werden permanent reklassifiziert. Diese evolutorische Perspektive wird auch als „kognitive Pfadabhängigkeit" bezeichnet. Institutionen sind durch die beschriebene permanente Reklassifizierung einer stetigen Veränderung unterworfen. Diese Veränderung kann bis zu deren Zerstörung führen (North 1988). Die kognitive Pfadabhängigkeit wird bei North zur institutionellen.

In welchem Verhältnis stehen Ideologien zu mentalen Modellen? Hier muss zunächst zwischen individuellen mentalen Modellen (verstanden als Produkte kognitiver Systeme) und geteilten mentalen Modellen als Zwischenschritt zu den Ideologien unterschieden werden. Bluhm (2009: 190 f.) begreift geteilte mentale Modelle als „gemeinsame Vorstellungen und Deutungen von kleinen Gruppen, die in ähnlichen Kontexten agieren und über gemeinsame Erfahrungen zu ähnlichen Weltsichten und interpretativen Mustern kommen." Ideologien sind allgemeinere Interpretationsmuster größerer Gruppen und können als „shared framework of shared mental models" (Bluhm 2009: 190 f.; Denzau/North 1994) begriffen werden. Die subjektiven Wahrnehmungen der Akteure werden durch Erfahrungen geändert, die durch die eben beschriebenen Denkmodelle gefiltert werden. Ideen, Dogmen, Moden und Ideologien werden so zu wichtigen Ursachen institutionellen Wandels (North 1992: 101).

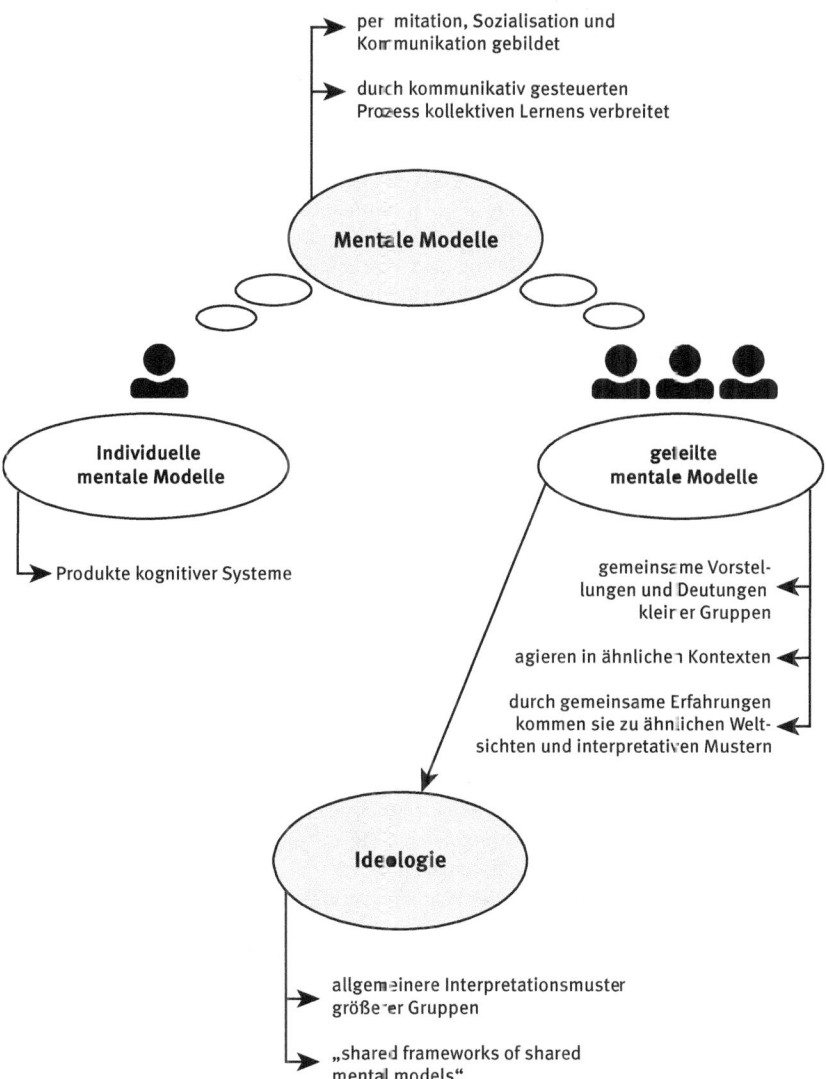

Abb. 5.12: Darstellung mentaler Modelle und Ideologien (eigene Darstellung angelehnt an Bluhm 2009: 190 f., Denzau/North 1994)

Auch Mantzavinos befundet in seiner Arbeit zu Individuen, Institutionen und Märkten, dass „sowohl ökonomische Faktoren als auch Ideologien institutionellen Wandel motivieren können" (Mantzavinos 2007: 102). Er weist auch darauf hin, dass ökonomische Faktoren (Einkommensverteilung infolge technischer Innovation) durch Ideologien neutralisiert werden können. Dies gelte auch umgekehrt (ebenda).

Fragen

1. Wie kann nach Pürer Kommunikationssoziologie definiert werden?
2. Warum ist das Konzept der „physique sociale" nicht umsetzbar?
3. Nach welchen zwei Bereichen müssen die Aufgabenstellungen der Erkenntnislehre nach Bertrand Russell differenziert werden?
4. Welche theoretischen Ansätze waren in Bezug auf die Auseinandersetzung mit Massenmedien bis in die 1960er-Jahre im deutschsprachigen Raum verbreitet?
5. Welche Anstöße für eine soziologische Untersuchung des Zeitungswesens gab Max Weber?
6. Wie können die Positionen der in den USA entstandenen philosophischen Richtung des Pragmatismus beschrieben werden und welche Rolle spielt dabei der gesellschaftliche Wandel?
7. Welche Funktionsweisen werden dem gesellschaftlichen Kommunikationsprozess von Lasswell, Merton und Lazarsfeld unterstellt?
8. Welche Bedeutung hat das von Marx beschriebene Konzept des Warenfetisch in der Kritischen Theorie?
9. Welche Bedeutung hatte und hat die Kritische Theorie für weiterführende theoretische Ansätze?
10. Nennen Sie die Schwachstellen des funktionalistischen Ansatzes der Systemtheorie.
11. Welche Vor- und Nachteile lassen sich für die wissenschaftliche Praxis durch die Mischung normativer und analytischer Ansätze der Cultural Studies befunden?
12. Gilt Medienökonomik als Teildisziplin der Publizistik- und Kommunikationswissenschaft?
13. Welche theoretischen Zugänge einer Medienökonomik werden unterschieden?
14. Nach welchen Traditionen wird die Medienökonomie im englischsprachigen Raum beschrieben?
15. Welches Paradigma kennzeichnet die aktuelle Medienökonomie und warum?
16. Was versteht man unter Politischer Ökonomie und in welchem Verhältnis steht sie zur Neoklassik?
17. In welche vier Bereiche lässt sich der Neue Institutionalismus einteilen?
18. Aus welchem Grund beschäftigt sich die Wissenschaftstheorie mit historischen Theorien?
19. Welche Paradigmen in der ökonomischen Theorie lassen sich seit der kapitalistischen Produktionsweise benennen und wieso fand ein Paradigmenwechsel statt?
20. Beschreiben Sie die Eigenheiten von Institutionen und Organisationen.
21. Worin unterscheiden sich mentale Modelle von Ideologien?
22. Inwiefern spielen Medien bei institutionellen Wandlungsprozessen eine Rolle?

6 Kommunikationswissenschaftliche Begriffe

Inhalte und Ziele
Begrifflichkeiten sind entscheidend für die Wissenschaftstheorie – denn Theorien bestehen auch aus Definitionen und Definitionen klären Begriffe. Diese werden stetig historisch, wissenssoziologisch und diskursanalytisch verhandelt. In diesem Kapitel werden zentrale Begrifflichkeiten der Mediensoziologie und Medienökonomik auf gemeinsame historische Wurzeln überprüft.
Nach diesem Kapitel verstehen Sie die Zusammenhänge folgender drei Begriffe im Kontext der historischen Entwicklung der Medien:
- Freiheit als Fundamentalnorm,
- Öffentlichkeit und
- Markt.

Wir wollen folgend die wissenschaftstheoretische Analyse von Mediensoziologie und -ökonomik vertiefen, indem wir zentrale Begrifflichkeiten beider kommunikationswissenschaftlicher Teildisziplinen (Öffentlichkeit und Markt) auf gemeinsame Wurzeln und historische Veränderungen hin prüfen.

Theorien bestehen aus Definitionen und Hypothesen. Definitionen müssen Begriffe klären, die in der Theorie verwendet werden. Die möglichst präzise Explikation der Begriffe vermeidet Missverständnisse und Mehrdeutigkeiten und grenzt den Teilbereich der Realität ein, indem die Objekte und Prozesse genannt werden, auf die sich die Theorie bezieht und wofür sie Gültigkeit beansprucht. Im Rahmen der jeweiligen Begriffsbildung muss die theoretische Bearbeitung vorbereitend ermöglicht werden. Der Begriff bedarf aber der Vieldeutigkeit um Begriff sein zu können. Was ist damit gemeint?

> Der Begriff haftet zwar am Wort, ist aber zugleich mehr als das Wort. Ein Wort wird [...] zum Begriff, wenn die Fülle eines politisch-sozialen Bedeutungszusammenhanges, in dem – und für den – ein Wort gebraucht wird, insgesamt in das eine Wort eingeht. (Koselleck zitiert nach Lessenich 2003: 12)

Dies lässt sich an einem Beispiel verdeutlichen: Im Kontext wohlfahrtsstaatlicher Semantiken fragt Lessenich mit Luhmann nach Korrelationen zwischen sozialstrukturellen und begriffs- bzw. ideengeschichtlichen Veränderungen. Semantiken begreift er als „einen höherstufig generalisierten, relativ situationsunabhängig verfügbaren Sinn" (Luhmann zitiert nach ebenda: 14). Die Etablierung dieses Sinnes bedarf des Diskurses, der von Foucault sowohl als symbolische Ordnung als auch materielle Praxis begriffen wird, und der daraus resultierend notwendigerweise „nach den Kriterien, Formen und Mechanismen, welche die ‚Einheit' des Diskurses sicherstellen", fragt (ebenda). Diskurse werden demnach produziert, sie finden nicht einfach statt, werden „einer permanenten, die Regeln des Diskurses aktualisierenden Kontrolle unterworfen." (ebenda: 15) Politik wird letztlich sowohl bei Foucault als auch Bourdieu als Kampf zur Durchsetzung der legitimen Definition der Wirklichkeit begriffen. Das ist für Begriffe folgenreich.

Nach Lessenich sind die Institutionen des Staates die zentralen Akteure der Produktion dieser Denk- und Begriffskategorien. In diesem Zusammenhang spricht er vom „symbolischen Gewaltmonopol" (ebenda) als zentraler Machtform des modernen Staates. Der Staat etabliere Vorstellungen sozialer Wirklichkeit und ihrer Strukturierung. Zu fragen ist, ob es neben dem Staat nicht auch andere zentrale Akteure der Produktion von Denk- und Begriffskategorien gibt, die sich der Medien bedienen, etwa die Wirtschaft. Lessenich trägt diesem Einspruch implizit Rechnung, indem er in weiterer Folge von „politischen und institutionellen Machtpraktiken" (ebenda: 16) spricht. Was Lessenich für wohlfahrtsstaatliche Semantiken konstatiert, das lässt sich auch auf kommunikationswissenschaftliche übertragen: Sie vereinen in sich begriffsgeschichtliche, wissenssoziologische und diskursanalytische Elemente. Kommunikationswissenschaftliche Semantiken formieren sich um Leitbegriffe, die als sprachliche Korrelate ihrer beständigen Transformation zu lesen sind. So kennzeichnen Vieldeutigkeit und historische Deutungsoffenheit diese Leitbegriffe (ebenda).

Die wissenschaftliche Verwendung von Begriffen, wie dies Luhmann (1979: 30) für jene von Öffentlichkeit ausführt, wird durch den Umstand erschwert, dass es sich nicht nur um wissenschaftliche Konstrukte handelt, sondern vielmehr um Resultate eines akuten faktischen Problembewusstseins. Denn Begriffe haben nicht die Funktion, faktische Ereignisse oder Verläufe zu erklären; sie dienen vielmehr der institutionellen Fixierung von Problemlösungen. Ihre Problematik besteht darin, dass die ihnen zugrundeliegenden Problematiken oftmals ungenannt bleiben (ebenda).

Rühl (1993: 102) weist darauf hin, dass die Publizistikwissenschaft tendenziell dazu neigt, die theoretische Bearbeitung vieler Phänomene, u. a. auch das des Marktes, an andere Disziplinen zu delegieren. Ihre Hauptaufgabe sieht sie darin, die so gewonnenen Erkenntnisse in die eigene Disziplin einzupassen. Und das ist der geringste Vorwurf, den man ihr mit Rühl machen kann. Laut diesem habe sich die Publizistikwissenschaft zwar um das Abstecken von „Forschungs-Claims" – etwa Massenkommunikation und Massenmedien – bemüht, „ohne den Grad an Abstraktion und damit die Wissenschaftsfähigkeit ihrer Grundbegriffe Kommunikation, Information, Mitteilung, Nachricht, Wirkung, Kommunikator, Rezipient u. a. wesentlich vom Gebrauchsniveau des Alltagsverstandes zu unterscheiden." (ebenda: 307)

6.1 Freiheit

Öffentlichkeit und Markt haben gemeinsame Wurzeln, die es folgend darzulegen gilt. Sie lassen sich zudem auf die Fundamentalnorm Freiheit zurückführen.

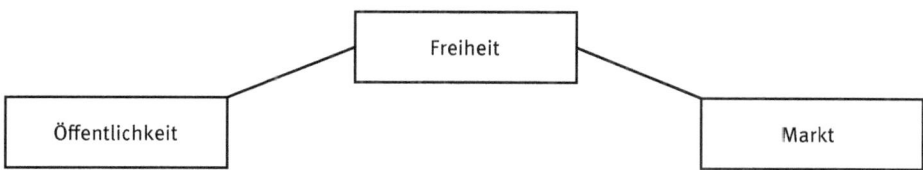

Abb. 6.1: Öffentlichkeit, Markt und die Fundamentalnorm Freiheit (eigene Darstellung)

Es gibt Zusammenhänge zwischen der Entwicklung beider Begriffe und der allgemeinen Geschichte des abendländischen Denkens. Pribram begreift Freiheit als metaökonomischen Begriff, der „von anderen Wissenschaften oder aus dem Alltagsdenken erborgt und dann in unterschiedlichem Maße den Zwecken der ökonomischen Analyse angepasst" (Pribram 1995b: 1147) wurde. Dieser war schon in der scholastischen Vorstellung der „Willensfreiheit" enthalten. Freiheit wurde hier als Vermögen oder Recht zwischen verschiedenen Alternativen zu wählen, gefasst.

> Der Kampf um individuelle Freiheiten begann mit dem Kampf um die Freiheit, neue, von den Entscheidungen kirchlicher Autoritäten unabhängige Begriffe und Lehren zu formulieren. Im Verlauf dieser Auseinandersetzung suchte man nach einer logischen Grundlage für individuelle Freiheiten und soziale Institutionen (wie das Privateigentum) und verankerte sie in ‚eingeborenen Ideen' oder natürlichen Rechten. (ebenda: 1158)

Obgleich beide die Fundamentalnorm Freiheit auszeichnet, unterscheiden sich Markt und Öffentlichkeit, und dies nicht nur, weil Kapitalismus und Demokratie „auf antithetischen Grundsätzen über die richtige Machtverteilung beruhen" (Kiefer 2004). Die Kollision der Auffassung von Öffentlichkeit als Forum der demokratischen Willensbildung mit der Auffassung von Öffentlichkeit als Markt kennzeichnet den Mediensektor, denn es besteht ein fundamentaler Widerspruch zwischen Wirtschaft und Politik auf Ebene ihrer Wertesysteme. Die Auffassung von Öffentlichkeit als Forum ist also eine andere als die von Öffentlichkeit, die im Wettbewerb/Markt gedacht wird.

> Im Markt der Meinungen bewirkt Öffentlichkeit die individuelle Vorstellung einer gewissen Wahrscheinlichkeit, dass individuelles Reden, Schreiben und Handeln einer öffentlichen Diskussion unterworfen werden kann. [...] Die Öffentlichkeit des Marktes ist hingegen inkorporiert in der Essenz des Marktes, im Preismechanismus und im Ergebnis des Preismechanismus: im Preis als optimalem Informationskonzentrat (Heinrich 1999: 599 f.).

Die Widersprüche, die das Konzept der Freiheit im Kontext des Medienwirtschaftssystems mit sich bringt, lässt sich an den divergierenden Normen Individualismus und Kollektivismus sowie Wohlfahrt und Vielfalt verdeutlichen. Die gemeinsamen Wurzeln und parallelen historischen Entwicklungen lassen marktwirtschaftliche Ordnungen trotz benannter Divergenzen kompatibel mit Demokratien erscheinen.

Das führt dazu, „dass Märkte als eine demokratische Form der Äußerung und Durchsetzung von Bedürfnissen begriffen werden." (Kiefer/Steininger 2014: 85)

Wir wollen in weiterer Folge das Konzept der Freiheit im Kontext der historischen Entwicklung der Freiheit der Medien skizzieren. Hummel (2007) verdeutlicht, dass der Begriff der Pressefreiheit kulturell determiniert und codiert ist – sowohl rechtlich wie in der konkreten Akzeptanz im Journalismus und auch in der Auffassung des Publikums. Pressefreiheit ist daher zwangsläufig einem Veränderungsprozess unterworfen und lebt von der jeweiligen konkreten Durchsetzung dessen, was unter ihr verstanden wird. Wir haben es demnach im historischen Kontext mit steten Machtkämpfen um die legitime Sichtweise bzw. um die gesellschaftliche Anerkennung was sein soll und was ist, zu tun.

Der historisch erste Autor, der den Begriff „Pressefreiheit"[1] gebraucht, ist John Milton (1608–1674) in seiner 1644 erschienenen Schrift „Areopagitica. A Speech for the Liberty of Unlicensed Printing to the Parliament" (Milton 2008: 865–952). Nicht zufälligerweise ist dies das selbe Jahr in dem Oliver Cromwells puritanisches Parlamentsheer die königlichen britischen Truppen vernichtend schlägt. Milton, selbst Puritaner und Sekretär Cromwells, geht in seinen rechtlichen Herleitungen von naturrechtlichen, *religiös* determinierten Axiomen aus. Er tritt daher zwar für die Aufhebung der Zensur ein, da auch böse und falsche Argumente im Wettstreit die tugendhaften stärkten. Dennoch gibt es für ihn drei Gründe, offene Meinungsäußerungen zu bestrafen: Verleumdung, Blasphemie bzw., Atheismus und Papismus. Vor allem Miltons Argumente für die Rechtmäßigkeit des Widerstandes gegen die Tyrannis und für die Enthauptung des britischen Königs machen ihn später neben John Locke zu einer wesentlichen philosophisch-legitimatorischen Instanz im Zusammenhang mit der amerikanischen Unabhängigkeitsbestrebung und der aus ihr folgenden Trennung der nordamerikanischen Kolonien von der britischen Krone.

Was unter (Presse-)Freiheit zu verstehen ist, ist weder logisch deduzierbar noch empirisch-induktiv erfahrbar, sondern eine Normsetzung, die wiederum aus spezifisch historisch-kulturellen Gegebenheiten entspringt. Im ursprünglichen Sinn der angelsächsischen Tradition verkörpert die Presse die Stimme der Mehrheit, die Stimme des Volkes, die wiederum ihre Legitimation in göttlichem Naturrecht hat (vgl. Kapitel 6.3). Die durch die freie Presse zu ihrer vollen Geltung gebrachte *öffentliche Meinung* hat gemäß John Locke (1632–1704) eine sozialerzieherische Funktion: Die Gesetze der öffentlichen Meinung würden sorgsamer befolgt als staatliche oder göttliche Gesetze, da es keine Hoffnung auf Vergebung, Gnade im Jenseits oder Nichtentdeckung gäbe (Habermas 1971: 114 f.). Die öffentliche Meinung ist *in dieser Anschauung* das Ergebnis eines Meinungsmarktes. Die Medien sind in letzter Konsequenz so etwas wie Börse und Börsenaufsicht des Meinungsaustausches: Solange Medieninhalte weitgehend dem moralischen Mehrheitsverständnis der Gesellschaft entsprechen, ist das Marktprinzip funktional. Wo allerdings Grundwerte zur Diskussion stehen, ist

---

[1] Vgl. zum Folgenden Hummel 2007.

Selbst- bzw. Fremdbeschränkung der öffentlichen Kommunikation notwendig (vgl. dazu die Diversitätsdebatte: Hummel 2011)

Zum Unterschied zur religiös konnotierten britischen Cromwell-Revolution und dem ebenfalls puritanisch fundierten Selbstverständnis der amerikanischen Unabhängigkeitsbewegung (Raeithel 2002) fand die Französische Revolution vor dem Hintergrund einer langdauernden Entsakralisierung statt. Deren Grund lag im gewaltsam errungenen Sieg der Gegenreformation von König und katholischer Kirche gegen den vor allem unter der Landbevölkerung populären Jansenismus, einer anti-elitär ausgerichteten kirchlichen Strömung. (Chartier 1995: 113 ff.)

Öffentlichkeit wird im Kontext der Französischen Revolution daher als Diskurs von gebildeten Privatleuten gesehen, die ihre Vernunft gebrauchen, welche nicht mehr vom Respekt gegenüber weltlichen oder geistlichen Autoritäten gezügelt werden darf (Chartier 1995: 34). Die Konzeption der öffentlichen Meinung im Sinne öffentlicher Kritik entzündet sich um 1750 v.a. in Bezug auf religiöse Themen. Patriotische, staatsbürgerliche Werte ersetzen traditionell spirituelle, die Verfassung wird als das moderne Evangelium angesehen. Auch Polemik, Blasphemie, sogar Pornographie sind als Stilelement gebräuchlich (rund 20% der aufklärerischen „Untergrundliteratur" sollen pornographische Elemente zur Aufmerksamkeitssteigerung benutzt haben). (Chartier 1992: 181 f.) Pressefreiheit wird in der Französischen Revolution als ein individualistisches Recht der Publizierenden – also einer intellektuellen Minderheit – gesehen, deren Ausübung letztlich der Vernunft zum Sieg verhilft.

Am 26. 8. 1789 erfolgt die „Déclaration des Droits de l' homme et du citoyen", deren Paragraf 11 besagt: „Die freie Mitteilung der Gedanken und Meinungen ist eines der kostbarsten Rechte des Menschen. Jeder kann mithin frei sprechen, schreiben, drucken, mit Vorbehalt der Verantwortlichkeit für den Mißbrauch dieser Freiheit in den durch Gesetz bestimmten Fällen". (Habermas 1971: 91) Der Sinn der Pressefreiheit in der auf der Französischen Revolution fußenden Tradition liegt in der Ermöglichung öffentlicher Kritik. Die Presse dient der Bekanntmachung verschiedener Ideen um damit wie bei einem Gerichtsverfahren – bei dem die Allgemeinheit Richter ist – den „besten Argumenten" zum Sieg zu verhelfen und damit zu einer vernünftigen Regelung gesellschaftlicher Verhältnisse zu kommen. Pressefreiheit wird hier also als individualistisches Recht der Schreibenden verstanden.

Pressefreiheit ist mithin ein Resultat der bürgerlichen Revolutionen, ein Mittel um sich gegen die Repräsentanten des (feudalen) Staates zu behaupten: angelsächsisch als „Watchdog"-Funktion im Auftrag der Bürger (kollektivistisch); französisch als Garantie einer Plattform öffentlichen Meinungsstreites, um der Vernunft Geltung zu verschaffen (individualistisch). Die kontinentaleuropäische Variante fußt eher auf dem französischen als auf dem angelsächsischen Modell (Berka 1982: 104 ff.) und ist mehr als bloße Abwesenheit von Vorzensur: Pressefreiheit hat daher die „öffentliche Meinungs- und Willensbildung" zum Ziel – auch Unwahres, Polemisches, Provozierendes, Sensationsorientiertes und auch Blasphemisches genießt daher den Schutz der Pressefreiheit.

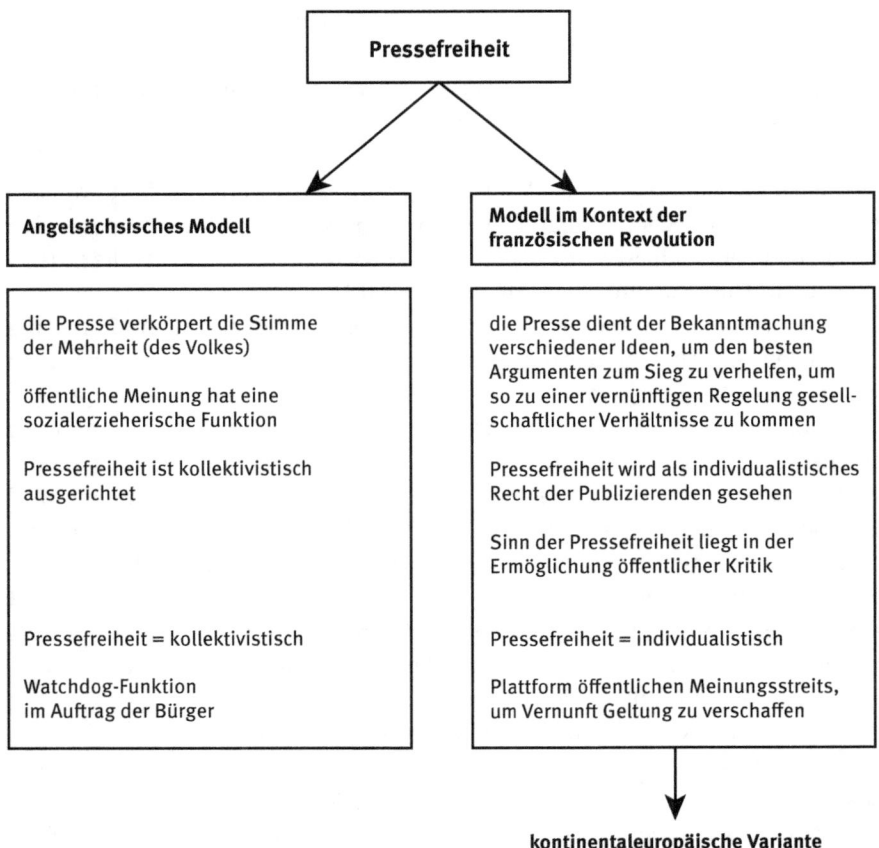

Abb. 6.2: Traditionen der Pressefreiheit (eigene Darstellung)

6.2 Öffentlichkeit

Öffentlichkeit ist ein schwammiger Begriff, der vieles aufgesogen hat, was man ihm nicht ansehen kann, konstatiert Roesler (1997). Er dient sowohl als Kategorie eines Gesellschaftsbereiches, als auch als Gesellschaftsideal. Mitunter ist auch die Rede vom Mythos Öffentlichkeit, der auf überlieferten Leitbildern beruht, wie jenem des griechischen Marktplatzes und jenem der Gesellschaft der Aufklärer (ebenda: 173 f.). Noch im Mittelalter war der kollektive Vollzug gemeinschaftlicher Angelegenheiten eine selbstverständliche Tradition gewesen. Der Begriff wurde nicht gebraucht: „Was vor allen Leuten bestand und geschah, war eben öffentlich. [...] Was allen stets zugänglich ist, braucht keinen ausdrücklich qualifizierenden Begriff." (Westerbarkey 1991: 24 f.) Erst die Einsicht, dass bedeutende Vorgänge auch heimlich geschehen können, diese damit potenziell für einzelne oder viele unzugänglich sind, führte zur

Etablierung der Bezeichnung „öffentlich". Hölscher vertieft diese Einsicht und fasst „Öffentlichkeit" als eine für den west- und mitteleuropäischen Sprachraum spezifische Kategorie des politisch-sozialen Lebens.

Die Begriffsgeschichte des Wortes „öffentlich" wird durch zwei „Bedeutungsschwellen" geprägt, die das Wort um jeweils eine neue Verständnisdimension bereichern. So nahm im Laufe des 17. Jahrhunderts „öffentlich" bedingt durch die Etablierung des modernen Staatsrechts die Bedeutung von „staatlich" an. Ende des 17. Jahrhunderts bekamen antike und humanistische Bedeutungsmomente des Wortes „publicus" mit dem Aufstieg des bürgerlichen Publikums eine neue Bewertung. In der Juristensprache des 16. und 17. Jahrhunderts waren diese Bedeutungsmomente ausgeblendet worden. Das Attribut „publicus" konnte nun nebst staatlichen auch anderen gesellschaftlichen Zusammenschlüssen zugeordnet werden. Der naturrechtlich begründete weitere Anschauungshorizont wirkte im 18. Jahrhundert auch auf die im Deutschen bestehende Bedeutung von „öffentlich" ein. In der zweiten Hälfte des 18. Jahrhunderts verdichtete sich eine zweite Bedeutung des Wortes, „öffentlich bezeichnet seitdem nicht nur den Geltungsbereich staatlicher Autorität, sondern zugleich den geistigen und sozialen Raum, in dem diese sich legitimieren und kritisieren lassen muß." (Hölscher 1978: 438) Öffentlichkeit wurde somit zu einem entscheidenden Kriterium der politischen Vernunft (ebenda: 413).

Erst nach 1750 scheint „Öffentlichkeit" aus dem Adjektiv „öffentlich" gebildet worden zu sein. Es war vermutlich Joseph von Sonnenfels (1732–1817), der sich in „Grundsätze der Polizey, Handlung und Finanz" als erster dieses Wortes bediente. Er bezeichnet Öffentlichkeit als „diejenige Qualität von Kommunikationsmitteln, die, wenn es keine Zensur gäbe, zur Verbreitung irriger, ärgerlicher und gefährlicher Meinungen führen müßte: Die Zensur erstreckt sich daher nicht nur auf Bücher, sondern auch auf Schauspiele, Lehrsätze, Zeitungen, alle öffentlichen an das Volk gerichtete Reden, Bilder und Kupferstiche, und was sonst immer eine Art von Öffentlichkeit, wenn man so sagen darf, an sich hat." (v. Sonnenfels zitiert nach ebenda: 446) 1777 wurde das Wort „Öffentlichkeit" von Johann Christoph Adelung (1732–1806) erstmals lexikalisch erfasst, als „Eigenschaft einer Sache, das sie öffentlich ist, oder geschieht, in allen Bedeutungen dieses Wortes" (Adelung zitiert nach ebenda). Das Wort „Öffentlichkeit" gewann nach 1800 die „semantische Prägnanz eines politisch-sozialen Begriffs", dem letztlich 1815 eine zentrale Rolle in der deutschen Verfassungsdiskussion zufallen sollte. „Öffentlichkeit war das Medium, durch das und innerhalb dessen sich das Volk als politischer Körper konstituierte." (ebenda: 456)

Der Nationalökonom Albert Schäffle bezeichnet Öffentlichkeit 1875 als sozialpsychologisches Phänomen analog dem menschlichen Nervensystem: „Im engeren Sinn ist Öffentlichkeit eine Ausbreitung sozial wirksamer Ideen über die Grenzen jenes Kreises hinaus, welcher berufsmäßig die betreffende geistige Arbeit durchzuführen hat." (Schäffle zitiert nach ebenda: 464) Fazit: Öffentlichkeit ist nach Hölscher ein verhältnismäßig junger Begriff der politisch-sozialen Sprache, denn vor dem 18. Jahrhundert gab es in keiner europäischen Sprache ein Wort für die Sache, die wir so bezeichnen. Dieser Befund sei nicht nur für die Sprachgeschichte von Bedeutung, sondern auch für die Sache selbst (Hölscher 1979: 8). Das Wort wurde im politisch-sozialen Diskurs der Aufklärung zu einem Begriff aufgewertet, der die soziale Wirklichkeit selbst mitgestaltete, die er bezeichnete. Zwar zeigt die vorbürgerliche Geschichte der Menschheit einen großen Reichtum von Einrichtungen auf, in denen die wichtigen, das heißt die als öffentlich bewerteten Angelegenheiten, kollektiv behandelt und entschieden wurden (vgl. Negt 1975: 461). Was die historische Form bürgerlicher Öffentlichkeit von allen vorbürgerlichen Öffentlichkeitsformen prinzipiell unterscheidet, ist das Private. Das Private entwickelte sich vom „wesenlosen Anhängsel des Ganzen" (in naturwüchsigen Gemeinschaften) hin zum Privateigentum, der „Grundfigur" bürgerlicher Öffentlichkeit (ebenda: 461 f.).

Die Kommunikationswissenschaft negierte bei ihrer Beschäftigung mit Öffentlichkeit die beschriebenen Wurzeln und Leitbilder des Begriffs weitestgehend, wurden doch vor allem öffentliche Meinung und Verständigung, die Erzeugung öffentlichen Bewusstseins sowie Sphären offen gelegten staatlichen Handelns in den Fokus ihrer Betrachtung gerückt (Hickethier 2000: 4 f.). Manfred Rühl (1993: 102) argumentiert, dass die Publizistik- und Kommunikationswissenschaft tendenziell dazu neigt, die theoretische Bearbeitung vieler Phänomene an andere Disziplinen zu delegieren. Ihre Hauptaufgabe sieht sie darin, die „richtigen Auskünfte, Argumente, Einsichten und Erkenntnisse", „in den Bau der Publizistik einzupassen". Offensichtlich ist auch sie vom Pragmatismus geprägt (vgl. Kapitel 3.7 und 5.1.3). Ungeachtet der damit verbundenen Implikationen für die publizistik- und kommunikationswissenschaftliche Grundlagenforschung hatte und hat dieses Vorgehen auch für die Entwicklung eines eigenständigen Öffentlichkeitsbegriffs Folgen.

Zusätzlich erschwert wird die Begriffsentwicklung durch das bewusst unhinterfragte Einpassen des Markt-Begriffs in den „Bau der Publizistik". Versuche, Öffentlichkeit kritisch zu reflektieren, hatten in den 80er- und 90er-Jahren des letzten Jahrhunderts wenig Raum. Hickethier (2000: 8) verweist darauf, dass nach/trotz marktkritischen Debatten in den 1960er-Jahren der Öffentlichkeitsbegriff sukzessive durch jenen des Marktes ersetzt wurde. Da Öffentlichkeit in der Topographie der Gesellschaft im Vorhof zur Macht platziert sei, wäre auch sie ein umkämpftes Gebiet. Insofern übernehme Öffentlichkeit „ähnliche Funktionen wie der Markt für die Wirtschaft" (Gerhards/Neidhardt 1990: 11). Öffentlichkeit bleibt so ein allgemeines Ideal, gleichgesetzt mit Publizität oder Markt, der „im Terminus der ‚öffentlichen Meinung' diffus bleibt" (Hickethier 200: 4 f.). Die Vielfalt dieser Konzepte, die Beliebigkeit der Bedeutungen verdeckt oftmals den „eklatanten Mangel an Theorie" (Westerbarkey 1991: 13 f.), aber auch an Empirie.

Der Öffentlichkeitsbegriff hat demnach eine Vielzahl von Bedeutungen, die seine wissenschaftliche Verwendung erheblich erschwert. Hinderlich für den wissenschaftlichen Umgang mit dem Öffentlichkeitsbegriff sind die gelegentliche Gleichsetzung von Öffentlichkeit und Gesellschaft sowie die Projektion von Öffentlichkeit auf spezifische soziale Systeme (Westerbarkey 1991: 24 f.). Die uneinheitlichen Begriffsbildungen lassen also schon auf eine uneinheitliche Theorienbildung schließen.

Elitäre Konzepte von Öffentlichkeit werden von sittlichen sowie dezisionistischen, normative von systemtheoretischen und liberale von deliberativen unterschieden. Elitäre Konzepte sehen die Rationalität politischer Entscheidungen durch die Kompetenz gemeinwohlorientierter Eliten gewährleistet. Öffentlichkeit dient diesen Eliten als Raum der Loyalitätserzeugung. Sittliche Legitimationskonzepte vertrauen auf die Fähigkeit der Menschen, das Wahre intuitiv zu erkennen, Öffentlichkeit dient hier der rituellen Bekräftigung dieses Umstandes. Dezisionistische Konzepte verzichten gänzlich auf qualitative Entscheidungskriterien, sie reduzieren Öffentlichkeit auf den Raum der bloßen Veröffentlichung andernorts getroffener Entscheidungen (Göhler 1995: 16). Nach Requate (1999: 9 f.) dominieren zwei Konzepte den wissenschaftlichen Diskurs: Einerseits die kritische Auseinandersetzung mit Habermas (normative Konzepte), andererseits eine Strömung systemtheoretischer Ansätze, die von der neueren Kommunikationswissenschaft favorisiert wird. Laut normativen Konzepten der Öffentlichkeit gehört die Öffentlichkeit zur elementaren Institutionenausstattung von Demokratien. Dass politische Entscheidungen zu öffentlich diskutierten Angelegenheiten werden können, sei eine Grundvoraussetzung demokratischer Herrschaftsform und wird durch rechtliche Regeln kodifiziert (*Meinungs-, Versammlungs- und Pressefreiheiten*). Dies verweist auf die von Gerhards, Neidhardt und Rucht (1998) betonte demokratietheoretische Relevanz von Öffentlichkeit. Folgt man den Autoren, so kann man die Vielzahl demokratietheoretischer Varianten zur politischen Funktion von Öffentlichkeit letztlich auf zwei Modelle reduzieren: eine liberale und eine deliberative Vorstellung von Öffentlichkeit. Beiden ist gemeinsam, dass sie die Funktion von Öffentlichkeit innerhalb einer Modellvorstellung von Demokratie zu beschreiben versuchen (ebenda: 27).

6.3 Markt

Theoretische Konzeptionen des Marktes bringen den Begriff Markt mit traditionellen Marktformen in Verbindung (Steininger 2007a: 88). Sehr gerne wird in diesem Zusammenhang auf die Wirtschaft in der Polis verwiesen. Die Agora fungierte als Markt (-platz) Athens, sie war aber auch mehr als dies, sie fungierte auch als politischer, religiöser, und gesellschaftlicher Mittelpunkt der Polis (Bürgin 1993: 31). Sie war „Brennpunkt des öffentlichen Lebens" (Camp zitiert nach ebenda). Von der Agora als Marktgeflecht kann aber keine Rede sein, es kam zu keiner Verdichtung marktmäßiger Beziehungen. Nach Bürgin (1993: 34) stellte die Agora nicht den „Nukleus einer möglichen antiken ‚Marktwirtschaft'"dar. Sie diente lediglich der Deckung des persönlichen Bedarfs, war versorgungs- nicht absatzorientiert, und hatte nichts mit mittelalterlichen Märkten gemein (ebenda: 102).

Im antiken Griechenland lebten Menschen in selbstständig wirtschaftenden Einheiten, sogenannten „Oikos". Geleitet wurden diese durch einen Hausvater, welcher die Daseinsvorsorge für diesen „erweiterten Familienverband" zur Aufgabe hatte. „Haushälterisches Handeln hieß umsichtiges, sparsames Umgehen mit den Gütern, die als Vermögen den Menschen zur Daseinsvorsorge überantwortet sind." (Schweitzer 1991: 53) Ein Oikos konnte Haus- und Grundeigentum, landwirtschaftliche Produktionsbereiche, aber auch Werkstätten und Handelsbetriebe umfassen. Es war eine Unterhaltswirtschaft, welcher als Lebens- und Wirtschaftspraxis „Anweisungen und philosophische Überlegungen zur Wirtschaftsführung" (ebenda: 51) griechischer Autoren zu Teil wurden. „‚Oikonomika' nannten sie ihre Schriften über die Haushaltungskunst." (ebenda)

Festzuhalten ist der Umstand, dass der Begriff der Ökonomie in der Neuzeit einen Bedeutungswandel erlebte. Heute steht die Ökonomie für eine Wissenschaft, welche sich der Erwerbswirtschaft widmet, wohingegen die „alteuropäische Ökonomik" als Haushaltslehre die Erwerbswirtschaft berücksichtigte, ohne sich an ihr zu orientieren (ebenda). So betonte auch die „Oikonomia" des Aristoteles obige Maßstäbe für haushälterisches Handeln. An dieser Stelle wird die Engführung des modernen Wirtschaftsverständnisses deutlich, das Hedonismus und Eigennutz als „Antriebsprinzipien des ökonomischen Rationalverhaltens des Menschen der Neuzeit" (ebenda) begreift.

Noch im Mittelalter prägte die Haushaltungskunst die katholische Morallehre, beeinflusste deren Rezeption die christliche Theologie (Scholastik). Wir haben schon in Kapitel 5 darauf verwiesen, dass die spätmittelalterlichen Scholastiker eine ökonomische Lehre ausarbeiteten, die weitgehend auf aristotelische Ausführungen zurückzuführen ist. Pribram verdeutlicht dies am Begriff des Gleichgewichtes: „Was man gibt, sollte seinem intrinsischen Wert nach gleich dem sein, was man erhält." (Pribram 1998b: 1148) Die Ökonomie blieb eine Haushaltslehre mit ethischen und praktischen Vorschriften. „Hinzu kam durch das Christentum eine neue, ausgeprägte Orientierung auf die Heilserwartung im Jenseits, welche für die Lebensführung in der Haushaltsfamilie über viele Jahrhunderte wirksam wurde." (Schweitzer 1991: 56 f.) Die Verantwortung für das Hauswesen wandelte sich jedoch: Ging es in der antiken Sozialethik um die Persönlichkeitsentfaltung des Polisbürgers im Rahmen der naturgegebenen Lebensnotwendigkeiten Familie und Haushaltsführung, so betonte die katholische Sozialethik „die sittliche Vervollkommnung des Menschen, der in Erwartung der Endzeit – der Wiederkehr Christi – steht." (ebenda: 57) Es ging der mittelalterlichen Ökonomie um die Implementierung christlichen Verhaltens in den Bereichen Produktion, Konsum, Distribution und Gütertausch. Sie bediente sich dabei Definitionen und Geboten (Pribram 1998a: 26). Die Kirche beanspruchte das Recht, moralisches, geistiges, berufliches und soziales Verhalten von Menschen zu überwachen. Sie bediente sich der Begriffe um absolute Wahrheit zu gewinnen, ließ jedem Begriff nur eine gültige Definition zukommen. Heterodoxie war Ketzerei (ebenda: 26 f.).

Die alteuropäische Ökonomik war nicht am Markt im Sinne eines Netzes kommerzieller Beziehungen für den Austausch knapper Güter orientiert, sondern am Haus, oder vielmehr der Haushaltung (Albert 1998: 147 f.). Abstrahierte die alte Ökonomik bei der Analyse ihrer Objekte von Marktbeziehungen, so konzentrierte sich die klassische und nachklassische Ökonomik gerade auf diese und negierte weitestgehend die Besonderheiten der Beziehungsträger (ebenda: 148 f f.).

Religiöse Wertorientierung behielt jedoch auch im Rahmen der mit der Aufklärung einhergehenden Loslösung der Menschen von weltlichen und kirchlichen Autoritäten und der Entwicklung von Selbstbewusstsein auf Basis von Vernunft und Rationalität ihren Einfluss. Die Frage nach dem Einfluss religiöser Wertorientierungen auf wirtschaftliche Gesinnung und Handeln stellte Weber (1988a; 1988b). Die wirtschaftlich nützliche protestantische Moral (gottgewolltes Gewinnstreben) ist für Weber der Ursprung der kapitalistischen Wirtschaft. „So ist die Wirtschaftsgesinnung, die unseren heutigen Wohlstand begründete, von einer in der Wurzel tief religiösen Wertorientierung der Menschen geprägt, welche sich in der Alltagspraxis des wirtschaftlichen Lebens zeigt" (Schweitzer 1991: 60). Die protestantische Kopplung von Erwerbsstreben und Sparzwang führte zu Kapitalbildung, zu effizienter Betriebsführung und effizientem Faktoreinsatz. Wohlstandsansprüche ersetzen innerweltliche Askese, werden Bedingung für das in Gang halten kontinuierlichen Wirtschaftswachstums.

Den Übergang zu den modernen Wirtschaftswissenschaften prägten im 16. und 17. Jahrhundert die Staaten beratenden Merkantilisten und Kameralisten. Die sich im Frankreich des 18. Jahrhunderts etablierenden Physiokraten propagierten eine naturwissenschaftliche Lehre der Wirtschaftsentwicklung, die die Naturrechtsphilosophie mit der Analyse der Wirtschaftsentwicklung zu verbinden suchte. Thomas Hobbes und John Locke beschäftigten sich etwa mit Vertragstheorien und sahen soziale Institutionen anders als Tauschtheorien, nicht „als unintendiertes Ergebnis der Interaktion von Individuen, die ihre Eigeninteressen verfolgen" (Heinemann 1999: 15), sondern gewissermaßen als Voraussetzungen für eine kollektive Einigung auf eine gesellschaftliche Ordnung.

Bei Adam Smith sieht Heinemann (ebenda) die endgültige Loslösung der Wirtschaftslehre aus staatlicher und religiöser Gebundenheit. Nun führt das im Rahmen von Regeln der Ethik und geltenden Gesetzen entwickelte Selbstinteresse des wirtschaftlich handelnden Menschen zu ökonomischem Handeln, welches Wohlstand nach sich zieht. „Entscheidend für die Identität vom ‚Selbstinteresse' und ‚Gemeininteresse' beim wirtschaftlichen Handeln sind bei Adam Smith ‚kontrollierende Kräfte oder Schranken' [...]. Der von Natur vom Selbstinteresse bestimmte Mensch muß in Schranken gehalten werden, um im Sinne eines übergeordneten Gemeininteresses wohlanständig, wirtschaftlich zu handeln." (ebenda: 65) Selbstinteresse soll nicht unterdrückt, sondern vielmehr kanalisiert werden, damit es als Grundlage des Gesellschaftssystems fungieren kann. „Der Kapitalismus soll letztendlich die persönlichen Laster in soziale Wohlfahrt überführen." (König 2003: 6) Markt baut auf Eigennutz als Konstante des Handelns auf. Smiths Sonderstellung im Kanon der schottischen Moralphilosophen resultiert aus der Verortung der Ökonomie außerhalb des Feldes der Politik. „Für die politische und moralische Sphäre zeigt Smith, dass es *keine* natürlichen regulierenden und harmonisierenden Kräfte, also funktionalen Äquivalente zum ökonomischen Markt, gibt." (ebenda: 17) Die Regierung spielt eine bedeutsame Rolle im Rahmen der Verhinderung von Exzessen des Marktes sowie der Bereitstellung von Kollektivgütern (ebenda).

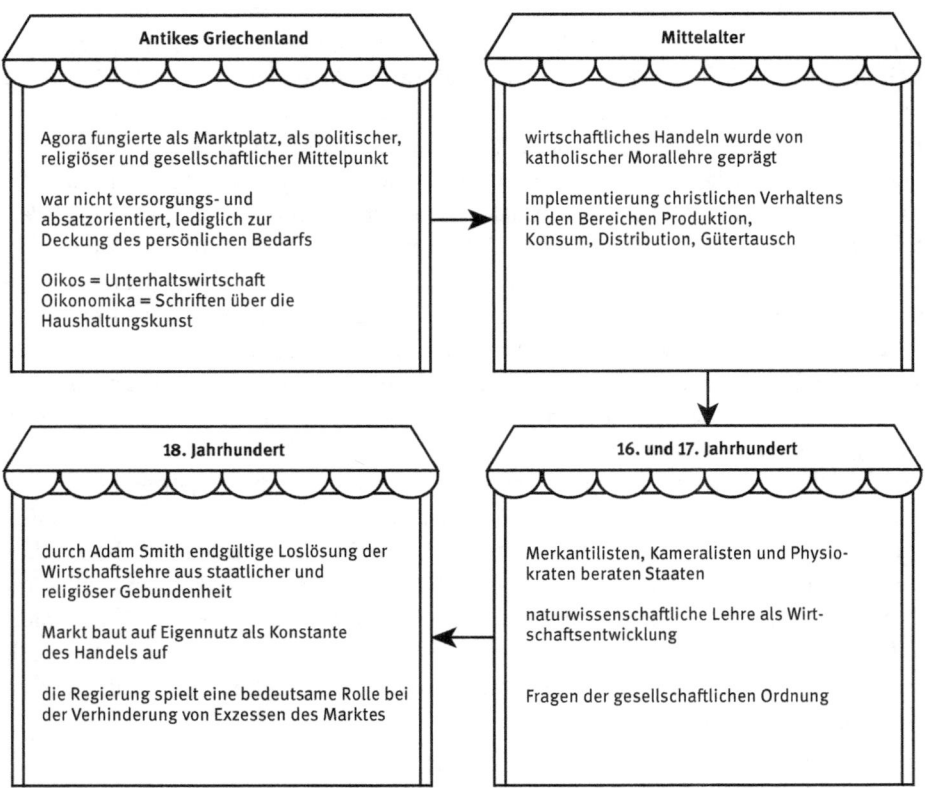

Abb. 6.3: Entwicklung des Marktes (eigene Darstellung)

Märkte erschienen der klassischen Nationalökonomie als ein Anreiz- und Steuerungssystem für bestimmte Bereiche des sozialen Lebens, das „so arbeitet, daß die verhaltenswirksamen Sanktionen aus dem System selbst hervorgehen, aus den Interaktionen der an ihm teilnehmenden sozialen Einheiten." (Albert 1998: 150)

Smith kann letztlich als Ökonom interpretiert werden, der Moralphilosoph bleibt (Homann 2002: 246). Als moralphilosophisches Problem Smiths betrachtet Homann den Umstand, dass unter den strukturellen Bedingungen moderner Gesellschaften die „Implementierung moralischer Normen auf das unmittelbar handlungsleitende Motiv individuellen Vorteilsstrebens gegründet werden" (ebenda: 249) muss. Stabilität sozialer Ordnung könne nicht mehr auf Tradition, Gewohnheit, Sympathie und Gerechtigkeitssinn allein aufbauen. So konstatiert Homann, dass alle Arbeiten der „modernen Ökonomik" der „einen grundlegenden Frage" folgen: „Warum tun die Akteure das, was sie tun – positive Ökonomik –, und wie kann man sie dazu bringen, das zu tun, was sie tun sollen – normative Ökonomik?" (ebenda) Ökonomik kann so nach Homann (2002: 250) als die „Fortsetzung der Ethik mit anderen, mit besseren Mitteln" begriffen werden.

Die klassische Politische Ökonomie stellte den Staat, die Gesellschaft und die Wirtschaft als Sozialformen mit Diskontinuitäten dar. Adam Smith lediglich als Ökonomen zu begreifen, wäre auch aus Sicht der Kommunikationswissenschaft eine Verkürzung. Manfred Rühl hat zu Recht festgestellt, dass Smith heute als Kommunikations- und Ethiktheoretiker nicht recht ernst genommen wird (1998: 174). Den Markt definierte Smith als soziokulturelle Veranstaltung im weiteren Sinne. „Adam Smith verschachtelt Kommunikationsfreiheit mit Wirtschaft, Wohlstand, Recht und Regierung, in der Annahme, die unpersönlichen Lebensbeziehungen der „*Marktvergesellschaftung*" würden ein ausgleichendes Prinzip der Erhaltung in sich tragen" (ebenda: 175). Die klassische Politische Ökonomie muss als Versuch einer umfassenden Wissenschaft von der bürgerlichen Gesellschaft verstanden werden, die im Zuge der bürgerlich revolutionären Bewegung gegen den Feudalismus ihren Ursprung hatte und darauf abzielte, soziale Veränderung und historische Transformationen durch die Analyse der sozialen Gesamtheit zu verstehen (Mosco 1996: 28).

Auf die kritischen Reaktionen auf das klassische Denken haben wir bereits in Kapitel 5 verwiesen. Neben dem Marxschen Historismus war die utilitaristische Philosophie eine dieser kritischen Reaktionen. Letztere fasste die Gesellschaft als Summe der Individuen auf und erklärte das Streben nach Befriedigung des egoistischen Interesses zum leitenden Prinzip menschlichen Verhaltens. Pribram meint dazu, dass das utilitaristische Prinzip für die Scholastiker Anathema gewesen war (1998b: 1148). „Moralisches Handeln hängt also nach dieser Perspektive im wesentlichen von einer kognitiven Abschätzung ab" (König 2003: 7). Oder wie Birnbacher (zitiert nach ebenda) es formuliert: „Die Rationalität der utilitaristischen Ethik ist die Rationalität des Kalküls".

John Stuart Mill (vgl. auch Kapitel 3.4.) verband die utilitaristische Philosophie konsequent mit der ökonomischen Theorie und etablierte mit der Betonung individueller Freiheit im Rahmen seiner Abwehr „frühsozialistischer" Anfechtungen des Privateigentums eine „erste Formulierung und Konzeptionierung des klassischen Wirtschaftsliberalismus" (ebenda). Mill zielte darauf, die Ökonomie über die Methodik zu definieren, naturwissenschaftliche Ideale wurden prägend, insbesondere die Newtonsche Mechanik. In einer Welt, in der man der Vernunft nicht mehr die Lehre rechtmäßigen Verhaltens zutrauen konnte, „nahm man Zuflucht zu einem von den Naturwissenschaften erborgten, rein mechanischen Gleichgewichtsbegriff" (Pribram 1998b: 1148). Man umging damit den Entwurf eines ökonomischen Systems, „das in seinen logischen Prämissen all die Ungewissheiten und Risiken enthielte, denen das ökonomische Verhalten des einzelnen unter der Herrschaft der Konkurrenz ausgesetzt ist." (ebenda: 1149) Ökonomie konnte sich so als mathematisch fundierte exakte Wissenschaft geben und disziplinintern die Hoffnung auf theoretische Kohärenz nähren.

Der Markt wird in ökonomischen Theorien als ökonomischer Ort des Tausches, an dem sich auf Grund dieses in Beziehung Tretens Preise bilden, begriffen. Wettbewerb fungiert als Hauptspielregel, der wirtschaftliche Akteure auf dem Markt unterliegen. Wettbewerb ist eine Form friedlichen Kampfes, der dann entsteht, wenn Teilnehmer ein Gut anstreben, das nicht allen zugleich zuteil werden kann, er ist ein „dynamisches Ausleseverfahren, bei dem die Wettbewerber das gleiche Ziel haben und außenstehende Dritte darüber entscheiden, wer das Ziel in welchem Umfang erreicht." (Heinrich 1994: 30)

Das Preissystem fungiert als informatorische Verbindung der Entscheidungseinheiten. Seine institutionelle Struktur ist Bedingung für die dezentrale Planung und Entscheidung über individuelles Verhalten im Wirtschaftsprozess. Das gesellschaftliche Handeln auf Märkten gilt gemeinhin als Beispiel für rational kalkuliertes, zweckgeleitetes Handeln. Die Rationalität des Marktes betont die Unmöglichkeit der Festlegung inhaltlicher Planziele. In der Neoklassik wird weitestgehend von der Sozialstruktur sozialer Einheiten abstrahiert, nur Marktbeziehungen sind von Interesse. Das Postulat einer zu maximierenden einheitlichen Präferenzfunktion und die Annahme vollkommener Information über entscheidungsrelevante Tatbestände ergibt gemeinsam die neoklassische Konzeption der Rationalität (Albert 1998: 154).

Fragen
1. Was ist mit der Aussage gemeint „Der Begriff bedarf der Vieldeutigkeit um Begriff zu sein"?
2. Durch welche Normen lassen sich Widersprüche im Konzept Freiheit besonders gut verdeutlichen?
3. Worin bestehen die Unterschiede zwischen der angelsächsischen und der auf der Französischen Revolution fußenden Sicht von Pressefreiheit?
4. Welche Probleme bestehen bei der Verwendung des Öffentlichkeitsbegriffs?
5. In welchem Zusammenhang stehen Religion und wirtschaftliches Handeln?
6. Beschreiben Sie die neoklassische Konzeption der Rationalität.
7. Weshalb macht es Sinn, Markt aus wissenschaftshistorischer Perspektive zu betrachten?
8. Aus welchem Grund ist es im Medienbereich problematisch Öffentlichkeit als Markt zu begreifen?

7 Fazit

> Man kann zeigen, dass manche Reisenden, die etwas über ein Land gelesen hatten, bevor sie erstmals den Fuß dorthin setzten, bei der Ankunft genau die Dinge zu sehen glaubten, die sie aufgrund der Lektüre erwarteten. (Burke 2005: 96)

Zusammenfassend sei nochmals dargestellt, weswegen die Beschäftigung mit Wissenschaftstheorie sinnvoll ist: Zum einen, weil es in der Tat eine knifflige und letztlich nicht hundertprozentig lösbare Frage ist, ob das was wir sehen, hören, fühlen „wirklich" ist, ob andere das genauso empfinden. Zum anderen, weil die Fortschreibung von Ursache-Wirkungs-Zusammenhängen zwar plausibel aber nicht notwendig ist (dass auch morgen wieder ein Tag anbricht, hängt davon ab, dass die Erde sich weiterdreht und die Sonne nicht kollabiert). Als nächstes kann man sich die Frage stellen, und sie wird auch speziell in der Sozialwissenschaft gestellt, in wie weit Theorien – auf welchem Abstraktionsgrad auch immer – „Wirklichkeiten erschaffen": Die anerkannte Zugehörigkeit zu einer Taxonomie ändert die Betrachtungsweise dessen, was hier systematisiert wurde. Aber wurde der Feudalismus wirklich erst im 17. Jahrhundert eingeführt, zu einer Zeit als dieser Begriff erstmals in Historikerdiskussionen auftauchte (Burke 2005: 142)? Nicht zuletzt weil hier offensichtlich Kommunikation bis zu einem gewissen Grad „Wirklichkeit herstellt" und weil das Materialobjekt der Sozialwissenschaften (v.a. bei Verwendung responsiver Forschungsmethoden wie Interview, Sozialexperiment, Beobachtung etc.) sich zwangsläufig durch Forschung verändert (was etwa bei Geologie nicht der Fall zu sein scheint) ist die nächste Frage nach den Gemeinsamkeiten und Unterschieden zwischen Natur- und Sozialwissenschaft. Die Frage, ob das Erforschte auch das moralisch Akzeptierte ist, ob Normvorstellungen, Vorurteile, Erwartungshaltungen in das theoretische und methodische Setting eingehen (siehe Eingangszitat zu diesem Kapitel), stellt sich in den Naturwissenschaften offensichtlich anders als in den Sozialwissenschaften. Da letztlich – und hier beziehen wir uns jetzt einmal ganz auf die Kommunikationswissenschaft – ein Fach eine spezifische historische Entwicklung hat, die man (auch wenn man vielleicht nicht mit allen Teilbereichen und Theoriebildungen einverstanden ist) zur Kenntnis nehmen muss, gibt Wissenschaftstheorie Hinweise, warum die Wissenschaftswirklichkeit in der Ausprägung existiert in der sie nun einmal vorhanden ist.

7.1 Wissenschaftstheorie als Lehre von der Erkenntnis

Wir nehmen unsere Umgebung durch unsere Sinne wahr. Wir alle sind – jedenfalls im Alltag – überzeugt, dass es eine Welt außerhalb unserer Vorstellung bzw. Einbildung gibt und dass man diese Welt erkennen kann. Wir nehmen allerdings nicht die Dinge unmittelbar wahr, sondern sind auf unsre Sinnesorgane angewiesen: Nur der Einfluss der Eigenschaften der Dinge auf unsere Sinne (Brechung des Lichts, die wir als Farbe wahrnehmen; Muskelkraft, die wir benötigen, um ein Objekt zu verschieben etc.) dringt über die Sinne in unseren Verstand. Etwas kennen bedeutet daher, dass eine Beziehung zwischen unseren Sinnen und diesem Etwas, das außerhalb unserer Sinne liegt, hergestellt wird (Russell 1980: 19 ff.). Woher wissen wir aber, dass etwas außerhalb unserer Sinne überhaupt existiert, vielleicht bilden wir uns unsere Umwelt, die Menschen, die uns umgeben, die Gegend, in der wir uns befinden, nur ein? „Die Antwort muss natürlich lauten, dass wir keinen *Beweis* dafür haben; es ist einfach eine vernünftige Hypothese." (Sokal/Bricmont 1999: 71; Hervorhebung im Original) Wir gehen in unserem Verhalten im Normalfall davon aus, dass die Beziehung zwischen unserer Umwelt und unseren Sinnen zumindest annähernd dem entspricht, was tatsächlich gegeben ist: Wir glauben in einer bedrohlichen Situation nicht, dass es reicht, die Augen zu schließen, damit die Bedrohung verschwindet; wir greifen nicht mit bloßer Hand auf eine heiße Herdplatte, weil wir zu Recht Schmerz erwarten. Dies ist auch die Grundlegung dieser „vernünftigen Hypothese", dass unsere Sinne uns wenigstens insofern verlässliche Daten liefern, als analoge Situationen Prognosen erlauben (die Erinnerung an die Verbrennung durch die heiße Herdplatte von gestern hemmt mich, heute wieder dorthin zu greifen). Wir können also Verallgemeinerungen von Sachverhalten bilden (universelles Wissen, wie dies Russell (1980: 28) nennt) und diese Verallgemeinerungen lassen sich kommunizieren, sodass wir uns nicht unbedingt selbst verbrannt haben müssen um vorsichtig zu werden. Unser Wissen besteht also zu einem Großteil aus den Erfahrungen, die wir nicht selbst, sondern die andere gemacht haben. Diese Erfahrungen sind in der überwiegenden Zahl der Fälle individuell nicht direkt überprüfbar. Die Beratungen der revolutionären Französischen Nationalversammlung über die Deklaration der Menschenrechte im Jahr 1789 mit ihrem Artikel über die Meinungsäußerungsfreiheit beispielsweise sind als solche nur mehr durch Überlieferungen zugänglich. Russell nennt daher derartiges Wissen nicht „knowledge", sondern „probable opinion" (ebenda: 81), also plausible Anschauung. Je größer die Kohärenz dieser „probable opinion" untereinander wie auch mit dem was wir „knowledge" nennen ist, um so plausibler ist sie, kann aber dennoch nicht als absolut bestätigt gelten. Die Mehrzahl auch der wissenschaftlichen Aussagen gehört in diese Kategorie. „Keine Aussage über die reale Welt läßt sich je wirklich *beweisen*, aber man kann – um den sehr treffenden Ausdruck aus dem angelsächsischen Recht zu zitieren – manchmal jeden *vernünftigen* Zweifel ausschließen. Der unvernünftige Zweifel bleibt bestehen." (Sokal/Bricmont 1999: 78, Hervorhebung im Original)

7.2 Wissenschaftstheorie als Voraussetzung wissenschaftlicher Theoriebildung

Wissenschaft ist ein sozialer Prozess zur Lösung von Rätseln (Kuhn 1993: 49 ff.). Man kann mit Seiffert (1992g: 391) argumentieren, Wissenschaft sei zugleich als Grundphänomen, -element und -problem zu verstehen: „Wissenschaft ist dort, wo diejenigen, die als Wissenschaftler angesehen werden, nach allgemein als wissenschaftlich anerkannten Kriterien forschend arbeiten." Damit dieser Satz nicht eine bloße Tautologie darstellt, müssen wir uns fragen, worin diese anerkannten Kategorien bestehen. Basal können sie gemäß Russell (1980: 70) mit drei Voraussetzungen wissenschaftlicher Aussagen beschrieben werden: a) der Anspruch auf wahre Aussagen impliziert, dass es auch Irrtum gibt; b) Wahrheit und Irrtum liegen nicht in den Dingen selbst, sondern in der Korrespondenz der Aussagen über die Sachverhalte mit diesen; c) Wahrheit und Irrtum bestehen also in der Beziehung der Beobachter zu den beobachteten Sachverhalten.

Begreifen wir Wissenschaft als einen Versuch des Menschen „die ihm gegebene und aufgegebene unendlich vielfältige Welt rational zu durchdringen und sie durch Selektion, Akzentuierung und Abstraktion so überschaubar zu machen" (Maletzke 1980: 71), dann muss dieser Versuch selbst wiederum Objekt wissenschaftlicher Prüfung sein. *Wissenschaftstheorie ist also das Bestreben, wissenschaftliche Erkenntnisvorgänge ihrerseits wissenschaftlich zu untersuchen.*

Wenn etwa innerhalb der Kommunikationswissenschaft ein Konsens dahingehend besteht, dass Medien Werte, Normen, Ideen, Vorstellungen über Gesellschaft befördern, sie demokratietheoretisch von fundamentaler Bedeutung sind und sich aus all dem begründen lässt, dass mediale Leistungsziele in der Regel in der Verfassung einer Gesellschaft, den daraus abgeleiteten Gesetzen und subkonstitutionellen Regelungen festgelegt sind (Kiefer/Steininger 2014: 407), dann müssen auch an Objekttheorien zur Bewertung dieser Entwicklungen, an Methoden und an Konzepten für ihre Beschreibung sowie an Erklärungen von Wirkungszusammenhängen (McQuail 1986: 633) wissenschaftstheoretische Anforderungen gestellt werden.

Wissenschaftstheorie bleibt dabei nicht auf eine deskriptive Analyse von Wissenschaft beschränkt. Fragen nach der Definition und den Kriterien wissenschaftlicher Rationalität sind ebenfalls wesentlich. Schurz (2011: 23) spricht in diesem Zusammenhang von der Methode der Wissenschaftstheorie als „rationale Rekonstruktion", die sich zwischen einem deskriptiven Korrektiv (Rekonstruktionsfunktion) und einem normativen Korrektiv (Rationalitätsnormen) bewegt. Wissenschaftstheorie ist Metatheorie, ohne sie können auf empirische Sachverhalte bezogene Objekttheorien *nicht* den Status einer Theorie erlangen (Meidl 2009: 42), da die Frage der Bedeutung des Beobachteten nur so zu klären ist. Objekttheorien der Einzelwissenschaften wie Kommunikationstheorien sind auf Metatheorie angewiesen. Wir müssen demnach Wissenschaftstheorie als notwendige Voraussetzung für das Verständnis kommunikationswissenschaftlicher Theoriebildung begreifen. So ist zu klären, ob für Einzeltheorien etwa das „Objekt der Forschung bloße Konstruktion" ist, wie dies der Radikale Konstruktivismus meint (Raabe 2008: 372), ob theoretische Positionen davon ausgehen, dass „weder Erkenntnis noch Wahrheit länger als Grundlagen wissenschaftlichen Wissens anzusehen [sind], sondern ausschließlich Machtkonstellationen, die wissenschaftliches Wissen erst hervorbringen" (Dorer/Klaus 2008: 93) oder in der empirischen Falsifizierbarkeit von Aussagen, wie dies der Kritische Rationalismus postuliert.

Im Rahmen unserer Ausführungen sollte deutlich werden, dass die Wissenschaftsmodelle des Logischen Empirismus und des Kritischen Rationalismus allein keine tauglichen Mittel sind, um Wissenschaft verstehen zu können. Allein meint, dass Wissenschaftstheorie sich nicht auf eine deskriptive Analyse von Wissenschaft beschränken darf. Dabei gilt: Keine wissenschaftstheoretische Entwicklungstendenz „ist gänzlich passé, und keine ist unangefochten präpotent" (Heuermann 2000: 30).

Die Entwicklung der Wissenschaften ist kein *ausschließlich* rationaler Entwicklungsprozess, der durch das Aufstellen, Verteidigen und Widerlegen von Theorien geprägt ist. Weder die „sozialwissenschaftliche Wende" der 1960er-Jahre noch die „kulturalistische Wende" in den 1980ern in der deutschsprachigen Kommunikationswissenschaft lassen sich allein aus Erkenntnisfortschritt oder aus Verbesserung des Methodeninstrumentariums heraus verstehen, sondern resultieren ebenso aus wissenschaftspolitischen bzw. soziopolitischen Rahmenbedingungen. Thomas S. Kuhn bricht, wie zuvor beschrieben, mit zwei dominanten Konzepten der Wissenschaftsgeschichtsschreibung: dem Entfaltungskonzept (Popper stand in dessen Tradition) und dem „Great-man"-Konzept. Ersteres sieht die Entwicklungsgeschichte wissenschaftlicher Disziplinen als autonome, geschlossene und gerichtete (Ziel ist die Wahrheit) „Abfolge von Ideen", Letzteres sieht herausragende Forscher als treibende Kraft der historischen Entwicklung einer Disziplin (Slunecko 1998: 23). Kuhn führt hier den Begriff des Paradigmas ein, als „allgemein anerkannte wissenschaftliche Leistungen, die für eine gewisse Zeit einer Gemeinschaft von Fachleuten maßgebende Probleme und Lösungen liefern" (Kuhn 1993: 10). Eng an den Begriff des Paradigmas ist damit jener der „Scientific Community" gekoppelt, der sich als wissenschaftssoziologisches Korrelat des Paradigmas beschreiben lässt, als eine Gemeinschaft von Experten, die an einem Paradigma festhalten und es weiterentwickeln. Paradigmen werden nach Kuhn dann gestürzt, wenn die empirisch erhobenen Fakten einerseits zur herrschenden wissenschaftlichen Auffassung in Widerspruch stehen *und* neue Generationen von Wissenschaftlern diese bestehenden Auffassungen aushebeln wollen. Das Paradigma bestimmt also zu allererst einmal den Forschungsbereich, dann die Sichtweise, die zulässigen Fragen, die Methoden (Poser 2009: 146) und – wie von anderen Autoren vertreten wird – die Beobachtungsdaten selbst, da alle Beobachtung theoriegeladen sei (Schurz 2011: 16). Kuhn hat sich allerdings gegen relativistische Positionen, dass Beobachtungsdaten willkürlich seien, verwahrt (Kuhn 1993: 216 ff.). Und in der Tat würde das heißen, dass die Beobachtungsdaten etwa der Darwinschen Evolutionstheorie nur Artefakte dieser Theorie seien – und man eben zu anderen Daten (nicht nur deren Interpretationen) gelangt, wenn man an den Schöpfungsbericht der Bibel glaubt. Wissenschaft wäre damit nur eine Spielart von Ideologie, Anerkenntnis von Sachverhalten nur eine Form des Glaubens.

Kommunikationswissenschaft hat, wie andere Sozialwissenschaften, ohnehin kein Paradigma, daher können auch keine wissenschaftlichen Revolutionen den Sturz eines solchen herbeiführen. Idealistisch-rationalistische, empirisch-sozialwissenschaftliche und kulturalistische Ansätze koexistieren ohne allzugroße Auseinandersetzung nebeneinander. Auch die Klärung begrifflicher Terminologien (was ist Kommunikation, ein Medium, Journalismus, Öffentlichkeit etc.) bleibt damit weitgehend offen, wie auch die Frage, welche „Rätsel" durch die Disziplin zu lösen (ebenda: 37 ff.) sind. Damit unterliegt – folgt man Kuhn – wissenschaftlicher Fortschritt weitgehend dem Zufall (ebenda: 30). Teilweise wirken Paradigmen anderer Disziplinen in der Kommunikationswissenschaft als Importe kommunikationswissenschaftlicher Teilbereiche. Der wesentliche Antrieb für Theorie- und Methodenentwicklungen in der Kommunikationswissenschaft beruht deshalb weniger auf immanentem wissenschaftlichen Diskurs oder wissenschaftlicher Fortentwicklung, sondern, wie Mattelart (1999) ausführt, auf fachexternen, vor allem politischen oder wirtschaftlichen Einflüssen.

„Die Vorstellung darüber", so Friedrichs (1977: 60), „was eine Theorie oder ein theoretischer Ansatz im Bereich der Soziologie zu leisten habe," – und dies gilt natürlich auch für die Kommunikationswissenschaft – „ist zumeist anspruchsvoll und unrealistisch zugleich. Anspruchsvoll, weil damit der richtige Gedanke verbunden ist, die Erklärung eines Sachverhaltes [...] müsse aus einer allgemeinen Theorie oder zumindest einer Vielzahl bewährter Aussagen [...] abgeleitet werden. Unrealistisch, weil eine solche Ableitung aufgrund des Standes der Theoriebildung nur unvollkommen möglich ist. Das notwendige Festhalten an diesem Ziel kann indessen nicht zu dem Schluß führen, den viele Soziologen zu ziehen geneigt sind: sich entweder jeweils selbst eine ‚Theorie' zu konstruieren oder aber die Sozialforschung solange für wenig ertragreich zu halten, wie sie noch nicht über eine umfassende Theorie verfügt."

7.3 Wissenschaftstheorie als Erklärung der Unterschiede zwischen Natur-, Sozial- und Geisteswissenschaften

Auch wenn die Autoren dieses Buches davon ausgehen, dass der Begriff von Wissenschaft sich innerhalb der drei hier genannten Erkenntnisfelder nicht grundsätzlich unterscheidet, so können doch die Naturwissenschaften ihren Objektbereich offenkundig 1) eindeutiger beschreiben, als dies den Sozialwissenschaften möglich ist und stehen 2) Letztere in einem normativen Kontext bei Theorie- und Methodenbildung.

Innerhalb der Sozialwissenschaften – und auch innerhalb der Kommunikationswissenschaft – gibt es allerdings *kein einheitliches Verständnis*, was aus dem unter

2) beschriebenen Problem für Theoriebildung folgt. Sedláček (2012: 371) begreift Theorien generell als Ideologien, als interpretatorische Rahmen, die selbst wieder Ideologien nach sich ziehen (er will Letztere aber nicht als negativ konnotiert verstehen). Deshalb sei es wesentlich, für welche Theorien man sich entscheide. Sedláček (2012: 372 f.) verdeutlicht dies am Beispiel der Ökonomie das natürlich auch auf die Kommunikationswissenschaft übertragbar ist: „Was für Modelle benutzen wir für die Realität? Formen wir die Ökonomie, gemäß unseren Modellen oder erschaffen wir unsere Modelle gemäß der Realität?" Die physikalische Welt wird durch die Modelle der Physik nicht beeinflusst. Die Gesellschaft hingegen wird durch die Sozialwissenschaft in mehrfacher Hinsicht beeinflusst. Theorie, Methode und Präsentation der Ergebnisse haben Auswirkungen auf Erwartung, Handeln und Verhalten des Einzelnen (man denke beispielsweise an Forschungen zu partizipativer Öffentlichkeit).

Ganz anders sieht das etwa Atteslander (1984: 25) der Theoriebildung wie in der naturwissenschaftlichen Herangehensweise im Wesentlichen induktiv, also über die Verallgemeinerung von Erfahrung bestimmt sieht: Der *Beobachtung empirischer Regelmäßigkeiten* (etwa: bei Katastrophenberichten aus dem Ausland wird häufig hinzugefügt, ob Personen aus unserem Land betroffen sind) folgt eine *Ad-hoc-Theorie* (etwa: Journalisten handeln in der Nachrichtenauswahl nicht willkürlich, sondern nach bestimmten Prinzipien), welche nach weiterer empirischer Forschung zu einer *Theorie mittlerer Reichweite* (im genannten Beispiel also Nachrichtenwerttheorie) präzisiert wird. Theorien höherer Komplexität existieren in der Sozialwissenschaft zwar (z. B. Systemtheorie), sind aber axiomatische Setzungen und damit empirischer Überprüfung nicht zugänglich.

Die *Naturwissenschaften* rekurrieren auf ein „Vorverständnis" von Natur, das Seiffert (1992: 395) als material ontisch (inhaltlich seinsmäßig) beschreibt: „Die Natur ist die Gegebenheit, die mit der naturwissenschaftlichen Methode beobachtet, erfaßt, dargestellt und gedeutet werden kann." Wer exakte Wissenschaft betreiben will, muss demnach wie beschrieben vorgehen, sonst wird er „unexakt". Im Rahmen anderer Systematiken werden empirisch-analytische Wissenschaften von hermeneutischen und kritisch-orientierten abgegrenzt (ebenda: 394). Hier wird deutlich, dass es immer wieder Bestrebungen der Sozialwissenschaften gibt, dem naturwissenschaftlichen Ideal zu entsprechen, oder aber sich von diesem abzugrenzen. Die *Geisteswissenschaften* lassen sich in gewisser Weise als direkte Hinleitung zu den Sozialwissenschaften begreifen. Die Vielzahl der Gegenstandsbereiche der Geisteswissenschaften (Mensch, Verhalten, Geist, Sprache, Kultur, Wert, Sinn, Historie, Gesellschaft) lässt diese Argumentationslinie nachvollziehbar und Berührungspunkte mit den Sozialwissenschaften deutlich werden (ebenda: 395).

7.4 Wissenschaftstheorie als Erklärungsrahmen der Kommunikationswissenschaft

Keine Sozialwissenschaft, noch die von ihr produzierten Erkenntnismuster sind ohne ihre historischen Kontexte begreifbar. Im geschichtlichen Verlauf wandeln sich die Begriffe der Wissenschaften. Das ist bedeutsam, wenn man sie, wie Priddat (2002: 9) es formuliert, als ein „mehr oder minder streng kausal verknüpftes Sprachspiel" begreift. Die Begriffe und ihr Gebrauch (etwa: Kommunikation, Medium, Öffentlichkeit, Freiheit, Markt, Wert, Nutzen) wandeln sich. Der Gebrauch dieser Begrifflichkeiten ist durch ihre theoretischen „Schulen" definiert. Wer ihre Theoriegeschichte nicht kennt, kann ihre Ergebnisse nicht verstehen.

Die im 19. Jahrhundert erstarkenden europäischen Nationalstaaten, deren Grundlage nicht mehr eine unhinterfragbare göttliche Ordnung war, bedurften der Steuerung und damit einer wissenschaftlichen Analyse. Und: Es waren vornehmlich die politischen und wirtschaftlichen Abläufe, die für diese Steuerung als problematisch empfunden wurden und werden. Das Industriezeitalter führt zu einem Bedarf einer Erklärung politischer, wirtschaftlicher und sozialer Zusammenhänge. Es etabliert sich die Vorstellung „einer sich selbst überlassenen bürgerlichen Wirtschaftsgesellschaft [...], die keiner staatlichen Stützung mehr bedarf" (ebenda) sowie die Angst vor den „Massen", die durch öffentliche Kommunikation gelenkt werden. (Mattelart 2004: 11 f.) Ab dieser Zeit erfolgt auch eine Ausdifferenzierung in einzelne sozialwissenschaftliche Disziplinen – Vorläufer der Kommunikationswissenschaft entstehen allerdings erst an der Wende vom 19. zum 20. Jahrhundert. „Das 19. Jh., in dem das auf Gesamtdeutungen der gesellschaftlichen Wirklichkeit abzielende soziale Denken und das zunächst an praktischen Fragestellungen orientierte Sammeln von Daten zusammenlaufen, ist auch der Zeitraum, in dem die bislang bestehende relative Einheit der Wissenschaft von der Gesellschaft aufgelöst wird in eine Reihe von Einzeldisziplinen." (Braun 1992: 445) Wirtschaftswissenschaft, Soziologie, Politische Wissenschaft, und Sozialpsychologie entstehen. Daher wurden die Bereiche Medienökonomie und Mediensoziologie in diesem Band zur Vertiefung der wissenschaftstheoretischen Analyse der Kommunikationswissenschaft gewählt. Auch haben wir *zentrale Begrifflichkeiten (Öffentlichkeit und Markt) beider kommunikations*wissenschaftlicher Teildisziplinen auf gemeinsame Wurzeln und historische Veränderungen geprüft. Theorien fußen mit auf Definitionen, die Begriffe klären müssen. Präzise Begriffe gelten als das Fundament jeder Theorie. Begriffsbildung ermöglicht die theoretische Bearbeitung von Arbeitsgebieten. Wir haben das für kommunikationswissenschaftliche Semantiken zu verdeutlichen versucht. Diese formieren sich um Leitbegriffe, die sich durch Vieldeutigkeit auszeichnen.

Kommunikationswissenschaft ist zwar eine integrative Sozialwissenschaft, deren Problemstellungen ab der zweiten Hälfte des 19. Jahrhunderts von Soziologie, Psychologie und Ökonomie zuerst aufgegriffen wurden. Die ersten universitären Institute entstanden allerdings sowohl in den USA (Mindich 1998: 116) wie in Deutschland

(Schreiber 1980: 23) zuerst einmal um Journalistenausbildung zu betreiben. Weder ökonomische (François Quesnay, Stuart Mill) noch soziologische Ansätze (Herbert Spencer, Gabriel Tarde, Emile Durkheim) fanden in der universitären Gründerzeit größere Beachtung (Mattelart 2004: 10 ff.). Statt dessen waren – in den USA und Deutschland durchaus unterschiedliche – ethisch-moralische Standards des Journalismus im Aufmerksamkeitsfokus eines sich neu entwickelnden Faches, das zum Unterschied zur Soziologie ohne wissenschaftstheoretische Fundierung an die Universität gekommen war (Löblich 2010: 24). „Die deutsche Zeitungswissenschaft", so Reimann (1990: 118 f.), „jonglierte zwischen einer permanenten Rechtfertigungsposition gegenüber den anderen Wissenschaften, insbesondere ihren wichtigsten ‚Gründungsdisziplinen' Geschichte und Nationalökonomie und den unmittelbaren Verbands-Erwartungen der Journalisten, Redakteure und Verleger [...]" Reimann führt weiters aus (ebenda: 121), dass „die Mehrzahl der Soziologen wie der Zeitungswissenschaftler in jener Zeit, überwiegend qualitativ, an den herkömmlichen geisteswissenschaftlichen Vorstellungen und methodisch an Hermeneutik, Deduktion und, nicht im abschätzig-kritischen Sinne, spekulationsorientiert war". Hier ist eine praktizistische Ebene des Faches, die in den USA empirisch-pragmatisch im deutschsprachigen Europa eher historisch-idealistisch geprägt war, zu erkennen.

Dies und die Indienstnahme in der Propagandaforschung nach dem Ersten Weltkrieg, noch mehr während des deutschen Faschismus, aber dann auch nach 1945 durch die Konfliktparteien im Kalten Krieg (Mattelart 1999), haben dem Fach weiters eine Tradition der Akzeptanz einer von vornherein wertenden Befassung mit dem Materialobjekt (im Sinne einer je nach Präferenz liberalistischen, sozialistischen, feministischen, katholischen usw. Herangehensweise) gebracht. So kann beispielsweise von „journalistischen Funktionen" in einem normativen Sinn gesprochen werden (man möchte, dass Journalismus Informationen für staatsbürgerlich relevantes Handeln liefert) oder in einem empirisch-analytischen Kontext (was erwarten sich Verleger oder Publikum vom Journalismus), mitunter werden aber auch Entdeckungszusammenhang (Anlass meiner wissenschaftlichen Fragestellung) und Begründungszusammenhang (die Lösung des wissenschaftlichen Problems) vermischt. Das was für den rationalen politischen Diskurs im Sinne der Deliberation gilt, sollte aber erst recht für Wissenschaft gelten: die Differenzierung zwischen unterschiedlichen Realitätspotenzialen sprachlicher Verständigung (Imhof 2011: 81 f.): Es gilt also zu unterscheiden zwischen Aussagen über a) Sachverhalte, die sich in ihrem Wahrheitsanspruch an den Handlungsfolgen bewähren müssen; b) Wertungsaussagen, die vor dem Hintergrund sozialer Handlungsfolgen abgewogen werden müssen und c) Expressionen subjektiver Innerlichkeit, die nur durch individuelle Konsistenzerfahrungen (etwa Sympathiebeweise) eingelöst werden können. Die Frage, in wie weit etwa Pressefreiheit Blasphemie einschließt, welche Rolle hier subjektive Betroffenheit spielt (und was konkret unter Blasphemie zu verstehen ist) lässt sich vernünftig nur in diesem Dreischritt beantworten.

7.4 Wissenschaftstheorie als Erklärungsrahmen der Kommunikationswissenschaft

Aber auch erkenntnistheoretische Perspektiven in der Kommunikationswissenschaft werden das Fach Kommunikationswissenschaft auf Sicht freilich zu keiner einheitlichen theoretischen Perspektive (Löblich 2010: 305) führen. Zu groß ist dafür die Heterogenität des Faches sowie seine mit dem Objektbereich einhergehende Expansion (nicht zuletzt aufgrund der Ausbreitung der Anwendungen interaktiver Kommunikationstechnologie). Was Wissenschaftstheorie hingegen leisten kann, ist über die Begründungen des jeweils konkreten theoretischen Vorgehens zu reflektieren. Diese Reflexion ist in jeder Hinsicht Voraussetzung für rationales wissenschaftliches Handeln, damit die Entscheidung für eine Theorie eben nicht den Charakter des Beliebigen oder gar Ideologischen trägt.

Glossar

Behaviorismus

Unter Behaviorismus werden jene Forschungskonzepte verstanden, die Verhalten auf einen Reiz-Reaktions-Mechanismus zurückführen. Das bedeutet, dass das Verhalten von Menschen und Tieren eine Reaktion auf äußere Reize darstellt (klassische Konditionierung). Die Verhaltensweisen werden, im Gegensatz zur Introspektion (Selbstbeobachtung) mit naturwissenschaftlichen experimentellen Methoden untersucht.

Dialektischer Materialismus

Die Theorie des dialektischen Materialismus wurde von Karl Marx und Friedrich Engels entwickelt, um die Gesellschaftsentwicklung und ihre wechselseitige Abhängigkeit ihrer einzelnen Elemente zu analysieren. Sie hat zum Ziel, die Bewegungsgesetze der menschlichen Geschichte auf Basis der Analyse der dominierenden ökonomischen Verhältnisse zu entdecken. Demnach bringt laut Marx der Kapitalismus eine sozialistische Gesellschaft hervor, welche durch das Proletariat in einer revolutionären Umwälzung hergestellt werde.

Empirismus

Als Grundlage des Wissens gilt hier nicht der Verstand, sondern die Erfahrung. Erfahrung wird durch Beobachtung ermöglicht, beruhend auf Sinneseindrücken. Aus der Beobachtung erfolgt die Induktion – das Schließen von Einzelfällen auf das Allgemeine. Als Gegenposition zum Empirismus wird meist der Rationalismus genannt. Als wesentliche Vertreter dieser Position gelten Francis Bacon, John Locke, David Hume und John Stuart Mill.

Epistemologie

Wird hier als Theorie des Wissens verstanden. Obwohl die Bezeichnung Wissenschaftstheorie erst im 20. Jahrhundert eingeführt wurde, beginnt die Geschichte der Wissenschaftstheorie bereits bei Aristoteles. Es geht dabei um die Frage, wie Wissen begründet wird und was es zu wissenschaftlichem Wissen macht. Aristoteles und die meisten Philosophen nach ihm befanden, dass Wissen auf einem Fundament von sicheren Prinzipien ruhen muss (fundamentalistisches Erkenntnisprogramm). In der aktuellen Wissenschaftstheorie ist hingegen das fallibilistische Erkenntnisprogramm maßgeblich. Dieses geht davon aus, dass unsere Erkenntnis zwar bestätigt, aber niemals irrtumssicher sein kann.

Funktionalismus (Systemtheorie)

Die von Talcott Parsons formulierte Sichtweise auf die Gesellschaft erlangte Anfang der 1960er-Jahre durch Robert K. Merton und Charles Wright Bedeutung in der Kommunikationswissenschaft. Die Systemtheorie begreift Gesellschaft ähnlich einer biologischen Einheit, die nach Stabilität und Gleichgewicht der Kräfte strebt. Jede Einheit der Gesellschaft – z.B. die Medien – hat eine spezifische Funktion für die Aufrechterhaltung des Systems und kann daran gemessen werden, wie gut diese ihre Leistungen erfüllt. Als wesentlicher Kritikpunkt an der Systemtheorie gelten ihre funktionellen Annahmen, die nicht aus der Empirie abgeleitet werden.

Hermeneutik

Mittels Hermeneutik sollen latente Sinnstrukturen des Handelns beschrieben werden. Die bereits in der Antike bekannte Auslegungs- und Deutungslehre geht bis auf Aristoteles zurück. Hermeneutik kann subjektiv rationalistisch vorgehen oder deduktiv. In den Sozialwissenschaften ist deduktive Deutung unmöglich, da das menschliche Handeln nicht logisch ableitbar ist. Wogegen die rationalistischen Deutungen als nicht regelgeleitet und intersubjektiv nachvollziehbar gelten. Forschungsmethoden können jedoch erst durch ihre Regelhaftigkeit zu einer wissenschaftlichen Vorgehensweise werden. Dies versucht die Objektive Hermeneutik zu gewährleisten. Hier werden Klassifikationssysteme für die Interpretation entwickelt und wird durch die Protokollierung des Interpretationsvorgangs intersubjektive Nachvollziehbarkeit hergestellt.

Infallibilität

Infallibilität steht für die Unfehlbarkeit im Handeln und im weiteren Sinne auch für die Unanfechtbarkeit von Beobachtungssätzen. Beobachtungssätze galten dem klassischen Empirismus als unfehlbare Basis zur Überprüfung empirischer Forschung.

Innatismus

Unter Innatismus wird die Lehre von den angeborenen Ideen verstanden. Diese Auffassung vom menschlichen Geist als einem Ort eingeborener Ideen wurde von den Empiristen über Bord geworfen.

Konstruktivistischer Strukturalismus

Pierre Bourdieus Ansatz des konstruktivistischen Strukturalismus stellt in der Forschungslandschaft einen wissenschaftlichen Zugang dar, der versucht wissenschaftliche Oppositionen zu überwinden. Die Zusammenführung des Objektivismus (Orientierung an statistischen Regelmäßigkeiten) mit subjektivistischen Vorgangsweisen (Verstehen des Handelns, Interpretationen) ist gleichzeitig als Sozial- und Kulturtheorie zu betrachten.

Logischer Empirismus (Logischer Positivismus)

Hier handelt es sich um eine Weiterentwicklung des Empirismus, geprägt durch den Wiener Kreis. Wissenschaft soll auf Erfahrung als Quelle und Induktion als Methode begründet sein, sowie frei von theoretischen Vermutungen undurchsichtigen Ursprungs. Ausgezeichnet hat sich der Logische Empirismus einerseits durch die hohen Standards begrifflicher wie argumentativer Genauigkeit und andererseits durch die Zurückweisung der Infallibilität (Unfehlbarkeit) von Beobachtungssätzen. Neben sinnvollen und sinnlosen Sätzen, setzte sich auch die Ansicht durch, dass es theoretische Begriffe gibt, die nicht durch Beobachtungsbegriffe definierbar sind, sondern weit über das direkt Beobachtbare hinausgehen. Der Logische Positivismus wird als Entstehungsursache der modernen Wissenschaft gesehen.

Metaphysik

Die Metaphysik gehört neben der Ontologie zu den Grunddisziplinen der Philosophie und beide fungieren als Hilfsdisziplinen der Erkenntnistheorie. Die Metaphysik wird als Lehre von dem, was hinter der Natur ist, verstanden. Sie versucht den Sinn und Zweck des Seins auf der Welt zu erklären – wie es beispielsweise die Theologie versucht. Der Metaphysik wird vorgeworfen Erdachtes und Spekulatives als Wissen auszugeben. Als Ontologie wird die Lehre vom Sein hinter dem, was wir zu erkennen glauben, verstanden.

Phänomenologie

Es handelt sich bei der Phänomenologie um eine deskriptive Erkenntnismethode, bei der Erscheinungen (Phänomene) der Natur und Gesellschaft beschrieben und systematisiert werden. Sie ist zwischen Logik und Sachmethodologien der Natur-, Sozial- und Geisteswissenschaften einzuteilen.

Positivismus

Vertreter des Positivismus lassen nur gelten, was empirisch nachweisbar und positiv begründbar, also unbezweifelbar gegeben ist. August Comte, der als Begründer des Positivismus gilt, setzte sich die Entwicklung einer Forschungsmethodologie, die auf Spekulationen verzichtet zum Ziel. Es ging ihm um die Etablierung einheitlicher Rationalitätsstandards in der Wissenschaft. Als Kern des Positivismus wird die Verknüpfung von wissenschaftlicher und gesellschaftlicher Ordnung gesehen. Einher mit dieser Denkrichtung ging der Aufstieg der Naturwissenschaften wie auch die Entwicklung der modernen Forschung (Beobachtung, Messung, Experiment). Positivismus wird heute eher abfällig für wissenschaftliche Praxis verwendet, im Rahmen derer lediglich theorielose Tatsachenforschung betrieben wird. Insbesondere die Geisteswissenschaften begegneten dem Positivismus mit Kritik.

Pragmatismus

Wahrheit gilt hier als Ergebnis eines Diskurses einer Gemeinschaft und ist daher niemals absolut. Voraussetzung für sozialwissenschaftliche Erkenntnis ist hier Kommunikation im demokratischen Rahmen. Rationalistisch-spekulative Erklärungsmodelle werden abgelehnt. Thesen gelten als akzeptiert, wenn sie für das soziale Leben nützlich und allgemein anerkannt sind. Somit werden nicht-falsifizierbare Thesen, wie zum Beispiel die Existenz von Gott, pragmatisch möglich, da Gedanken, die uns zu erfolgreichem Handeln bringen, als wahr gelten. Die US-amerikanische Sozial- und Kommunikationswissenschaft gilt als grundlegend vom Pragmatismus geprägt.

Rationalismus

Vertreter des Rationalismus gehen davon aus, dass nur vernünftiges Denken zu wahrer Erkenntnis führt. Empirische Erkenntnis wird als untauglich erachtet.

Abbildungsverzeichnis

Abbildungen im 1. Kapitel

Abb. 1.1: Kommunikationswissenschaft und Reflexion —— 3
Abb. 1.2: Boden der Kommunikationswissenschaft —— 5
Abb. 1.3: Kommunikationswissenschaft und ihre Abhängigkeiten —— 7
Abb. 1.4: Facetten der Wissenschaft —— 8
Abb. 1.5: Beschäftigung der deutschsprachigen Publizistik- und Kommunikationswissenschaft mit sich selbst —— 9
Abb. 1.6: Kommunikationswissenschaft und Zeitmodelle —— 11
Abb. 1.7: Entstehungslinien der Zeitungswissenschaft —— 16
Abb. 1.8: Theorien kommunikationswissenschaftlicher Forschung —— 18
Abb. 1.9: Die fünf häufigsten Themen kommunikationswissenschaftlicher Forschung —— 19
Abb. 1.10: Methoden kommunikationswissenschaftlicher Forschung —— 20
Abb. 1.11: Strukturbildung der deutschsprachigen Publizistikwissenschaft (idealtypisch) —— 24
Abb. 1.12: Disziplinrahmen und externe Bedingungen —— 26
Abb. 1.13: Wissenschaft und Weltsicht —— 28

Abbildungen im 2. Kapitel

Abb. 2.1: Anwendungen der Wissenschaftstheorie —— 33
Abb. 2.2: Gegensätzliche Auffassungen zur Aufgabenstellung und Methode der Wissenschaftstheorie —— 34
Abb. 2.3: Fragen der Wissenschaftstheorie —— 38
Abb. 2.4: Wissenschaftsgeschichte und Wissenschaftstheorie —— 39
Abb. 2.5: Wissenschaftswissenschaften —— 40
Abb. 2.6: Identitätskonzept —— 44
Abb. 2.7: Wissensarten —— 46
Abb. 2.8: Trias Logik–Physik–Ethik —— 48
Abb. 2.9: Wissens- und Wissenschaftsgebiete in der Gegenwart —— 49
Abb. 2.10: Klassifikation der Realwissenschaften —— 50
Abb. 2.11: Systematisierung von Wissenschaft —— 51
Abb. 2.12: Die Sozialanalyse zerfällt in Einzeldisziplinen —— 53
Abb. 2.13: Anforderungen an Theorie —— 55
Abb. 2.14: Ebenen der wissenschaftlichen Methode —— 60
Abb. 2.15: Einteilung wissenschaftlicher Methodologien —— 60

Abbildungen im 3. Kapitel

Abb. 3.1: Das Gesetz der drei Stadien —— 67
Abb. 3.2: Gegenüberstellung von Rationalismus und Empirismus —— 68
Abb. 3.3: Wissenschaftliche Theorienbildung über Induktion —— 70
Abb. 3.4: Wissenschaftsentwicklung nach Kuhn —— 75
Abb. 3.5: Forschungsprogramm und Problemverschiebung nach Lakatos —— 78
Abb. 3.6: Ebenen der Wissenschaft —— 79
Abb. 3.7: Ansprüche und Ausrichtungen der Wissenschaftstheorie —— 83

Abbildungen im 4. Kapitel

Abb. 4.1: Publizistik- und Kommunikationswissenschaft —— 86
Abb. 4.2: Schattenseiten des integrativen Selbstverständnisses —— 87
Abb. 4.3: Etablierte Theorien in der Medien- und Kommunikationswissenschaft —— 88
Abb. 4.4: Antipositivistische Wende in den Sozialwissenschaften —— 89
Abb. 4.5: Vierfeldermatrix kommunikationswissenschaftlicher Theorien —— 92
Abb. 4.6: Zwei Dichotomien kommunikationswissenschaftlicher Theorienbildung —— 93
Abb. 4.7: Kommunikationswissenschaftliche Theorien entlang von Zeitachsen —— 95
Abb. 4.8: Dreidimensionale Kartierung kommunikationswissenschaftlicher Theorienbildung —— 97

Abbildungen im 5. Kapitel

Abb. 5.1: Funktionsweisen des gesellschaftlichen Kommunikationsprozesses —— 107
Abb. 5.2: Kritische Forschung nach Lazarsfeld —— 113
Abb. 5.3: Vielfalt theoretischer Zugänge soziologischer Forschung —— 120
Abb. 5.4: Theoretische Zugänge einer Medienökonomik —— 123
Abb. 5.5: Stärken der Neoklassik —— 126
Abb. 5.6: Politische Ökonomie, Klassik, Neoklassik und NPE/NIE —— 130
Abb. 5.7: Geschichtliche Wurzeln der Wirtschaftstheorie —— 132
Abb. 5.8: Ökonomischer Institutionalismus im Wandel —— 134
Abb. 5.9: Entwicklung ökonomischer Theorien —— 138
Abb. 5.10: Verhältnis zwischen Organisation und Institution —— 141
Abb. 5.11: Theorie institutionellen Wandels —— 141
Abb. 5.12: Darstellung mentaler Modelle und Ideologien —— 143

Abbildungen im 6. Kapitel

Abb. 6.1: Öffentlichkeit, Markt und die Fundamentalnorm Freiheit —— 147
Abb. 6.2: Traditionen der Pressefreiheit —— 150
Abb. 6.3: Entwicklung des Marktes —— 156

Literaturverzeichnis

Adolf, Marian: Die unverstandene Kultur. Perspektiven einer kritischen Theorie der Mediengesellschaft. Bielefeld. Transcript 2006.
Adorno, Theodor W.: On Popular Music. In: Zeitschrift für Sozialforschung IX/1941, H. 1. dtv-Reprint München 1980, Bd. 9, S. 17–48.
Adorno, Theodor W.: Über den Fetischcharakter in der Musik und die Regression des Hörens. In: Zeitschrift für Sozialforschung VII/1938, H. 3. dtv-Reprint München 1980, Bd. 7, S. 321–356.
Albarran, Alan B.: The Media Economy. New York. Routledge 2010.
Albarran, Alan B./Chan-Olmsted, Sylvia M./Wirth, Michael O. (Hrsg.), Handbook of Media Management and Economics. Mahwah. Erlbaum 2006.
Albert, Hans: Kritischer Rationalismus. In: Seiffert, Helmut/Radnitzky, Gerard (Hrsg.), Handlexikon zur Wissenschaftstheorie. München. Deutscher Taschenbuch Verlag 1992, S. 177–182.
Albert, Hans: Marktsoziologie und Entscheidungslogik. Zur Kritik der reinen Ökonomik. Tübingen. Mohr Siebeck 1998.
Alexander, Alison/Owers, James/Carveth, Rod (Hrsg.): Media Economics. Theory and Practice. Mahwah. Erlbaum 1998a.
Alexander, Alison/Owers, James/Carveth, Rod: An Introduction to Media Economics. Theory and Practice. In: dies. (Hrsg.), Media Economics. Theory and Practice. Mahwah. Erlbaum 1998, S. 1–43.
Altmeppen, Klaus-Dieter (Hrsg.): Ökonomie der Medien und des Mediensystems. Westdeutscher Verlag. Opladen 1996.
Altmeppen, Klaus-Dieter/Karmasin, Matthias (Hrsg.), Medien und Ökonomie. Band 1/1. Wiesbaden. Westdeutscher Verlag 2003.
Altmeppen, Klaus-Dieter/Karmasin, Matthias (Hrsg.), Medien und Ökonomie. Band 1/2. Grundlagen der Medienökonomie. Opladen. Westdeutscher Verlag 2003.
Altmeppen, Klaus-Dieter/Karmasin, Matthias (Hrsg.), Medien und Ökonomie. Band 3. Anwendungsfelder der Medienökonomie. Wiesbaden. VS Verlag 2006.
Altmeppen, Klaus-Dieter/Weigel, Janika/Gebhard, Franziska: Forschungslandschaft Kommunikations- und Medienwissenschaft. Ergebnisse einer ersten Befragung zu den Forschungsleistungen des Faches. In: Publizistik (2011) 56, S. 373–398.
Apel, Karl-Otto: Begründung. In: Seiffert, Helmut/Radnitzky, Gerard (Hrsg.), Handlexikon zur Wissenschaftstheorie. München. Deutscher Taschenbuch Verlag 1992, S. 14–19.
Arnold, Markus/Dressel, Gert (Hrsg.), Wissenschaftskulturen – Experimentalkulturen – Gelehrtenkulturen. Wien. Turia & Kant 2004.
Ash, Mitchell/Stifter, Christian H. (Hrsg.), Wissenschaft, Politik und Öffentlichkeit. Von der Wiener Moderne bis zur Gegenwart. Wien. WUV 2002.
Atteslander, Peter: Methoden der empirischen Sozialforschung. Berlin, New York. De Gruyter 1984.
Averbeck, Stefanie: Kommunikation als Prozeß. Soziologische Perspektiven in der Zeitungswissenschaft 1927–1934. Münster. Lit 1999.
Balzer, Wolfgang: Die Wissenschaft und ihre Methoden: Grundsätze der Wissenschaftstheorie. Freiburg, München. Alber-Verlag 1997.
Barz, Heiner: Anthroposophie im Spiegel von Wissenschaftstheorie und Lebensweltforschung. Weinheim. Deutscher Studienverlag 1994.
Bayer, Otto: Empirische Methoden in den Sozialwissenschaften. In: Seiffert, Helmut/Radnitzky, Gerard (Hrsg.), Handlexikon zur Wissenschaftstheorie. München. Deutscher Taschenbuch Verlag 1992, S. 37–45.
Benedikt, Klaus-Ulrich: Emil Dovifat. Ein katholischer Hochschullehrer und Publizist. Mainz. Grünewald 1986.

Bentele, Günter/Rühl, Manfred (Hrsg.), Theorien öffentlicher Kommunikation. Problemfelder. Positionen. Perspektiven. München. Ölschläger 1993.
Berka, Walter: Das Recht der Massenmedien. Wien, Köln, Graz. Böhlau 1989.
Berka, Walter: Medienfreiheit und Persönlichkeitsschutz. Wien, New York. Springer 1982.
Beyer, Andrea/Carl, Petra: Einführung in die Medienökonomie. 2. Auflage. Konstanz. UVK 2008.
Bluhm, Harald: Ideologie und kein Ende. In: Pies, Ingo/Leschke, Martin (Hrsg.), Douglass Norths ökonomische Theorie der Geschichte. Tübingen. Mohr 2009, S. 188–196.
Bobrowsky, Manfred/Langenbucher, Wolfgang R. (Hrsg.), Wege zur Kommunikationsgeschichte. München. Ölschläger 1987.
Bohrmann, Hans: Der Markt der publizistik- und kommunikationswissenschaftlichen Zeitschriften. In: Holtz-Bacha, Christina/Kutsch, Arnulf/Langenbucher, Wolfgang R./Schönbach, Klaus (Hrsg.): 50 Jahre Publizistik. Publizistik. Sonderheft 5. 2005/2006. Wiesbaden. VS Verlag 2006, S. 33–46.
Bohrmann, Hans: Was ist der Inhalt einer Fachgeschichte der Publizistikwissenschaft und welche Funktionen könnte sie für die Wissenschaftsausübung in der Gegenwart besitzen. In: Schade, Edzard (Hrsg.), Publizistikwissenschaft und öffentliche Kommunikation. Konstanz. UVK 2005, S. 151–182.
Bonfadelli, Heinz/Jarren, Otfried/Siegert, Gabriele: Einführung in die Publizistikwissenschaft. Bern. Haupt 2005.
Bourdieu, Pierre: Homo academicus. Frankfurt am Main. Suhrkamp 1992.
Bourdieu, Pierre: Über das Fernsehen. Frankfurt am Main. Suhrkamp 1998a.
Bourdieu, Pierre: Vom Gebrauch der Wissenschaft. Für eine klinische Soziologie des wissenschaftlichen Feldes. Konstanz. UVK 1998b.
Bourdieu, Pierre: Zur Soziologie der symbolischen Formen. Frankfurt am Main. Suhrkamp 1991.
Braun, Hans: Wissenschaftsgeschichte: Sozialwissenschaften. In: Seiffert, Helmut/Radnitzky, Gerard (Hrsg.), Handlexikon zur Wissenschaftstheorie. München. Deutscher Taschenbuch Verlag 1992, S. 440–447.
Brock, Ditmar/Junge, Matthias/Krähnke, Uwe (Hrsg.), Soziologische Theorien. Von Auguste Comte bis Talcott Parsons. München. Oldenbourg 2007.
Bröckling, Ulrich: Totale Mobilmachung. Menschenführung im Qualitäts- und Selbstmanagement. In: Bröckling, Ulrich/Krasmann, Susanne/Lemke, Thomas (Hrsg.), Gouvernementalität der Gegenwart. Studien zur Ökonomisierung des Sozialen. Frankfurt am Main. Suhrkamp 2000, S. 131–167.
Bröckling, Ulrich/Krasmann, Susanne/Lemke, Thomas (Hrsg.), Gouvernementalität der Gegenwart. Studien zur Ökonomisierung des Sozialen. Frankfurt am Main. Suhrkamp 2000.
Brösel, Gerrit/Keuper, Frank: Medienmanagement. Aufgaben und Lösungen. München, Wien. Oldenbourg 2003.
Brosius, Hans-Bernd: Integrations- oder Einheitsfach? Die Publikationsaktivitäten von Autoren der Zeitschriften ‚Publizistik' und ‚Rundfunk und Fernsehen' 1983–1992. In: Publizistik (1994) 39, S. 73–90.
Brosius, Hans-Bernd/Haas, Alexander: Auf dem Weg zur Normalwissenschaft. In: Publizistik (2009) 54, S. 168–190.
Brosius, Hans-Bernd/Holtz-Bacha, Christina (Hrsg.), The German Communication Yearbook. Cresskill N. J. Hampton Press 1999.
Brosius, Hans-Bernd/Koschel, Friederike: Methoden der empirischen Kommunikationsforschung. Eine Einführung. Wiesbaden. Westdeutscher Verlag 2001.
Bruch, Rüdiger vom: Zeitungskunde und Soziologie. Zur Entwicklungsgeschichte der beiden Disziplinen. In: Bobrowsky, Manfred/Langenbucher, Wolfgang R. (Hrsg.), Wege zur Kommunikationsgeschichte. München. Ölschläger 1987, S. 138–150.
Brunkhorst, Hauke: Methodische Probleme sozialwissenschaftlicher Theoriebildung. In: Kerber, Harald/Schmieder, Arnold (Hrsg.), Soziologie. Reinbek. Rowohlt 1991, S. 295–340.

Brunner, Otto/Conze, Werner/Koselleck, Reinhart (Hrsg.), Geschichtliche Grundbegriffe. Historisches Lexikon zur politisch-sozialen Sprache in Deutschland. Band 4. Stuttgart. Klett-Cotta 1978.

Bücher, Karl: Die Entstehung der Volkswirtschaft. Vorträge und Aufsätze. Band 1. Tübingen. Laupp 1922.

Bücher, Karl: Die Grundlagen des Zeitungswesens. In: ders. (Hrsg.), Gesammelte Aufsätze zur Zeitungskunde. Tübingen. Laupp 1926.

Bürgin, Alfred: Zur Soziogenese der Politischen Ökonomie. Wirtschaftsgeschichtliche und dogmenhistorische Betrachtungen. Marburg. Metropolis 1993.

Burkart, Roland: Kommunikationswissenschaft. Grundlagen und Problemfelder. Umrisse einer interdisziplinären Sozialwissenschaft. Wien. Böhlau 1998.

Burke, Peter: Was ist Kulturgeschichte? Frankfurt am Main. Suhrkamp 2005.

Büttemeyer, Wilhelm: Wissenschaftstheorie für Informatiker. Heidelberg, Berlin. Spektrum Akademischer Verlag 1995.

Chalmers, Alan F.: Wege der Wissenschaft – Einführung in die Wissenschaftstheorie. Berlin. Springer 2007.

Chartier, Roger: Die kulturellen Ursprünge der Französischen Revolution. Frankfurt am Main, New York. Campus 1995.

Chartier, Roger: Die unvollendete Vergangenheit. Geschichte und die Macht der Weltauslegung. Frankfurt am Main. S. Fischer 1992.

Christians, Clifford G./Glasser, Theodore L./McQuail, Dennis/Nordenstreng, Kaarle/White, Robert A.: Normative Theories of the Media. Journalism in Democratic Societies. Urbana, Chicago. University of Illinois Press 2009.

Clark, Terry N.: Die Stadien wissenschaftlicher Institutionalisierung. In: Weingart, Peter (Hrsg.), Wissenschaftssoziologie II. Determinanten der wissenschaftlichen Entwicklung. Frankfurt am Main. Fischer Athenäum 1974, S. 105–121.

Clark, Terry N.: Prophets and Patrons: The French University and the Emergence of the Social Sciences. Cambridge/M. Harvard University Press 1973.

Coase, Ronald H.: The firm, the market, and the law. Chicago. University of Chicago Press 1992.

Comte, Auguste: Cours de philosophie positive. Introduction et commentaires par Florence Kodoss. Édition électronique. Grenoble. 1982. http://www.ac-grenoble.fr/PhiloSophie/file/comte_khodoss.pdf (31.05.2012)

Curran, James/Gurevitch, Michael (Hrsg.), Mass Media and Society. London, New York. Arnold 1991.

Denzau, Arthur T./North, Douglass C.: Shared Mental Models: Ideologies and Institutions. In: Kyklos (1994) 47. H. 1, S. 3–31.

Desmond, Mark (Hrsg.), Paul Lazarsfelds RAVAG-Studie 1932. Wien. Guttmann-Peterson 1996.

DGPuK: Die Mediengesellschaft und ihre Wissenschaft. Herausforderungen für die Kommunikations- und Medienwissenschaft als akademische Disziplin. Selbstverständnispapier der Deutschen Gesellschaft für Publizistik- und Kommunikationswissenschaft (DGPuK). München. DGPuK 2001.

DGPuK: Kommunikation und Medien in der Gesellschaft: Leistungen und Perspektiven der Kommunikations- und Medienwissenschaft. Selbstverständnispapier der Deutschen Gesellschaft für Publizistik- und Kommunikationswissenschaft (DGPuK). München. DGPuK 2008.

Diemer, Alwin: Wissenschaft. In: Seiffert, Helmut/Radnitzky, Gerard (Hrsg.), Handlexikon zur Wissenschaftstheorie. München. Deutscher Taschenbuch Verlag 1992, S. 391–399.

Donsbach, Wolfgang/Laub, Torsten/Haas, Alexander/Brosius, Hans-Bernd: Anpassungsprozesse in der Kommunikationswissenschaft. Theorien und Herkunft der Forschung in den Fachzeitschriften ‚Publizistik' und ‚Medien und Kommunikationswissenschaft'. In: M & K (2005) 53, S. 46–72.

Dorer, Johanna/Klaus, Elisabeth: Feministische Theorie in der Kommunikationswissenschaft. In: Winter, Carsten/Hepp, Andreas/Krotz, Friedrich (Hrsg.), Theorien der Kommunikations- und

Medienwissenschaft. Grundlegende Diskussionen, Forschungsfelder und Theorieentwicklung. Wiesbaden. VS Verlag 2008, S. 91–112.

Doyle, Gillian: Understanding Media Economics. Los Angeles. Sage 2002.

Dreiskämper, Thomas/Hoffjann, Olaf/Schicha, Christian (Hrsg.): Handbuch Medienmanagement. Berlin. LIT 2009.

Dröge, Franz/Kopper, Gerd G.: Der Medien-Prozeß. Zur Struktur innerer Errungenschaften in der bürgerlichen Gesellschaft. Opladen. Westdeutscher Verlag 1991.

Eberhard, Kurt: Einführung in die Erkenntnis- und Wissenschaftstheorie. Geschichte und Praxis der konkurrierenden Erkenntniswege. 2., durchgesehene und erweiterte Auflage. Stuttgart, Berlin, Köln. Kohlhammer 1999.

Ehrenberg, Alain: Das erschöpfte Selbst. Depression und Gesellschaft in der Gegenwart. Frankfurt am Main. Suhrkamp 2008.

Eickelpasch, Rolf/Rademacher, Claudia: Identität. Bielefeld. transcript 2004.

Eicker-Wolf, Kai/Reiner, Sabine/Wolf, Dorothee (Hrsg.), Auf der Suche nach dem Kompaß. Politische Ökonomie als Bahnsteigkarte fürs 21. Jahrhundert. Köln. PapyRossa 1999.

Engels, Friedrich: Die Entwicklung des Sozialismus von der Utopie zur Wissenschaft. In: Marx, Karl/Engels, Friedrich: Ausgewählte Werke. Moskau. Progress 1972.

Feldmann, Horst: Eine institutionalistische Revolution? Zur dogmenhistorischen Bedeutung der modernen Institutionenökonomik. Berlin. Duncker & Humblot 1995.

Fellmann, Ferdinand: Geschichte der Philosophie im 19. Jahrhundert: Positivismus, Linkshegelianismus, Existenzphilosophie, Neukantianismus, Lebensphilosophie. Reinbek. rororo 1996.

Felt, Ulrike: Über Nutzen und Handlungsräume der Wissenschaftsforschung. Ulrike Felt im Gespräch mit Markus Arnold und Gert Dressel. In: Arnold, Markus/Dressel, Gert (Hrsg.), Wissenschaftskulturen – Experimentalkulturen – Gelehrtenkulturen. Wien. Turia & Kant 2004, S. 150–162.

Felt, Ulrike: Wie kommt Wissenschaft zu Wissen? Perspektiven der Wissenschaftsforschung. In: Hug, Theo (Hrsg.), Wie kommt Wissenschaft zu Wissen? Einführung in die Wissenschaftstheorie und Wissenschaftsforschung. Hohengehren. Schneider 2001, S. 11–26.

Felt, Ulrike: Wissenschaft, Politik und Öffentlichkeit – Wechselwirkungen und Grenzverschiebungen. In: Ash, Mitchell/Stifter, Christian H. (Hrsg.), Wissenschaft, Politik und Öffentlichkeit. Von der Wiener Moderne bis zur Gegenwart. Wien. WUV 2002, S. 47–72.

Feyerabend, Paul: Wider den Methodenzwang. Frankfurt am Main. Suhrkamp 1995.

Fiedler, Angela/Hein, Eckhard/Schikora, Andreas (Hrsg.), Politische Ökonomie im Wandel. Festschrift für Klaus Peter Kisker. Marburg. Metropolis 1992.

Flichy, Patrice: Tele. Geschichte der modernen Kommunikation. Frankfurt am Main, New York. Campus 1994.

Freud, Sigmund: Kulturtheoretische Schriften. Frankfurt am Main. S. Fischer 1986.

Frey, Bruno: Moderne Politische Ökonomie. Die Beziehungen zwischen Wirtschaft und Politik. München. Piper 1977.

Friedrichs, Jürgen: Methoden empirischer Sozialforschung; Reinbek bei Hamburg. Rowohlt 1977.

Fröhlich, Romy/Holtz-Bacha, Christina: Dozentinnen und Dozenten in der Kommunikationswissenschaft. In: Publizistik (1993) 38, S. 31–45.

Gassert, Philipp/Junker, Detlev/Mausbau, Wilfried/Thunert, Martin (Hrsg.), Was Amerika ausmacht. Multidisziplinäre Perspektiven. Stuttgart. Franz Steiner Verlag 2009.

Gerhards, Jürgen/Neidhardt, Friedhelm: Strukturen und Funktionen moderner Öffentlichkeit. Fragestellungen und Ansätze. FS III 90–101. Berlin. Wissenschaftszentrum Berlin 1990.

Gerhards, Jürgen/Neidhardt, Friedhelm/Rucht, Dieter: Zwischen Palaver und Diskurs. Strukturen öffentlicher Meinungsbildung am Beispiel der deutschen Diskussion zur Abtreibung. Opladen. Westdeutscher Verlag 1998.

Gläser, Martin: Medienmanagement. München. Vahlen 2008.

Göhler, Gerhard (Hrsg.), Macht der Öffentlichkeit – Öffentlichkeit der Macht. Baden-Baden. Nomos 1995a.

Göhler, Gerhard: Einleitung. In: Göhler, Gerhard (Hrsg.), Macht der Öffentlichkeit – Öffentlichkeit der Macht. Baden-Baden. Nomos 1995. S. 7–24.

Golding, Peter/Murdock, Graham: Culture, Communication, and the Political Economy. In: Curran, James/Gurevitch, Michael (Hrsg.), Mass Media and Society. London, New York. Arnold 1991, S. 15–32.

Göttlich, Udo: Kritik der Medien. Reflexionsstufen kritisch-materialistischer Medientheorien. Opladen. Westdeutscher Verlag 1996.

Gould, Steven Jay: Morton's Ranking of Races by Cranial Capacity. In: Science, Mai 1978, S. 504.

Habermas, Jürgen: Analytische Wissenschaftstheorie und Dialektik. In: Maus, Heinz/Fürstenberg, Friedrich (Hrsg.), Der Positivismusstreit in der deutschen Soziologie. Berlin. Luchterhand 1970a, S. 155–191.

Habermas, Jürgen: Erkenntnis und Interesse. Frankfurt am Main. Suhrkamp 1999.

Habermas, Jürgen: Gegen einen positivistisch halbierten Rationalismus. In: Maus, Heinz/Fürstenberg, Friedrich (Hrsg.), Der Positivismusstreit in der deutschen Soziologie. Berlin. Luchterhand 1970b, S. 235–266.

Habermas, Jürgen: Strukturwandel der Öffentlichkeit. Neuwied, Berlin. Luchterhand 1971.

Habermas, Jürgen: Technik und Wissenschaft als „Ideologie". Frankfurt am Main. Suhrkamp 1969.

Habermas, Jürgen: Theorie des kommunikativen Handelns. Bd. 2: zur Kritik der funktionalistischen Vernunft. Frankfurt am Main. Suhrkamp 1981.

Hachmeister, Lutz: Theoretische Publizistik. Studien zur Geschichte der Kommunikationswissenschaft in Deutschland. Berlin. Spiess 1987.

Hannerer, Regina/Steininger, Christian: Die Bertelsmann Stiftung im Institutionengefüge. Medienpolitik aus Sicht des ökonomischen Institutionalismus. Baden-Baden. Nomos 2009.

Hardt, Hanno: Critical Communication Studies. Communication, History and Theory in America. London, New York. Routledge 2005.

Hardt, Hanno: Social Theories of the Press. Constituents of Communication, 1840s to 1920s. Lanham. Rowman & Littlefield Publishers 2001.

Hartmann, Frank: Medien und Kommunikation. Wien. facultas 2008.

Hartmann, Frank: Medienphilosophie. Wien. WUV 2000.

Hayek, Friedrich A. von: Geldtheorie und Konjunkturtheorie. Salzburg. Neugebauer 1976.

Heinemann, Ingo: Public Choice und moderne Demokratietheorie. Frankfurt am Main. P. Lang 1999.

Heinrich, Jürgen: Medienökonomie. Band 1. Mediensystem, Zeitung, Zeitschrift, Anzeigenblatt. Opladen. Westdeutscher Verlag 1994.

Heinrich, Jürgen: Medienökonomie. Band 2: Hörfunk und Fernsehen. Opladen. Westdeutscher Verlag 1999.

Heinrich, Jürgen/Lobigs, Frank: Neue Institutionenökonomik. In: Altmeppen, Klaus-Dieter/Karmasin, Matthias (Hrsg.), Medien und Ökonomie. Band 1/1. Wiesbaden. Westdeutscher Verlag 2003, S. 245–268.

Hepp, Andreas: Fortlaufende Theoretisierung. Aktualität beweist sich in Theorieentwicklung. In: Aviso (2005) H. 38, S. 6–7.

Hepp, Andreas/Winter, Rainer (Hrsg.), Kultur – Medien – Macht. Cultural Studies und Medienanalyse. Opladen/Wiesbaden. Westdeutscher Verlag 1999.

Herder-Dorneich, Philipp: Neue Politische Ökonomie als Paradigma. Ihre Aktualität und ihre Weiterentwicklung in der Diskussion. In: Jahrbuch für Neue Politische Ökonomie, 11. Band. Tübingen. Mohr 1992, S. 1–15.

Heuermann, Hartmut: Wissenschaftskritik: Konzepte, Positionen, Probleme. Tübingen. Franke 2000.

Hickethier, Knut (Hrsg.), Veränderungen von Öffentlichkeiten. Hamburg. Unveröffentlichter Forschungsbericht. 2000a.

Hickethier, Knut: Forschungsprogramm. In: Hickethier, Knut (Hrsg.), Veränderungen von Öffentlichkeiten. Hamburg. Unveröffentlichter Forschungsbericht. 2000, S. 1–52.

Hobsbawm, Eric: Wie man die Welt verändert. Über Marx und den Marxismus. München. Hanser 2012.
Hodgson, Geoffrey M. (Hrsg.), The Foundations of Evolutionary Economics: 1890–1973. Volume I. Cheltenham. Edward Elgar 1998.
Holl, Christopher: Wahrnehmung, menschliches Handeln und Institutionen. Tübingen. Mohr 2004.
Hölscher, Lucian: Öffentlichkeit. In: Brunner, Otto/Conze, Werner/Koselleck, Reinhart (Hrsg.), Geschichtliche Grundbegriffe. Historisches Lexikon zur politisch-sozialen Sprache in Deutschland. Band 4. Stuttgart. Klett-Cotta 1978, S. 413–467.
Holtz-Bacha, Christina/Kutsch, Arnulf/Langenbucher, Wolfgang R./Schönbach, Klaus (Hrsg.), 50 Jahre Publizistik. Publizistik. Sonderheft 5. 2005/2006. Wiesbaden. VS Verlag 2006.
Holzer, Horst: Kommunikationssoziologie. Reinbek. rororo 1973.
Homann, Karl: Vorteile und Anreize. Tübingen. J.C.B. Mohr 2002.
Horkheimer, Max/Adorno, Theodor W.: Dialektik der Aufklärung. Philosophische Fragmente. Frankfurt am Main. S. Fischer 1986.
Horkheimer, Max: Traditionelle und kritische Theorie. In: Zeitschrift für Sozialforschung VI/1937, H. 2, dtv-Reprint München 1980a, Bd. 6, S. 245–294.
Horkheimer, Max: Zum Problem der Wahrheit. In: Zeitschrift für Sozialforschung VI/1935, H. 3, dtv-Reprint München 1980, Bd. 4, S. 321–364.
Huber, Nathalie: Kommunikationswissenschaft als Beruf. Zum Selbstverständnis von Professoren des Faches im deutschsprachigen Raum. Köln. Halem 2010.
Hug, Theo (Hrsg.), Wie kommt Wissenschaft zu Wissen? Einführung in die Wissenschaftstheorie und Wissenschaftsforschung. Hohengehren. Schneider 2001.
Hummel, Roman: Freiheit der Medien: Die Praxis der Praxis. In: Medien Journal (2007) H. 2, S. 3–10.
Hummel, Roman: Integration, Diversität, Identität – und was Medien damit zu tun haben. Wien 2011. http://sowiforum.univie.ac.at/fileadmin/user_upload/p_soz_wiss_forum/1._Sozwiss_Forum_2011/Hummel_Vienna_Forum_2011.pdf (21.04.2015)
Hund, Wulf D.: Ware Nachricht und Informationsfetisch. Zur Theorie der gesellschaftlichen Kommunikation. Darmstadt und Neuwied. Luchterhand 1976.
Imhof, Kurt: Die Krise der Öffentlichkeit. Kommunikation und Medien als Faktoren sozialen Wandels. Frankfurt, New York. Campus 2011.
Institut für Psychologie der Universität Wien (Hrsg.): Psychologie als Wissenschaft. 2. Auflage. Wien. WUV. 1998.
Jarren, Otfried/Bonfadelli, Heinz/Siegert, Gabriele: Einführung in die Publizistikwissenschaft. Stuttgart. UTB 2005.
Joas, Hans/Knöbl, Wolfgang: Sozialtheorie. Zwanzig einführende Vorlesungen. Frankfurt am Main. Suhrkamp 2011.
Junge, Matthias: Auguste Comte. In: Brock, Ditmar/Junge, Matthias/Krähnke, Uwe (Hrsg.): Soziologische Theorien. Von Auguste Comte bis Talcott Parsons. München. Oldenbourg 2007, S. 38–54.
Just, Natascha/Latzer, Michael: Ökonomische Theorien der Medien. In: Weber, Stefan (Hrsg.), Theorien der Medien. Konstanz. UVK 2010, S. 72–101.
Karmasin, Matthias: Kommunikations-Kommunikationswissenschaft: Wissenschaftstheoretische Anmerkungen zur Theoriediskussion in den Kommunikationswissenschaften. In: Winter, Carsten/Hepp, Andreas/Krotz, Friedrich (Hrsg.), Theorien der Kommunikations- und Medienwissenschaft. Grundlegende Diskussionen, Forschungsfelder und Theorieentwicklung. Wiesbaden. VS Verlag 2008, S. 229–246.
Karsay, Kathrin: Der Gegenstand der Publizistik- und Kommunikationswissenschaft. Unveröffentlichtes Manuskript. Wien 2011.
Kaufmann, Jean-Claude: Die Erfindung des Ich. Eine Theorie der Identität. Konstanz. UVK 2005.

Kemmerling, Andreas: Pragmatische Wahrheit: Was uns im Leben weiterbringt. In: Gassert, Philipp/ Junker, Detlev/Mausbau, Wilfried/Thunert, Martin (Hrsg.), Was Amerika ausmacht. Multidisziplinäre Perspektiven. Stuttgart. Franz Steiner Verlag 2009, S. 162–175

Kerber, Harald/Schmieder, Arnold (Hrsg.), Soziologie. Arbeitsfelder, Theorien, Ausbildung. Ein Grundkurs. Reinbek. Rowohlt 1991.

Kiefer, Marie Luise: Medien und neuer Kapitalismus. In: Siegert, Gabriele/Lobigs, Frank (Hrsg.), Zwischen Marktversagen und Medienvielfalt. Medienmärkte im Fokus neuer medienökonomischer Anwendungen. Baden-Baden. Nomos 2004, S. 169–183.

Kiefer, Marie Luise: Medienökonomie und Medientechnik. In: Altmeppen, Klaus-Dieter/Karmasin, Matthias (Hrsg.), Medien und Ökonomie. Band 1/2. Grundlagen der Medienökonomie. Opladen. Westdeutscher Verlag 2003, S. 181–208.

Kiefer, Marie Luise/Steininger, Christian: Medienökonomik. 3. Auflage. München. Oldenbourg 2014.

Klaus, Georg/Buhr, Manfred: Philosophisches Wörterbuch, 2 Bde., Berlin. das europäische buch 1972.

Klein, Petra: Henk Prakke und die funktionale Publizistik. Über die Entgrenzung der Publizistik- und Kommunikationswissenschaft. Münster. LIT 2006.

Knies, Karl (Hrsg.), Der Telegraph als Verkehrsmittel. Über den Nachrichtenverkehr überhaupt. Faks. Nachdr. der Orig.-Ausg. Tübingen. Laupp 1857. München. R. Fischer 1996.

Knoblauch, Hubert: Wissenssoziologie. Konstanz, München. UTB 2014.

Knoche, Manfred: Media Economics as a Subdiscipline of Communication Science. In: Brosius, Hans-Bernd/Holtz-Bacha, Christina (Hrsg.), The German Communication Yearbook. Cresskill N. J. Hampton Press 1999, S. 69–100.

Koenen, Erik/Meyen, Michael (Hrsg.): Karl Bücher. Leipziger Hochschulschriften 1892–1926. Leipzig. Universitätsverlag 2002.

Kolb, Gerhard: Ökonomische Problemlösungen im Spiegel der Geschichte der Volkswirtschaftslehre. In: Wirtschaftswissenschaftliches Studium (1999) H. 12, S. 634–641.

König, Markus: Habitus und Rational Choice. Ein Vergleich der Handlungsmodelle bei Gary S. Becker und Pierre Bourdieu. Wiesbaden. DUV 2003.

Kopper, Gerd: Massenmedien. Wirtschaftliche Grundlagen und Strukturen. Analytische Bestandsaufnahme der Forschung 1968–1981. Konstanz. UVK 1982b.

Kopper, Gerd: Medienökonomie – Mehr als „Ökonomie der Medien". Kritische Hinweise zu Vorarbeiten, Ansätzen und Grundlagen. In: Media Perspektiven (1932a) H. 2, S. 102–115.

Kopper, Gerd: Medienökonomie im komplexen Diskurs des Korporatismus in Deutschland. Art und Wirkung der Medienökonomie in Kommissionen, Verbänden, Institutionen und nichtwissenschaftlichen Einrichtungen der Bundesrepublik Deutschland. In: Altmeppen, Klaus-Dieter/ Karmasin, Matthias (Hrsg.), Medien und Ökonomie. Band 3: Anwendungsfelder der Medienökonomie. Wiesbaden. VS Verlag 2006, S. 19–45.

Kornmeier, Martin: Wissenschaftstheorie und wissenschaftliches Arbeiten. Eine Einführung für Wirtschaftswissenschaftler. Heidelberg. Physica-Verlag 2007.

Koszyk, Kurt/Pruys, Karl H.: Wörterbuch zur Publizistik. München. Deutscher Taschenbuch Verlag 1973.

Krotz, Friedrich: Gesellschaftliches Subjekt und kommunikative Identität: zum Menschenbild der Cultural Studies. In: Hepp, Andreas/Winter, Rainer (Hrsg.), Kultur – Medien – Macht. Cultural Studies und Medienanalyse. Opladen/Wiesbaden. Westdeutscher Verlag 1999, S. 119–128.

Krotz, Friedrich: Neue Theorien entwickeln. Eine Einführung in die Grounded Theory, die Heuristische Sozialforschung und die Ethnographie anhand von Beispielen aus der Kommunikationsforschung. Köln: Halem 2005.

Krotz, Friedrich: Randständige Existenz. Die Kommunikationswissenschaft muss sich neu erfinden. In: Aviso (2004) H. 35, S. 4–5.

Krotz, Friedrich/Hepp, Andreas/Winter, Carsten: Einleitung: Theorien der Kommunikations- und Medienwissenschaft. In: Winter, Carsten/Hepp, Andreas/Krotz, Friedrich (Hrsg.), Theorien der

Kommunikations- und Medienwissenschaft. Grundlegende Diskussionen, Forschungsfelder und Theorieentwicklung. Wiesbaden. VS Verlag 2008, S. 9–25.

Kruse, Volker: Geschichte der Soziologie. Konstanz. UVK 2012.

Kuhn, Thomas S.: Die Struktur wissenschaftlicher Revolutionen. Frankfurt am Main. Suhrkamp 1993.

Küssner, Martin: Gustav Schmollers Institutionenlehre im Lichte der North'schen Theorie des institutionellen Wandels. Ansätze zu einer allgemeineren Theorie des Institutionenwandels. Unveröffentlichte Dissertation. Universität Köln. 1995.

Kutsch, Arnulf: Rundfunkwissenschaft im Dritten Reich. Sieben biographische Studien. Köln. Hayit 1985.

Kutsch, Arnulf: Schriftenverzeichnis Karl Bücher. Leipzig. Universitätsverlag 2000.

Kutsch, Arnulf/Pöttker, Horst (Hrsg.): Kommunikationswissenschaft – autobiographisch. Zur Entwicklung einer Wissenschaft in Deutschland. Opladen. Westdeutscher Verlag 1997.

Küttner, Michael: Falsifikation. In: Seiffert, Helmut/Radnitzky, Gerard (Hrsg.), Handlexikon zur Wissenschaftstheorie. München. Deutscher Taschenbuch Verlag 1992, S. 80–82.

Lakatos, Imre: Die Geschichte der Wissenschaft und ihre rationalen Rekonstruktionen. Braunschweig. 1974.

Langenbucher, Wolfgang R. (Hrsg.), Paul F. Lazarsfeld. München. Ölschläger 1990.

Langenbucher, Wolfgang R. (Hrsg.), Politik und Kommunikation. Über die öffentliche Meinungsbildung. München. Piper 1979.

Langenbucher, Wolfgang R. (Hrsg.), Publizistik- und Kommunikationswissenschaft. Ein Textbuch zur Einführung. Wien. Braumüller 1994.

Lauf, Edmund: „Publish or perish?" Deutsche Kommunikationsforschung in internationalen Fachzeitschriften. In: Publizistik (2001) 46, S. 369–382.

Lauf, Edmund: Methoden. In: Holtz-Bacha, Christina/Kutsch, Arnulf/Langenbucher, Wolfgang R./Schönbach, Klaus (Hrsg.), 50 Jahre Publizistik. Publizistik. Sonderheft 5. 2005/2006. Wiesbaden. VS Verlag 2006, S. 179–192.

Lazarsfeld, Paul Felix: Remarks on Administrative and Critical Communications Research. In: Zeitschrift für Sozialforschung IX/1941, H. 1, dtv-Reprint München 1980, Bd. 9, S. 2–16.

Lehmann-Waffenschmidt, Marco (Hrsg.), Studien zur Evolutorischen Ökonomik V. Theoretische und empirische Beiträge zur Analyse des wirtschaftlichen Wandels. Berlin. Duncker & Humblot 2002.

Lehmann-Waffenschmidt, Marco/Ebner, Alexander/Fornahl, Dirk (Hrsg.), Institutioneller Wandel, Marktprozesse und dynamische Wirtschaftspolitik. Marburg. Metropolis 2004.

Lepenies, Wolf (Hrsg.): Geschichte der Soziologie. Studien zur kognitiven, sozialen und historischen Identität der Soziologie. 2 Bände. Frankfurt am Main. Suhrkamp 1981a.

Lepenies, Wolf: Einleitung. In: ders. (Hrsg.), Geschichte der Soziologie. Studien zur kognitiven, sozialen und historischen Identität der Soziologie. Band 1. Frankfurt am Main. Suhrkamp 1981, S. I–XXXV.

Leschke, Rainer: Einführung in die Medientheorie. München. W. Fink 2003.

Lessenich, Stephan (Hrsg.), Wohlfahrtsstaatliche Grundbegriffe. Historische und aktuelle Diskurse. Frankfurt am Main. Campus 2003a.

Lessenich, Stephan: Wohlfahrtsstaatliche Grundbegriffe – Semantiken des Wohlfahrtsstaats. In: ders. (Hrsg.), Wohlfahrtsstaatliche Grundbegriffe. Historische und aktuelle Diskurse. Frankfurt am Main. Campus 2003, S. 9-19.

Liessmann, Konrad/Zenaty, Gerhard: Vom Denken. Einführung in die Philosophie. Wien. Braumüller 1998.

Löblich, Maria: Die empirisch-sozialwissenschaftliche Wende in der Publizistik- und Zeitungswissenschaft. Köln. Halem 2010.

Löffelholz, Martin (Hrsg.): Theorien des Journalismus. Wiesbaden. Westdeutscher Verlag 2000.

Lowery, Sheron A./DeFleur, Melvin L.: Milestones in Mass Communication Research. Media effects. 3. Auflage. New York. Longman 1995.

Lueger, Manfred: Grundlagen qualitativer Feldforschung. Wien. WUV 2000.
Luhmann, Niklas: Die Realität der Massenmedien. Opladen. Westdeutscher Verlag 1996.
Luhmann, Niklas: Öffentliche Meinung. In: Langenbucher, Wolfgang R. (Hrsg.), Politik und Kommunikation. Über die öffentliche Meinungsbildung. München. Piper 1979, S. 29–61.
Maletzke, Gerhard: Kommunikationsforschung als empirische Sozialwissenschaft. Berlin. Spiess 1980.
Mantzavinos, Chrysostomos: Individuen, Institutionen und Märkte. Tübingen. Mohr 2007.
Marcinkowski, Frank: Sozialwissenschaftliche Basistheorien der Kommunikationswissenschaft: Einführung und Überblick, online unter: http://www.imw.unibe.ch/download/vorlesungen/marcinkowski2003_folien01.pdf (13.04.2015)
Marx, Karl : Das Kapital, Bd. 1. Berlin. Dietz 1955.
Marx, Karl: Grundrisse der Kritik der politischen Ökonomie. Berlin. Dietz 1974.
Marx, Karl: Zur Kritik der politischen Ökonomie. In: Marx, Karl/Engels, Friedrich: Ausgewählte Werke. Moskau. Progress 1972.
Marx, Karl/Engels, Friedrich: Ausgewählte Werke. Moskau. Progress 1972.
Mattelart, Armand: Kommunikation ohne Grenzen? Geschichte der Ideen und Strategien globaler Vernetzung. Rodenbach. Avinus-Verlag 1999.
Mattelart, Armand/Mattelart, Michèle: Histoire des théories de la communication. Paris. La Découverte 2004.
Maurer, Andrea: Das Integrationspotential der Theorie des institutionellen Wandels von Douglass North. In: Pies, Ingo/Leschke, Martin (Hrsg.), Douglass Norths ökonomische Theorie der Geschichte. Tübingen. Mohr 2009, S. 249–254.
Maus, Heinz/Fürstenberg, Friedrich (Hrsg.), Der Positivismusstreit in der deutschen Soziologie. Berlin. Luchterhand 1970.
McQuail, Denis: Kommerz und Kommunikationstheorie. Media Perspektiven (1986) H. 10, S. 633–643.
McQuail, Denis: McQuail's Mass Communication Theory. London. Sage 2011.
McQuail, Denis: Media Performance. Mass Communication and the Public Interest. London, Newbury Park, New Delhi. Sage 1992.
Mead, George H.: Cooley's Contribution to Social Thought. In: American Journal of Sociology (1930) March, S. 693–706.
Meidl, Christian N.: Wissenschaftstheorie für SozialforscherInnen. Wien. Böhlau 2009.
Meier, Werner A./Trappel, Josef/Siegert, Gabriele: Medienökonomie. In: Bonfadelli, Heinz/Jarren, Otfried/Siegert, Gabriele (Hrsg.), Einführung in die Publizistikwissenschaft. Bern. Haupt 2005, S. 203–234.
Mersch, Dieter: Medientheorien zur Einführung. Hamburg. Junius 2006.
Merton, Robert K.: Zur Geschichte und Systematik der soziologischen Theorie. In: Lepenies, Wolf (Hrsg.), Geschichte der Soziologie. Studien zur kognitiven, sozialen und historischen Identität der Soziologie. Band 1. Frankfurt am Main. Suhrkamp 1981, S. 15–74.
Meyen, Michael: Die ‚Jungtürken' der Kommunikationswissenschaft. In: Publizistik (2007) 52, S. 308–328.
Meyen, Michael: Fachgeschichte als Generationsgeschichte. In Biografisches Lexikon der Kommunikationswissenschaft. http://blexkom.harlemverlag.de/fachgeschichte-im-schnelldurchlauf/ (10.2.2015)
Meyen, Michael: Wer wird Professor für Kommunikationswissenschaft und Journalistik? In: Publizistik (2004) 49, S. 195–206.
Meyen, Michael/Löblich, Maria (Hrsg.): „Ich habe dieses Fach erfunden". Wie die Kommunikationswissenschaft an die deutschsprachigen Universitäten kam. Köln. Halem 2007.
Meyen, Michael/Löblich, Maria (Hrsg.): 80 Jahre Zeitungs- und Kommunikationswissenschaft in München. Bausteine zu einer Institutsgeschichte. Köln. Halem 2004.

Meyen, Michael/Löblich, Maria: Klassiker der Kommunikationswissenschaft. Fach- und Theoriegeschichte in Deutschland. Konstanz. UVK 2006.

Milton, John: Das verlorene Paradies. Werke. Frankfurt am Main. Zweitausendeins 2008.

Mindich, David: Just the Facts. How ‚Objectivity' Came to Define American Journalism. New York, London. New York University Press 1998.

Mosco, Vincent: The Political Economy of Communication. Rethinking and Renewal. London. Sage 1996.

Münker, Stefan/Roesler, Alexander (Hrsg.), Mythos Internet. Frankfurt am Main. Suhrkamp 1997.

Musgrave, Alan: Wissen. In: Seiffert, Helmut/Radnitzky, Gerard (Hrsg.), Handlexikon zur Wissenschaftstheorie. München. Deutscher Taschenbuch Verlag 1992, S. 387–391.

N.N.: Positionspapier: Kommunikations- und Medienwissenschaft in Österreich. In: Medien Journal (2013) H. 1, S. 64–69.

Narr, Wolf-Dieter (Hrsg.), Politik und Ökonomie – autonome Handlungsmöglichkeiten des politischen Systems. Opladen. Westdeutscher Verlag 1975.

Negt, Oskar: Thesen zum Begriff der Öffentlichkeit. In: Narr, Wolf-Dieter (Hrsg.), Politik und Ökonomie – autonome Handlungsmöglichkeiten des politischen Systems. Opladen. Westdeutscher Verlag 1975, S. 461–466.

Neuberger, Christoph: Die Absolventenbefragung als Methode der Lehrevaluation in der Kommunikationswissenschaft. Eine Synopse von Studien aus den Jahren 1995 bis 2004. In: Publizistik (2005) 50, S. 74–103.

Neurath, Paul: Die methodische Bedeutung der RAVAG-Studie von Paul Lazarsfeld. In: Desmond, Mark (Hrsg.), Paul Lazarsfelds RAVAG-Studie 1932. Wien. Guthmann-Peterson 1996, S. 11–26.

North, Douglass C.: Institutionen, institutioneller Wandel und Wirtschaftsleistung. Tübingen. Mohr 1992.

North, Douglass C.: Theorie des institutionellen Wandels: Eine neue Sicht der Wirtschaftsgeschichte. Tübingen. Mohr 1988.

Oeser, Erhard: Wissenschaftstheorie und Wissenschaftsgeschichte als Basisprogramm einer integrierten Wissenschaftsforschung. In: Zeitschrift für Wissenschaftsforschung (1981) Band 2, S. 500–510.

Orth, Ernst Wolfgang: Phänomenologie. In: Seiffert, Helmut/Radnitzky, Gerard (Hrsg.), Handlexikon zur Wissenschaftstheorie. München. Deutscher Taschenbuch Verlag 1992, S. 242–254.

Pascha, Werner: Institutional and Evolutionary Economics in Germany. Diskussionsbeiträge des Fachbereichs Wirtschaftswissenschaft der Gerhard-Mercator-Universität – Gesamthochschule Duisburg. Nr. 205. Duisburg. 1994.

Peiser, Wolfram/Hastall, Matthias/Donsbach, Wolfgang: Zur Lage der Kommunikationswissenschaft und ihrer Fachgesellschaft. Ergebnisse der DGPuK-Mitgliederbefragung 2003. In: Publizistik (2003) 48, S. 310–339.

Pies, Ingo/Leschke, Martin (Hrsg.), Douglass Norths ökonomische Theorie der Geschichte. Tübingen. Mohr 2009.

Plumpe, Werner: Gustav Schmoller und der Institutionalismus. In: Abelshauser, Werner (Hrsg.), Politische Ökonomie. In: Geschichte und Gesellschaft (1999) 25. H. 2, S. 252–275.

Popper, Karl R.: Die Logik der Sozialwissenschaften. In: Maus, Heinz/Fürstenberg, Friedrich (Hrsg.), Der Positivismusstreit in der deutschen Soziologie. Berlin. Luchterhand 1970, S. 103–123.

Poser, Hans: Wissenschaftstheorie. Eine philosophische Einführung. Stuttgart. Reclam 2001.

Pöttker, Horst (Hrsg.): Öffentlichkeit als gesellschaftlicher Auftrag. Klassiker der Sozialwissenschaft über Journalismus und Medien. Konstanz. UVK 2001.

Pribram, Karl: Geschichte des ökonomischen Denkens. Erster Band. Frankfurt am Main. Suhrkamp 1998a (1983).

Pribram, Karl: Geschichte des ökonomischen Denkens. Zweiter Band. Frankfurt am Main. Suhrkamp 1998b (1983).

Priddat, Birger P.: Theoriegeschichte der Wirtschaft. München. Fink 2002.

Prisching, Manfred: Soziologie. Themen – Theorien – Perspektiven. Wien, Köln, Weimar. Böhlau 1992.

Prommer, Elizabeth/Lünenburg, Margreth/Matthes, Jörg/Mögerle, Ursina/Wirth, Werner: Die Kommunikationswissenschaft als ‚gendered organization'. Geschlechtsspezifische Befunde zur Situation des wissenschaftlichen Nachwuchses. In: Publizistik (2006) 51, S. 67–92.

Pürer, Heinz: Publizistik- und Kommunikationswissenschaft. Ein Handbuch. Konstanz. UVK 2003.

Quine, Willard Van Orman: Two Dogmas of Empiricism. In: From a logical point of view. Cambridge/M. Harvard University Press 1961, S. 20–46.

Raabe, Johannes: Kommunikation und soziale Praxis: Chancen einer praxistheoretischen Perspektive für Kommunikationstheorie und -forschung. In: Winter, Carsten/Hepp, Andreas/Krotz, Friedrich (Hrsg.), Theorien der Kommunikations- und Medienwissenschaft. Grundlegende Diskussionen, Forschungsfelder und Theorieentwicklung. Wiesbaden. VS Verlag 2008, S. 363–382.

Radnitzky, Gerard: Definition. In: Seiffert, Helmut/Radnitzky, Gerard (Hrsg.), Handlexikon zur Wissenschaftstheorie. München. Deutscher Taschenbuch Verlag 1992, S. 27–33.

Raeithel, Gert: Geschichte der Nordamerikanischen Kultur. Bd. 1 Vom Puritanismus bis zum Bürgerkrieg 1600–1860. Frankfurt am Main. Zweitausendeins 2002.

Reimann, Horst: Lazarsfeld und die Entstehung der Massenkommunikationsforschung als Verbindung europäischer und amerikanischer Forschungstradition In: Langenbucher, Wolfgang R. (Hrsg.), Paul F. Lazarsfeld. München. Ölschläger 1990, S. 112–130.

Requate, Jörg: Öffentlichkeit und Medien als Gegenstände historischer Analyse. In: Geschichte und Gesellschaft (1999) 25. H. 1, S. 5–32.

Richter, Rudolf/Furubotn, Erik: Neue Institutionenökonomik. Eine Einführung und kritische Würdigung. Tübingen. Mohr 1996.

Riese, Hajo: Wohlfahrt und Wirtschaftspolitik. Reinbek. Rowohlt 1975.

Robbins, Lionel: The Evolution of Modern Economic Theory. London. Routledge 1968.

Roesler, Alexander: Bequeme Einmischung. Internet und Öffentlichkeit. In: Münker, Stefan/Roesler, Alexander (Hrsg.), Mythos Internet. Frankfurt am Main. Suhrkamp 1997, S. 171–193.

Rühl, Manfred: Globalisierung der Kommunikationswissenschaft. Denkprämissen – Schlüsselbegriffe – Theorienarchitektur. In: Publizistik (2006) 51, S. 349–369.

Rühl, Manfred: Kommunikation und Öffentlichkeit. In: Bentele, Günter/Rühl, Manfred (Hrsg.), Theorien öffentlicher Kommunikation. Problemfelder. Positionen. Perspektiven. München. Ölschläger 1993, S. 77–102.

Russell, Bertrand: Philosophie des Abendlandes. Ihr Zusammenhang mit der politischen und sozialen Entwicklung. München, Wien. Europaverlag 2001.

Russel, Bertrand: The Problems of Philosophy. Oxford. Oxford University Press 1980.

Saxer, Ulrich: Von wissenschaftlichen Gegenständen und Disziplinen und den Kardinalsünden der Zeitungs-, Publizistik-, Medien-, Kommunikationswissenschaft. In: Schneider, Beate/Reumann, Kurt/Schiwy, Peter (Hrsg.), Publizistik. Beiträge zur Medienentwicklung. Festschrift für Walter J. Schütz. Konstanz. UVK 1995, S. 39–55.

Saxer, Ulrich: Zur Ausdifferenzierung von Lehre und Forschung der Publizistikwissenschaft: das Beispiel Schweiz. In: Schade, Edzard (Hrsg.), Publizistikwissenschaft und öffentliche Kommunikation. Konstanz. UVK 2005, S. 69–110.

Schade, Edzard (Hrsg.): Publizistikwissenschaft und öffentliche Kommunikation. Beiträge zur Reflexion der Fachgeschichte. Konstanz. UVK 2005a.

Schade, Edzard: Einleitung. In: ders. (Hrsg.), Publizistikwissenschaft und öffentliche Kommunikation. Beiträge zur Reflexion der Fachgeschichte. Konstanz. UVK 2005, S. 11–12.

Schäffle, Albert E.: Über die volkswirtschaftliche Natur der Güter der Darstellung und der Mitheilung. In: Zeitschrift für die gesamte Staatswissenschaft (1873) 29. Jg.

Schenk, Michael: Einführung in die Medienökonomie. In: Schenk, Michael/Donnerstag, Joachim (Hrsg.), Medienökonomie. Einführung in die Ökonomie der Informations- und Mediensysteme. München. R. Fischer 1989, S. 3–11.

Schenk, Michael/Donnerstag, Joachim (Hrsg.), Medienökonomie. Einführung in die Ökonomie der Informations- und Mediensysteme. München. R. Fischer 1989.

Scheu, Andreas M.: Adornos Erben in der Kommunikationswissenschaft. Eine Verdrängungsgeschichte? Köln. Halem 2012.

Schikora, Andreas: Politische Ökonomie. In: Fiedler, Angela/Hein, Eckhard/Schikora, Andreas (Hrsg.), Politische Ökonomie im Wandel. Festschrift für Klaus Peter Kisker. Marburg. Metropolis 1992, S. 11–20.

Schimank, Uwe: Theorien gesellschaftlicher Differenzierung. Opladen. Westdeutscher Verlag 2000.

Schmid, Michael: Douglass C. North und die Institutionenökonomik informaler Regeln. In: Pies, Ingo/Leschke, Martin (Hrsg.), Douglass Norths ökonomische Theorie der Geschichte. Tübingen. Mohr 2009, S. 93–135.

Schmid, Michael/Maurer, Andrea (Hrsg.), Ökonomischer und soziologischer Institutionalismus. Interdisziplinäre Beiträge und Perspektiven der Institutionentheorie und -analyse. Marburg. Metropolis 2003a.

Schmid, Michael/Maurer, Andrea: Institutionen und Handeln. In: dies. (Hrsg.), Ökonomischer und soziologischer Institutionalismus. Interdisziplinäre Beiträge und Perspektiven der Institutionentheorie und -analyse. Marburg. Metropolis 2003, S. 9–46.

Schmidt, Alfred: Die „Zeitschrift für Sozialforschung". Geschichte und gegenwärtige Bedeutung. In: Zeitschrift für Sozialforschung. dtv-Reprint. München 1980, Bd. 1, S. 5*-63*.

Schmidt, Heinrich: Philosophisches Wörterbuch. 9. Auflage. Leipzig. Alfred-Kröner-Verlag 1934.

Schmidt, Robert H.: Thesen zur Wissenschaftstheorie der Publizistikwissenschaft. In: Publizistik (1966) 11, S. 407–434.

Schmidt, Siegfried J./Zurstiege, Guido: Orientierung Kommunikationswissenschaft. Was sie kann, was sie will. Reinbek. rororo 2000.

Schmidt-Fischbach, Patricia: Das Fach-Stichwort: Fundamental-Kategorien des Nachrichtenverkehrs. In: Knies, Karl (Hrsg.), Der Telegraph als Verkehrsmittel. Über den Nachrichtenverkehr überhaupt. Faks. Nachdr. der Orig.- Ausg. Tübingen. Laupp 1857. München. R. Fischer 1996, S. 27–59.

Schmoller, Gustav von: Grundriss der Allgemeinen Volkswirtschaftslehre. München. Duncker & Humblot 1900.

Schnädelbach, Herbert: Erfahrung, Begründung und Reflexion: Versuch über den Positivismus. Frankfurt am Main. Suhrkamp 1971.

Schnädelbach, Herbert: Erkenntnistheorie zur Einführung. Hamburg. Junius 2004.

Schnädelbach, Herbert: Positivismus. In: Seiffert, Helmut/Radnitzky, Gerard (Hrsg.), Handlexikon zur Wissenschaftstheorie. München. Deutscher Taschenbuch Verlag 1992, S. 267–270.

Schneider, Beate/Reumann, Kurt/Schiwy, Peter (Hrsg.), Publizistik. Beiträge zur Medienentwicklung. Festschrift für Walter J. Schütz. Konstanz. UVK 1995.

Schneider, Dieter: Vorläufer Evolutorischer Ökonomik in der Mikroökonomie und Betriebswirtschaftslehre. In: Lehmann-Waffenschmidt, Marco (Hrsg.), Studien zur Evolutorischen Ökonomik V. Theoretische und empirische Beiträge zur Analyse des wirtschaftlichen Wandels. Berlin. Duncker & Humblot 2002, S. 155–185.

Schneider, Norbert: Erkenntnistheorie im 20. Jahrhundert. Klassische Positionen. Stuttgart. Reclam 1998.

Scholz, Christian (Hrsg.): Handbuch Medienmanagement. Berlin. Springer 2006.

Schramm, Wilbur: Grundlagen der Kommunikationsforschung. München. Juventa 1973.

Schreiber, Erhard: Repetitorium Kommunikationswissenschaft. München. Ölschläger 1980.

Schülein, Johann August/Reitze, Simon: Wissenschaftstheorie für Einsteiger. Wien. Facultas 2002.

Schumann, Jochen: Geschichte der Wirtschaftstheorie. In: WISU (1990) H. 10, S. 586–592.

Schumann, Matthias/Hess, Thomas: Grundfragen der Medienwirtschaft. Eine betriebswirtschaftliche Einführung. 3. Auflage. Berlin, Heidelberg. Springer 2006.

Schumpeter, Joseph Alois: Theorie der wirtschaftlichen Entwicklung: eine Untersuchung über Unternehmergewinn, Kapital, Kredit, Zins und den Konjunkturzyklus. Berlin. Duncker & Humblot 1952.

Schurz, Gerhard: Einführung in die Wissenschaftstheorie. Darmstadt. WBG 2011.

Schützeichel, Rainer: Soziologische Kommunikationstheorien. Konstanz. UVK 2004.

Schweiger, Wolfgang/Rademacher, Patrick/Grabmüller, Birgit: Womit befassen sich kommunikationswissenschaftliche Abschlussarbeiten? Eine Inhaltsanalyse von DGPuK-TRANSFER als Beitrag zur Selbstverständnisdebatte. In: Publizistik (2009) 54, S. 533–552.

Schweitzer, Rosemarie von: Einführung in die Wirtschaftslehre des privaten Haushalts. Stuttgart. Ulmer 1991.

Seboek, Thomas A./Umiker-Seboek, Jean: „Du kennst meine Methode". Charles S. Peirce und Sherlock Holmes. Frankfurt am Main. Suhrkamp 1982.

Sedláček, Tomáš: Die Ökonomie von Gut und Böse. München. Hanser 2012.

Seifert, Eberhard K./Priddat, Birger P. (Hrsg.) Neuorientierungen in der ökonomischen Theorie: Zur moralischen, institutionellen und evolutorischen Dimension des Wirtschaftens. Marburg. Metropolis 1995a.

Seifert, Eberhard K./Priddat, Birger P.: Neuorientierungen in der ökonomischen Theorie: Zur moralischen, institutionellen, evolutorischen und ökologischen Dimension des Wirtschaftens. In: dies. (Hrsg.), Neuorientierungen in der ökonomischen Theorie: Zur moralischen, institutionellen und evolutorischen Dimension des Wirtschaftens. Marburg. Metropolis 1995, S. 7–54.

Seiffert, Helmut/Radnitzky, Gerard (Hrsg.): Handlexikon zur Wissenschaftstheorie. München. Deutscher Taschenbuch Verlag 1992.

Seiffert, Helmut: Einleitung: Das Verhältnis von Philosophie und Wissenschaftstheorie. In: Seiffert, Helmut/Radnitzky, Gerard (Hrsg.), Handlexikon zur Wissenschaftstheorie. München. Deutscher Taschenbuch Verlag 1992a, S. 1–4.

Seiffert, Helmut: Methode. In: Seiffert, Helmut/Radnitzky, Gerard (Hrsg.), Handlexikon zur Wissenschaftstheorie. München. Deutscher Taschenbuch Verlag 1992b, S. 215–216.

Seiffert, Helmut: Systematik der Wissenschaften. In: Seiffert, Helmut/Radnitzky, Gerard (Hrsg.), Handlexikon zur Wissenschaftstheorie. München. Deutscher Taschenbuch Verlag 1992f, S. 344–352.

Seiffert, Helmut: Theorie. In: Seiffert, Helmut/Radnitzky, Gerard (Hrsg.), Handlexikon zur Wissenschaftstheorie. München. Deutscher Taschenbuch Verlag 1992e, S. 368–369.

Seiffert, Helmut: Wissenschaft. In: Seiffert, Helmut/Radnitzky, Gerard (Hrsg.), Handlexikon zur Wissenschaftstheorie. München. Deutscher Taschenbuch Verlag 1992g, S. 391–399.

Seiffert, Helmut: Wissenschaftsgeschichte, allgemein. In: Seiffert, Helmut/Radnitzky, Gerard (Hrsg.), Handlexikon zur Wissenschaftstheorie. München. Deutscher Taschenbuch Verlag 1992c, S. 411–413.

Seiffert, Helmut: Wissenschaftstheorie, allgemein und Geschichte. In: Seiffert, Helmut/Radnitzky, Gerard (Hrsg.), Handlexikon zur Wissenschaftstheorie. München. Deutscher Taschenbuch Verlag 1992d, S. 461–462.

Seufert, Wolfgang: Politische Ökonomie und Neue Politische Ökonomie der Medien – ein Theorienvergleich. In: Steininger, Christian (Hrsg.), Politische Ökonomie der Medien. Theorie und Anwendung. Wien. LIT 2007, S. 23–42.

Siegert, Gabriele (Hrsg.), Medienökonomie in der Kommunikationswissenschaft. Münster. LIT 2002a.

Siegert, Gabriele: Medienökonomie in der Kommunikationswissenschaft – Einleitung. In: dies. (Hrsg.), Medienökonomie in der Kommunikationswissenschaft. Münster. LIT 2002, S. 9–12.

Siegert, Gabriele/Lobigs, Frank (Hrsg.), Zwischen Marktversagen und Medienvielfalt. Medienmärkte im Fokus neuer medienökonomischer Anwendungen. Baden-Baden. Nomos 2004.

Slunecko, Thomas: Systeme der Psychologie II. Wissenschaftstheorie. In: Institut für Psychologie der Universität Wien (Hrsg.), Psychologie als Wissenschaft. Wien. WUV-Universitätsverlag 1998, S. 19–36.

Smith, Adam: The Wealth of nations. Buffalo. Everyman's Library 1991.

Sokal, Alan/Bricmont, Jean: Eleganter Unsinn. Wie die Denker der Postmoderne die Wissenschaft mißbrauchen. München. C. H. Beck 1999.

Sombart, Werner: Die drei Nationalökonomien: Geschichte und System der Lehre von der Wirtschaft. Berlin. Duncker & Humblot 2003.

Sösemann, Bernd (Hrsg.): Fritz Eberhard. Rückblicke auf Biographie und Werk. Stuttgart. Steiner 2001.

Stachowiak, Herbert: Erkenntnistheorie, neopragmatische. In: Seiffert, Helmut/Radnitzky, Gerard (Hrsg.), Handlexikon zur Wissenschaftstheorie. München. Deutscher Taschenbuch Verlag 1992, S. 64–68

Starkulla, Heinz/Wagner, Hans: Karl d'Ester: 1881–1960. Professor für Zeitungswissenschaft an der Ludwig-Maximilians-Universität München: 1924–1954. Passau. Neue Presse Verlags-GmbH 1981.

Steininger, Christian (Hrsg.), Politische Ökonomie der Medien. Theorie und Anwendung. Wien. LIT 2007.

Steininger, Christian: Markt und Öffentlichkeit. München. Fink 2007a.

Steininger, Christian: Zur Heterodoxie der Politischen Ökonomie. In: ders. (Hrsg.), Politische Ökonomie der Medien. Theorie und Anwendung. Wien. LIT 2007b, S. 67–90.

Steininger, Christian: Zur politischen Ökonomie der Medien. Eine Untersuchung am Beispiel des dualen Rundfunksystems. 2 Bde., Unveröffentlichte Dissertation Universität Wien. 1998.

Tarde, Gabriel: L'opinion et la foule. Chicoutimi, Québec. Édition électronique 2003.

Vanecek, Erich: Systeme der Psychologie I. Geschichte der Psychologie. In: Institut für Psychologie der Universität Wien (Hrsg.), Psychologie der Wissenschaft. Wien. WUV-Universitätsverlag 1998, S. 3–18.

Veblen, Thorstein Bunde: Theorie der feinen Leute. Eine ökonomische Untersuchung der Institutionen. Frankfurt am Main. Fischer 1997.

Veblen, Thorstein Bunde: Why is Economics Not an Evolutionary Science? In: Hodgson, Geoffrey M. (Hrsg.), The Foundations of Evolutionary Economics: 1890–1973, Volume I, Cheltenham. Edward Elgar 1998 (1898), S. 163–187.

vom Bruch, Rüdiger/Roegele, Otto B. (Hrsg.): Von der Zeitungskunde zur Publizistik. Biographisch-institutionelle Stationen der deutschen Zeitungswissenschaft in der ersten Hälfte des 20. Jahrhunderts. Frankfurt am Main. Haag + Herchen 1986.

Vorderer, Peter/Klimt, Christoph/Hartmann, Tilo: Interdisziplinarität. In: Holtz-Bacha, Christina/Kutsch, Arnulf/Langenbucher, Wolfgang R./Schönbach, Klaus (Hrsg.), 50 Jahre Publizistik. Publizistik. Sonderheft 5. 2005/2006. Wiesbaden. VS Verlag 2006, S. 301–314.

Weber, Max: Politik und Gesellschaft. Frankfurt am Main. Zweitausendeins 2006.

Weber, Max: Zu einer Soziologie des Zeitungswesens. In: Langenbucher, Wolfgang R. (Hrsg.), Publizistik- und Kommunikationswissenschaft. Ein Textbuch zur Einführung. Wien. Braumüller 1994, S. 24–30.

Weber, Max: Gesammelte Aufsätze zur Religionssoziologie I. Tübingen. Mohr Siebeck 1988a (1920).

Weber, Max: Gesammelte Aufsätze zur Religionssoziologie II. Tübingen. Mohr Siebeck 1988b (1921).

Weber, Stefan (Hrsg.), Theorien der Medien. Konstanz. UVK 2010.

Weingart, Peter (Hrsg.), Wissenschaftssoziologie II. Determinanten der wissenschaftlichen Entwicklung. Frankfurt am Main. Fischer Athenäum 1974.

Weingart, Peter: Wissenschaftssoziologie. Bielefeld. Transkript 2003.

Weischenberg, Siegfried: Journalistik. Theorie und Praxis aktueller Medienkommunikation. Band 1: Mediensysteme, Medienethik, Medieninstitutionen. Opladen. Westdeutscher Verlag 1992.

Weischenberg, Siegfried: Max Weber und die Entzauberung der Medienwelt. Theorien und Querelen – eine andere Fachgeschichte. Wiesbaden. Springer 2012.

Weiß, Jens: Vetternwirtschaft heißt jetzt Netzwerk. Zur Politischen Ökonomie von Seilschaften. In: Eicker-Wolf, Kai/Reiner, Sabine/Wolf, Dorothee (Hrsg.), Auf der Suche nach dem Kompaß. Politische Ökonomie als Bahnsteigkarte fürs 21. Jahrhundert. Köln. PapyRossa 1999, S. 121–134.

Wendelin, Manuel: Medialisierung der Öffentlichkeit. Kontinuität und Wandel einer normativen Kategorie der Moderne. Köln. Halem 2011.

Westerbarkey, Joachim: Das Geheimnis. Zur funktionalen Ambivalenz von Kommunikationsstrukturen. Opladen. Westdeutscher Verlag 1991.

Wiedemann, Thomas: Walter Hagemann. Aufstieg und Fall eines politisch ambitionierten Journalisten und Publizistikwissenschaftlers. Köln. Halem 2012.

Wiese, Michael: Erklärende versus verstehende Soziologie. In: Kerber, Harald/Schmieder, Arnold (Hrsg.), Soziologie. Arbeitsfelder, Theorien, Ausbildung. Ein Grundkurs. Reinbek. Rowohlt 1991, S. 544–555

Wiggershaus, Rolf: Die Frankfurter Schule. Geschichte. Theoretische Entwicklung. Politische Bedeutung. München. Deutscher Taschenbuch Verlag 1988.

Wilke, Jürgen (Hrsg.): Die Aktualität der Anfänge. 40 Jahre Publizistikwissenschaft an der Johannes-Gutenberg-Universität Mainz. Köln. Halem 2005.

Wilke, Jürgen: Von der ‚entstehenden' zur ‚etablierten' Wissenschaft. Die institutionelle Entwicklung der Kommunikationswissenschaft als universitäre Disziplin. In: Holtz-Bacha, Christina/Kutsch, Arnulf/Langenbucher, Wolfgang R./Schönbach, Klaus (Hrsg.), 50 Jahre Publizistik. Publizistik. Sonderheft 5. 2005/2006. Wiesbaden. VS Verlag 2006, S. 317–338.

Winter, Carsten/Hepp, Andreas/Krotz, Friedrich (Hrsg.), Theorien der Kommunikations- und Medienwissenschaft. Grundlegende Diskussionen, Forschungsfelder und Theorieentwicklung. Wiesbaden. VS Verlag 2008a.

Winter, Carsten/Hepp, Andreas/Krotz, Friedrich: Einleitung. In: dies. (Hrsg.), Theorien der Kommunikations- und Medienwissenschaft. Grundlegende Diskussionen, Forschungsfelder und Theorieentwicklungen. Wiesbaden. VS Verlag 2008, S. 9–25.

Wirth, Werner/Matthes, Jörg/Mögerle, Ursina/Prommer, Elizabeth: Traumberuf oder Verlegenheitslösung? Einstiegsmotivation und Arbeitssituation des wissenschaftlichen Nachwuchses in Kommunikationswissenschaft und Medienwissenschaft. In: Publizistik (2005) 50, S. 320–342.

Wirth, Werner/Stämpfli, Ilona/Böcking, Saskia/Matthes, Jörg: Führen viele Wege nach Rom? Berufssituation und Karrierestrategien des promovierten wissenschaftlichen Nachwuchses in der Kommunikations- und Medienwissenschaft. Publizistik (2008) 53, S. 85–113.

Wirtz, Bernd W.: Medien- und Internetmanagement. 7. Auflage. Wiesbaden. Gabler 2011.

Witt, Ulrich: Evolution und Geschichte – die ungeliebten Bräute der Ökonomik. In: Lehmann-Waffenschmidt, Marco/Ebner, Alexander/Fornahl, Dirk (Hrsg.), Institutioneller Wandel, Marktprozesse und dynamische Wirtschaftspolitik. Marburg. Metropolis 2004, S. 31–51.

Personenregister

A

Adelung, Johann Christoph 151
Adolf, Marian 81
Adorno, Theodor W. 37, 82, 109, 111–115
Albarran, Alan B. 121, 124
Albert, Hans 13, 37, 64–65, 67–68, 124, 128, 151, 155–156, 158
Alexander, Alison 121
Altmeppen, Klaus-Dieter 18–21, 122
Apel, Karl-Otto 56
Aristoteles 47, 61, 63–65, 127, 154
Äsop 57
Atteslander, Peter 164
Averbeck, Stefanie 9

B

Bacon, Francis 48, 67
Balzer, Wolfgang 54
Barz, Heiner 80
Baudrillard, Jean 96
Bayer, Otto 59
Benedikt, Klaus-Ulrich 9
Berka, Walter 61, 149
Beyer, Andrea 121
Bluhm, Harald 142–143
Bohrmann, Hans 1, 11–12, 17, 21
Bonfadelli, Heinz 8, 96
Boulding, Kenneth 134
Bourdieu, Pierre 63, 82–83, 89, 91, 96–97, 146
Braun, Hans 52–53, 165
Bricmont, Jean 160
Bröckling, Ulrich 124
Brösel, Gerrit 121
Brosius, Hans-Bernd 5–6, 9, 53, 91
Bruch, Rüdiger vom 1, 10, 12, 14–17, 92
Brunkhorst, Hauke 118
Buchanan, James M. 134
Bücher, Karl 14, 134–135
Buhr, Manfred 61
Bürgin, Alfred 153
Burkart, Roland 86, 96, 108, 110, 117
Burke, Peter 73, 159
Büttemeyer, Wilhelm 30, 38

C

Carl, Petra 52, 108, 121
Carnap, Rudolf 68
Chalmers, Alan F. 77
Chartier, Roger 149
Christians, Clifford G. 91–92, 98
Clark, Terry N. 21–22
Commons, John R. 133–135
Comte, Auguste 49, 52, 66–67, 80, 101, 119

D

Darwin, Charles 33, 102, 133, 162
De Fleur, Melvin L. 10–11
Demokrit 65
Denzau, Arthur T. 142–143
Descartes, René 65
Dewey, John 72
DGPuK 5, 20, 59, 85, 100
Diemer, Alwin 45
Donsbach, Wolfgang 6, 9
Dorer, Johanna 162
Doyle, Gillian 121
Dreiskämper, Thomas 121
Dröge, Franz 117
Durkheim, Emile 53, 166

E

Eberhard, Kurt 16, 45, 54–55
Ehrenberg, Alain 44
Eickelpasch, Rolf 44
Engels, Friedrich 52, 69, 81, 84

F

Feldmann, Horst 139
Fellmann, Ferdinand 66, 68
Felt, Ulrike 2–3, 31, 46
Feyerabend, Paul 63, 79–80, 84
Flichy, Patrice 93
Flusser, Vilém 85, 96
Foucault, Michel 145–146
Freud, Sigmund 81
Frey, Bruno 131–132, 139
Friedrichs, Jürgen 163
Fröhlich, Romy 9
Furubotn, Erik 139–140

G

Galbraith, John K. 134
Gebhard, Franziska 18–21
Gerhards, Jürgen 152–153
Gläser, Martin 121
Göhler, Gerhard 153
Golding, Peter 131
Göttlich, Udo 114, 116
Gould, Steven Jay 74
Grabmüller, Birgit 5, 9, 20

H

Haas, Alexander 5–6
Habermas, Jürgen 36–37, 51, 61, 82, 96, 103, 113, 115, 148–149, 153
Hachmeister, Lutz 25–27
Hannerer, Regina 132, 134–135
Hardt, Hanno 12–14, 72, 94, 106–108, 116
Hartmann, Frank 94, 96
Hartmann, Tilo 6
Hayek, Friedrich A. von 142
Hegel, Georg Wilhelm Friedrich 57, 65, 103, 105, 114
Heinemann, Ingo 129, 155
Heinrich, Jürgen 136, 147, 158
Hepp, Andreas 6, 17–18, 27, 53–54, 88, 98
Herder-Dorneich, Philipp 138
Hess, Thomas 121
Heuermann, Hartmut 63, 68, 83, 162
Hickethier, Knut 152
Hobsbawm, Eric 81–82
Hodgson, Geoffrey M. 134
Holl, Christopher 140, 142
Hölscher, Lucian 151–152
Holtz-Bacha, Christina 9
Holzer, Horst 110
Homann, Karl 156–157
Horkheimer, Max 80, 82, 109–112, 114–115
Huber, Nathalie 9
Hume, David 66–67
Hummel, Roman 148–149
Hund, Wulf D. 110
Imhof, Kurt 166

J

James, Henry 72, 106
Jarren, Otfried 8, 96
Joas, Hans 139
Junge, Matthias 1, 67

Just, Natascha 123–124

K

Kant, Immanuel 48, 65–66
Karmasin, Matthias 8–9, 24, 27–28
Karsay, Kathrin 9
Kaufmann, Jean-Claude 44
Kemmerling, Andreas 73
Keuper, Frank 121
Keynes, John M. 127, 133
Kiefer, Marie Luise 13, 121–122, 124–126, 135, 138–140, 147–148, 161
Kittler, Friedrich 96
Klaus, Elisabeth 162
Klaus, Georg 61
Klein, Petra 9
Klimt, Christoph 6
Knies, Karl 10, 14, 134–135
Knöbl, Wolfgang 139
Knoblauch, Hubert 61, 75, 90
Knoche, Manfred 124
Koenen, Erik 9
Kolb, Gerhard 126–127
König, Markus 127–128, 149, 155, 157
Kopper, Gerd 117, 121–122
Kornmeier, Martin 77, 80
Koschel, Friederike 53
Koszyk, Kurt 92, 105
Krotz, Friedrich 6, 17–18, 27, 53–54, 88, 90, 98, 116
Kruse, Volker 89
Kuhn, Thomas S. 24–25, 33, 63, 73–78, 80, 82–84, 95–96, 102, 136, 161–163
Küssner, Martin 140
Kutsch, Arnulf 9
Küttner, Michael 71

L

Lakatos, Imre 39, 63, 71, 73, 77–78, 80, 84
Latzer, Michael 123
Lauf, Edmund 59
Lazarsfeld, Paul Felix 108, 113–114, 144
Le Bon, Gustave 119
Lepenies, Wolf 25
Leschke, Rainer 85, 93, 97
Lessenich, Stephan 145–146
Liessmann, Konrad 69, 79
Lobigs, Frank 136
Löblich, Maria 9, 10, 12–13, 15–16, 24–26, 91, 119, 166–167

Locke, John 66–67, 103, 148, 155
Löffelholz, Martin 118
Lowery, Sheron A. 10–11
Lueger, Manfred 62
Luhmann, Niklas 87, 96, 118, 145–146

M

Maletzke, Gerhard 4–5, 16, 21, 161
Mantzavinos, Chrysostomos 143
Marcinkowski, Frank 37
Marx, Karl 52, 57, 80–82, 84, 104, 110–112, 114, 128, 133, 137, 144
Mattelart, Armand 104–105, 107, 117, 119, 163, 165–166
Mattelart, Michèle 107, 117, 119, 165–166
Maurer, Andrea 125, 129, 141
McQuail, Denis 93, 102, 104, 116, 161
Mead, George H. 96, 106
Meidl, Christian N. 1, 36–37, 161
Meier, Werner A. 122–123
Menger, Carl 52
Mersch, Dieter 96
Merton, Robert K. 26, 108, 117, 144
Meyen, Michael 9–10, 12–13, 15–16, 24–26
Mill, John Stuart 67–68, 157, 166
Milton, John 148
Mindich, David 91, 104, 165
Mosco, Vincent 157
Murdock, Graham 131
Musgrave, Alan 56, 64–65
Myrdal, Gunnar 134

N

Negt, Oskar 152
Neidhardt, Friedhelm 152–153
Neuberger, Christoph 9
Neurath, Paul 109
North, Douglass C. 125, 134, 140–143

O

Oeser, Erhard 10, 39, 136
Olson, Mancur 134
Orth, Ernst Wolfgang 35

P

Parsons, Talcott 95–96, 117–118
Pascha, Werner 133

Peirce, Charles S. 72, 80
Peiser, Wolfram 9
Plato 65
Plumpe, Werner 134
Popper, Karl R. 37, 69–74, 76, 80, 84, 112, 115, 162
Poser, Hans 28–29, 40–41, 74–75, 77–78, 125, 162
Pöttker, Horst 7, 10, 16
Pribram, Karl 128, 147, 154, 157
Priddat, Birger P. 133–135, 139, 165
Prisching, Manfred 100
Prommer, Elizabeth 9
Pruys, Karl H. 92, 105
Pürer, Heinz 85–86, 94–96, 98, 100, 144

Q

Quesnay, François 166
Quételet, Adolphe 119
Quine, Willard Van Orman 73

R

Raabe, Johannes 162
Rademacher, Claudia 44
Rademacher, Patrick 5, 9, 20,
Radnitzky, Gerard 44
Raeithel, Gert 149
Reimann, Horst 166
Reitze, Simon 27, 35, 39–46, 54–56, 68, 80
Requate, Jörg 153
Richter, Rudolf 139–141, 149
Riese, Hajo 125, 136
Robbins, Lionel 137
Roegele, Otto B. 1, 10, 12, 14–17
Roesler, Alexander 150
Rucht, Dieter 153
Rühl, Manfred 6, 145, 152, 157
Russell, Bertrand 35, 65, 102–103, 106, 114, 144, 160–161

S

Saxer, Ulrich 6–8, 17–18, 22–24
Schade, Edzard 9, 12
Schäffle, Albert E. 10, 13–14, 134–135, 151
Schenk, Michael 122
Scheu, Andreas M. 9
Schikora, Andreas 126–127
Schimank, Uwe 23
Schlick, Moritz 68

Schmid, Michael 125, 129, 142
Schmidt, Alfred 82, 109
Schmidt, Heinrich 65–66
Schmidt, Robert H. 6, 15, 24
Schmidt, Siegfried J. 86, 96–97, 119
Schmidt-Fischbach, Patricia 135
Schmoller, Gustav von 52, 134–135
Schnädelbach, Herbert 36, 66, 84
Schneider, Dieter 133
Schneider, Norbert 27
Scholz, Christian 121
Schramm, Wilbur 108
Schreiber, Erhard 118, 166
Schülein, Johann August 27, 35, 39–46, 54–56, 68, 80
Schumann, Jochen 132, 135
Schumann, Matthias 121
Schumpeter, Joseph Alois 133
Schurz, Gerhard 32–34, 50, 57, 59–60, 63–65, 69, 72, 75, 77–78, 161–162
Schützeichel, Rainer 96–97
Schweiger, Wolfgang 5, 9, 20
Schweitzer, Rosemarie von 127–128, 154–155
Seboek, Thomas A. 72, 74
Sedláček, Tomáš 164
Seifert, Eberhard K. 133–135, 139
Seiffert, Helmut 31–32, 35–36, 38, 47–51, 54, 59, 62, 161, 164
Seufert, Wolfgang 123, 125, 129–132, 136–138
Siegert, Gabriele 8, 96, 121
Slunecko, Thomas 68–71, 73–77, 83–84, 162
Smith, Adam 133, 137, 155–157
Sneed, Joseph D. 83
Sokal, Alan 160
Sokrates 56, 64–65
Sombart, Werner 134–135
Sonnenfels, Joseph von 151
Sösemann, Bernd 9
Spencer, Herbert 119, 166
Spinoza, Baruch de 65
Stachowiak, Herbert 64
Starkulla, Heinz 9
Steininger, Christian 13, 121–122, 124–127, 132, 134–135, 138–139, 148, 153, 161

T

Tarde, Gabriel 104, 119, 166
Tönnies, Ferdinand 14, 92

Toulmin, Stephen Edelston 83

U

Umiker-Seboek, Jean 74

V

Vanecek, Erich 39, 99
Veblen, Thorstein Bunde 131–135
Virilio, Paul 96
Vorderer, Peter 6

W

Wagner, Hans 9
Weber, Max 31, 37, 91, 93, 105–106, 115, 119, 144, 155
Weigel, Janika 18–21
Weingart, Peter 25
Weischenberg, Siegfried 9, 121
Weiß, Jens 125–126
Wendelin, Manuel 9
Westerbarkey, Joachim 150, 152–153
Wiedemann, Thomas 9
Wiese, Michael 60
Wiggershaus, Rolf 80, 82, 109–115
Wilke, Jürgen 9, 21–22
Williamson, Oliver E. 134
Winter, Carsten 17–18, 27, 53–54, 88, 98, 102–103, 117
Wirth, Werner 9
Wirtz, Bernd W. 121
Witt, Ulrich 133
Wittgenstein, Ludwig 69

Z

Zenaty, Gerhard 69, 79
Zurstiege, Guido 86, 96–97, 119

Sachwortregister

A

Abduktion 72, 80
Ad-hoc-Theorie 104, 164
Agenda-Setting 19
Akteur 4, 13, 42, 52, 91, 121, 125, 129, 131, 137, 140, 142, 146, 157–158
Allgemeinheitsgrad-Modell 48
Allokation 122-123, 129-130, 137
Alltagskultur 8
Amateurwissenschaft 22
Anomalien 76–77
Antike 10–11, 47, 52–53, 61, 64–65, 85, 94, 127, 151, 153–154
Aussagenforschung 95, 156
Axiom 29, 61, 65, 108, 116, 148, 164

B

Basistheorien 17
Bedingtheit, soziale 101–102
Befragung 2, 21, 35
Begründungszusammenhang 27, 36, 50, 166
Behaviorismus 94, 139
Beobachtung 2, 35, 58, 62, 66–67, 70–73, 75–76, 89–90, 100, 102, 109–110, 114, 118, 136, 159, 162, 164
Beobachtungsdaten 75, 89, 162
Beobachtungssätze, aktuale 59
Betriebswirtschaft 121–122, 124, 138
Big Science 22
Biologie 32, 49, 102, 117–118
Buch- und Zeitungsproduktion 94, 101

C

Chaos 76
Cultural Studies 8, 89, 97, 99, 115–116, 123–124, 144

D

Deduktion 71–72, 108, 166
Definition 5, 29, 31–32, 34–35, 44, 46, 58, 69, 75, 100, 121–122, 129, 145–146, 154, 161, 165
Demokratie 147, 153, 161
Determinismus 90
Deutsche Historische Schule 135

Dialektik 54, 112
Digitalisierung 19
Diskurs 3, 9, 56, 72, 90, 95, 106, 121, 125, 145–146, 149, 152–153, 163, 166
Diversifizierung, disziplinär 22
Dogma 35, 56, 142
Dogmatiker 64–65
Dogmengeschichte 12, 26
Dreistadiengesetz 67

E

Egozentrik 44–45
Elite 153
Empirie 37, 54, 66, 103, 109, 111–113, 117, 152
Empirismus 34, 50, 58, 63–69, 83–84, 162
Entdeckungszusammenhang 166
Entfaltungskonzept 74, 84, 162
Epistemologie 64, 90, 169
Erfahrung 36, 43, 45-46, 54, 58, 64–69, 71, 73, 102, 110–112, 142, 160, 164
Erkenntnis 3, 25, 27–28, 31, 33, 35–38, 40–42, 48, 54, 56, 64–69, 71–72, 80, 83, 101–102, 106, 111–112, 115, 118, 125, 159, 162
Erkenntnisfortschritt 27, 80, 136, 162
Erkenntnisgewinnung 79, 82, 91, 96, 99
Erkenntnisprogramm 64–65
Erkenntnistheorie 3, 9, 27, 32, 35–37, 41, 54, 57, 59, 63, 65, 72–73, 81–82, 84–85, 87, 91, 100, 102, 105–106, 109–110, 115–116, 118–119, 142, 167
Ethik 6, 41, 48, 154–155, 157
Ethnomethodologie 61, 96
Evolutionstheorie 33, 63, 102, 133, 162
Experiment 2, 35, 50, 61, 66–67, 96, 159

F

Fachgeschichte 6–8, 11–12, 23–24, 85, 94
Fallibilismus 57, 71
Falsifikation 71, 73–74, 76–77, 88, 112
Faschismus 82, 115, 166
Festsetzungen 28–29, 109
Festsetzungen, judikale 28
Festsetzungen, normative 28
Festsetzungen, ontologische 28
Feudalismus 73, 128, 157, 159
Film- und Fernsehwissenschaft 8

Fordismus 126
Formalobjekt 8
Formalwissenschaften 50, 58
Forschungslogik 71, 76
Forschungsprogramm 77–79, 121–122, 125, 133
Fortschritt, wissenschaftlicher 76, 163
Frankfurter Schule 63, 80, 114–117
Freiheit 114, 145–149, 157–158, 165
Funktionalismus 17, 90, 93, 95–96, 99, 117–119, 144, 164
Funktionalität 55, 92–93, 108

G

Gebrauchswert 111, 137
Gegenwartswissenschaften 1–2
Geisteswissenschaften 4, 9, 35–36, 48, 51, 62, 88, 97, 111, 119, 163–164, 166
Gendertheorien 18
Germanistik 8
Geschichte 10, 12, 21, 25, 29, 38, 40, 48, 64, 77, 81, 89, 93, 99–100, 109, 125, 127, 133, 136, 147, 152, 166
Geschichtswissenschaft 5, 16, 127
Geschlechterforschung 116
Gesellschaftsanalyse 81, 129
Gesellschaftskritik 80
Gesellschaftstheorien 37, 52, 112, 114–115
Gesellschaftswissenschaften 100, 102, 109
Gesetzeshypothese, empirische 58–59
Globalisierung 126
Great-man-Konzept 74, 162
Gut 8, 111, 126, 128–130, 136–139, 154–156, 158

H

Handeln, wissenschaftliches 167
Handlungstheorie 17, 27
Harter Kern 29, 77
Hedonismus 127, 154
Hermeneutik 35, 61, 115, 166
Hermeneutischer Zirkel 90
Historismus 127–128, 157
Homo Oeconomicus 13
Homo Sapiens Sapiens 42
Homo Symbolicus 13
Hypothese 25, 40, 57–58, 70–72, 80, 88, 106, 145, 160

I

Identität 1, 5, 9, 23, 29, 31, 42–45, 48, 77, 116, 155
Ideologie 33, 80, 112, 125, 140, 142–144, 163–164
Individualismus 131, 147
Individuum 13, 44–45
Induktion 67–72
Industriekapitalismus 101
Industrielle Revolution 101, 104
Industriezeitalter 52, 165
Infallibilität 69
Inhaltsanalyse 2, 20–21
Innatismus 68
Institution 1–2, 13, 21, 46–47, 49, 75, 90, 123, 125, 128, 131–134, 138–144, 146–147, 155
Institutionalisierung 3, 6, 15, 22, 25–27, 35, 45–46, 54
Institutionalismus 133–135, 139–140, 144
Integrationswissenschaft 5–6, 17
Interdisziplinarität 5–6
Interpretation 2, 45, 47, 52, 56, 61–62, 75, 82, 91, 106, 116, 142, 163
Intersubjektivität 58, 72, 102, 106, 115

J

Journalismus 3, 12, 19, 91–92, 118, 148, 163, 166
Journalismustheorie 19
Journalistik 7–8, 118

K

Kameralisten 127–128, 135, 155
Kapitalismus 81, 104, 110, 112, 122, 128, 135, 147, 155
Kausalität 54–55
Kognition 29, 31, 42–43
Kommunikation, interpersonale 87, 94
Kommunikation, mediale 87
Kommunikation, öffentliche 5, 8, 87, 92, 122, 165
Kommunikation, organisationsbezogene 87
Kommunikationsinfrastruktur 101
Kommunikationsnetze 27
Kommunikationstheorien 13, 18, 161
Kommunikatorforschung 85, 94
Konstruktivismus 17, 75, 162
Konstruktivistischer Strukturalismus 63, 82
Konsum 112, 154

Konsument 95, 128–129, 131
Konsumgut 126
Kreationismus 33
Kritischer Rationalismus 37, 69, 71–72, 74, 83–84, 88, 162
Kritische Theorie 37, 63, 80–81, 89–90, 110, 112, 114, 116, 144
Kulturalismus 53
Kulturanalyse 111
Kulturanthropologie 53
Kulturgut 30, 99, 111, 119
Kulturindustrie 114–115, 139
Kulturphilosophie 80, 115
Kulturproduktion 111–114, 116
Kulturrezeption 111
Kultursoziologie 8, 115
Kulturtheorie 18, 81
Kulturwissenschaft 5, 9, 114–115, 122

L

Leninismus 110
Literaturwissenschaft 12, 16–17, 61
Logik 3, 35, 48–49, 54–56, 58, 68–69, 95, 102
Logischer Empirismus 34, 63, 68–69, 83, 162
Logischer Positivismus 68–69

M

Markt 122, 124–126, 128, 130-131, 137, 139, 143, 145–148, 152–153, 155–158, 165
Marktwirtschaft 122, 147, 153
Marxismus 80, 82, 110–111, 122, 139
Massenkommunikation 12, 17, 93–94, 104, 117–118, 146
Materialismus, dialektischer 80–82, 84
Materialismus, historischer 80
Materialobjekt 8, 21, 87, 159, 166
Mathematik 25, 35, 49–50, 58, 60, 65, 65, 88, 90, 108, 119, 128–129, 158
Mediatisierung 19
Medienentwicklung 19
Medienforschung 86
Medienkultur 19
Medienmanagement 121
Medienökonomik, Medienökonomie V, 14, 30, 99, 121–124, 144–145, 165
Medienorganisation 122, 124
Mediensoziologie, Kommunikationssoziologie 8, 30, 99–100, 115–116, 144-145, 165
Medientechnik 94
Medientheorien 19, 37, 93, 122

Medienwandel 8, 19, 27
Medienwirtschaft 121, 147
Medienwissenschaft 7–8, 18, 22, 87
Meinung, öffentliche 10, 14, 103–104, 148–149, 152
Merkantilismus 52, 127–128, 135–137, 155
Messung 66
Metaphysik 35, 47, 56, 66, 68
Metatheorie 37–38, 41, 88, 90, 161
Methoden 2, 6, 10, 12, 17, 20–21, 24, 26–27, 31–37, 41, 51–53, 56, 58–61, 66, 68–69, 75–76, 79–80, 83, 93, 101–102, 118, 161–162, 164
Methodologie 6, 15, 24, 27–29, 35–37, 50, 60, 62, 77, 83, 111
Migrationsforschung 116
Mittelalter 52, 73, 127, 150, 153–154
Modell, anthropologisch 48
Modell, ontologisch 47
Modell, systematisch 48
Mystizismus 69
Mythos 55–56, 150

N

Nationalökonomie 12–13, 15, 52, 99, 156, 166
Naturwissenschaften 9, 22, 25, 27, 36–37, 48, 51, 65–67, 76, 96, 101–103, 119, 128, 155, 157, 159, 163–164
Neoklassik 122, 124–133, 135–140, 142, 144, 158
Neue Institutionenökonomie 122, 124, 131, 136, 138–139
Nutzungstheorie 18-19

O

Objektivität 43, 58, 69, 80
Objekttheorien 37, 161
Öffentlichkeit 3–4, 19, 145–147, 149–153, 158, 163–165
Ökologie 127
Ökonomie, Ökonomik 9, 12–13, 99, 110–111, 115, 118, 121–124, 127–131, 133–139, 144, 154–158, 164–165
Ontologie 35, 93
Organisation 8, 26, 46, 81, 115, 122, 124, 126, 140–141, 144
Organisationskommunikation 19
Organisationssoziologie 139
Organisationstheorie 139

P

Paradigma 18, 22, 24, 26–27, 73–77, 84, 89, 91, 93–95, 97–98, 102, 115–116, 118–119, 124–125, 127, 129, 136, 162–163
Paradigmenwechsel 25, 27, 77, 125, 128, 136, 138, 144
Periode, prä-paradigmatische 75
Phänomenologie 35, 119
Philosophie 29, 29 30–31, 35, 35 62, 36–37, 47–49, 55–56, 62, 69, 69 84, 105–106, 109, 157
Physik 25, 28–29, 32, 47–49, 74, 101–102, 164
Physique Sociale 101, 144
Politikberichterstattung 19
Politikwissenschaft 6, 16, 25, 127, 139
Positivismus 63, 66–69, 72, 79–80, 84, 101, 110
Postfordismus 126
Pragmatismus 53, 63, 72–73, 88, 99, 105–106, 108, 115–116, 144, 152
Praktikabilitätsansatz 106
Preissystem 158
Pressefreiheit 103, 148–150, 153, 158, 166
Probable Opinion 160
Propaganda 16, 107
Propagandaforschung 166
PR-Theorien 18-19
Psyche 36, 42–43
Psychoanalyse 80
Psychologie 5–6, 9, 16–17, 99, 101, 107–108, 119, 165
Public Relations 107
Publizistikwissenschaft 1, 4, 8, 11, 13, 15–17, 23–24, 26-27, 94, 118, 146

Q

Querschnittswissenschaft 17

R

Rationalismus 34, 37, 63, 65–69, 71–72, 74, 83–84, 88, 162
Rationalitätsnormen, -standards 34, 66, 161
Realismus, minimaler 57
Realitätskonstruktion 118
Realwissenschaften 50
Reflexion 1–3, 35, 37–38, 42, 45–46, 54–55, 73, 83, 167
Regeln, methodische 1, 21
Regelstufen 28

Rekonstruktion, radikale 34, 161
Rekonstruktion, rationale 34, 161
Rekonstruktionsfunktion 161
Religion 38, 55–56, 69, 158
Revolution, französische 67, 149, 158
Revolution, industrielle 101, 104
Revolution, wissenschaftliche 24, 76, 163
Rezeptionstheorie 18-19
Routine 45
Rundfunkfreiheit 138

S

Scholastik 127, 154, 157
Schulenbildung 27
Scientific Community 75, 162
Semantik 54, 145–146, 165
Semiotik 17
Shared belief 116
Skeptiker 64
Skeptizismus 66
Social Software 19
Sozialforschung 72, 80, 82, 106, 109, 111, 115, 118, 163
Sozialisation 97, 118, 142
Sozialpsychologie 44, 165
Sozialstruktur 25, 42–43, 45, 145, 158
Sozialwissenschaften 1–2, 4–7, 9, 17, 21–22, 25, 27, 32, 35, 37, 51-53, 59-61, 72, 76, 78, 82-85, 89, 91-92, 96, 100, 102-103, 105–106, 118–119, 124, 159, 163-165
Sozialwissenschaft, integrative 85, 165
Sozialwissenschaft, interdisziplinäre 5, 59, 62, 100
Soziologie 5–6, 9, 12, 14, 16–17, 25, 27, 37, 44, 49, 53, 66, 89–91, 99–101, 106, 117, 119, 127, 139, 163, 165–166
Sprache 29, 31, 42–43, 51, 54, 57, 76, 96, 115, 151, 164
Sprachphilosophie 35
Staat 38, 46, 49, 52, 61, 103, 127, 136–137, 146, 157
Stalinismus 115
Symbol 13
Symbolischer Interaktionismus 17
Systemtheorie 17, 90, 93, 95–96, 99, 117–119, 144, 164

T

Theorie V, 5–6, 10, 17–20, 25–29, 31–32, 37–41, 52–59, 61–64, 66, 68–69, 71–74,

77, 79–85, 87–93, 95–99, 104, 108–112, 114–117, 122, 125, 133, 135–136, 138–139, 141, 144–145, 152, 157–159, 161–165, 167
Theorieentwicklung, -bildung 2, 10, 17, 21, 29, 31, 37, 85, 87, 93–94, 97, 109, 114, 159, 161, 163–164
Theorie kommunikativen Handelns 61, 56
Theorie mittlerer Reichweite 117, 164
Traditionsvergessenheit 7, 10, 16
Transaktionskosten 131, 139, 141

U

Überzeugung, religiöse 33
Universität 14–15, 21–22, 46–47, 108–109, 166
Urbanisierung 101
Uses & Gratifications-Approach 89, 95

V

Verifikation 73
Volkswirtschaftslehre 123–124, 128

W

Wahrheit 24, 29, 43, 50, 56–58, 64–65, 67–68, 71–72, 74, 77, 80, 102, 112, 154, 161–162
Wahrheitsnähe 71
Wahrnehmung 58, 65, 72–73, 81, 93, 100, 102, 116, 142
Wandel, institutioneller 134, 140–141, 143
Wandel, sozialer 106
Web 2.0 19
Welterklärung 55–56, 88
Wert 24, 33, 51, 77, 93, 103, 105–106, 111–112, 128–129, 137, 149, 154, 161, 164–165
Wertorientierung, religiöse 155
Werturteilsdiskussion 37
Wettbewerb 129, 133, 147, 158
Wiener Kreis 68–69, 71, 73
Wirklichkeit 36–37, 49, 51–52, 54, 57, 60, 74, 76, 81–82, 90, 93, 100, 102–103, 111, 116, 146, 152, 159, 165
Wirklichkeitswissenschaften 1, 11
Wirkungstheorien 18-19
Wirtschaft 38, 47, 49, 118, 129, 131–133, 146–147, 152–153, 155, 157
Wirtschaftstheorie 13, 52, 122, 127, 129, 132–133, 138–139
Wirtschaftswissenschaften 14, 32

Wissen 4, 28–29, 31, 36, 39–40, 42–48, 52, 54, 56, 64–67, 71–72, 75, 83, 90, 99, 103, 106, 110, 123, 160, 162
Wissenschaft 1–4, 6, 8, 11–12, 14, 21–22, 24–38, 40–41, 43, 45–53, 57–58, 62–63, 66–76, 79–80, 83–84, 88, 90, 92, 94, 96, 99, 101, 105, 115–116, 125, 127, 131, 154, 157–158, 161–166
Wissenschaft, empirische 50, 105
Wissenschaften, sezierende 50
Wissenschaft, entstehende 22
Wissenschaft, etablierte 22
Wissenschaft, experimentelle 50
Wissenschaft, politische 53, 165
Wissenschaftler, einsamer 22
Wissenschaftsbetrieb 4, 28, 45, 80, 86
Wissenschaftsdisziplin 32, 35, 57, 59, 85
Wissenschaftsentwicklung 1, 7, 23, 25, 40, 75, 79, 94
Wissenschaftsgeschichte 1–2, 7, 10, 21, 29, 34, 38–40, 62, 94, 136
Wissenschaftsjournalismus 3
Wissenschaftsmodelle 1, 34, 162
Wissenschaftspolitologie 40–41
Wissenschaftspopularisierung 3
Wissenschaftspraxis 41, 58, 80, 84
Wissenschaftspsychologie 40
Wissenschaftssoziologie 2–3, 21–22, 34, 38, 40, 75
Wissenschaftstheorie 35, 62
Wissenschaftstheorie, marxistische 80, 110
Wissenschaftswissenschaften 2–3, 21, 31, 40–41
Wissensproduktion 2–3, 31, 45–46
Wissensquellen 28
Wissenssoziologie 26, 40, 102–103, 145–146
Wohlfahrt 101, 128–129, 136–137, 139, 147, 155

Z

Zeitalter, metaphysisches 67
Zeitalter, positivistisches 67
Zeitalter, theologisches 67
Zeitdimension 11
Zeitungskunde 14–16, 24, 26-27, 91, 135
Zeitungswissenschaft 8, 10, 14–16, 26-27, 92, 94, 166

www.ingramcontent.com/pod-product-compliance
Lightning Source LLC
Chambersburg PA
CBHW081557300426
44116CB00015B/2917